课书房 高等教育土建类专业教材
新/形/态/教/材 GAODENG JIAOYU TUJIANLEI ZHUANYE JIAOCAI

建筑识图与房屋构造

JIANZHU SHITU YU FANGWU GOUZAO

主　编○曹雪梅　郑宏飞　陈　茸
副主编○张　瀚

U0363637

重庆大学出版社

内容简介

本书是《高等职业教育工程造价专业规划教材》之一。全书共 8 章,系统地介绍了制图的基本知识、三视图的作图与识图、剖面图和断面图的基本知识、房屋建筑施工图以及建筑构造等相关知识,主要内容包括绪论、制图基本知识、形体投影图的绘制和识读、建筑工程施工图识读基础、建筑施工图、结构施工图、建筑构造,以及剖面图、断面图的绘制和识读。全书每章都附有小结、思考题,重点、难点处配套微课视频,扫描二维码即可观看,帮助学生理解。

本书可作为高等职业教育工程造价、建筑工程技术、工程管理等建筑相关专业的教材使用,也可作为建筑相关从业人员培训和自学用书。

图书在版编目(CIP)数据

建筑识图与房屋构造/曹雪梅,郑宏飞,陈茸主编
. -- 重庆:重庆大学出版社,2019.8
高等教育土建类专业教材
ISBN 978-7-5689-1445-1

Ⅰ.①建… Ⅱ.①曹… ②郑… ③陈… Ⅲ.①建筑制图—识图—高等职业教育—教材②房屋结构—高等职业教育—教材 Ⅳ.①TU2

中国版本图书馆 CIP 数据核字(2019)第 034580 号

建筑识图与房屋构造

主 编 曹雪梅 郑宏飞 陈茸
副主编 张 瀚
责任编辑:肖乾泉 版式设计:肖乾泉
责任校对:邹 忌 责任印制:张 策

*

重庆大学出版社出版发行
出版人:饶帮华
社址:重庆市沙坪坝区大学城西路 21 号
邮编:401331
电话:(023)88617190 88617185(中小学)
传真:(023)88617186 88617166
网址:http://www.cqup.com.cn
邮箱:fxk@ cqup.com.cn(营销中心)
全国新华书店经销
POD:重庆俊蒲印务有限公司

*

开本:787mm×1092mm 1/16 印张:22.75 字数:570千
2019 年 8 月第 1 版 2019 年 8 月第 1 次印刷
ISBN 978-7-5689-1445-1 定价:49.00 元

前　言

建筑识图与房屋构造是土建类专业一门实践性很强的专业基础课。为贯彻"以素质教育为基础、以就业为导向、以能力为本位、以学生为主体"的职业教育思想和方针,适应人才培养模式的转变,本教材依据教育部对高职高专人才培养目标、培养规格、培养模式及与之相适应的知识、技能、能力和素质结构的要求,通过对生产一线施工员、资料员、投标人员、合同管理员、监理员等岗位工作的调查分析,在遵循学生职业能力培养基本规律的基础上,整合教学内容,编写了这本教材。

本教材全面系统地阐述了制图的基本知识、三视图的作图和读图、剖面图和断面图的基本知识、房屋建筑施工图以及建筑构造等相关知识,力求内容精练,言简意赅,图文并茂,便于学习。通过精选内容、巧设结构,本教材主要突出以下教育特色:

(1)以就业为导向,与职业资格标准衔接。

(2)适应高职学生的特点,理论知识浅显易懂,贴近生活。采用丰富的图样和图片,使表达直观化和情景化。

(3)以学生为主体,加强实践教学环节。配套教材有习题集和学材,使学生通过练习、讨论等实践活动掌握制图和读图的基本知识,突出"做中教、做中学"的职业教育特色,适应案例教学和项目教学等新型教学模式的要求。

(4)以应用为主线,摒除脱离实际应用的制图知识,以应用为目的,以"必需、够用"为原则,精简画法几何,紧紧围绕以工程图样识图能力培养为主的教学目标。

(5)贯彻新的国家制图标准,力求严谨、规范、准确。

(6)以任务为导向的编写方式,以引案提出任务,阐述知识点;通过特别提示,使学生明确知识点的难点和疑点,清晰思路。

(7)本教材体现了教学内容弹性化,教学要求层次化,教材结构模块化,有利于按需施教、因材施教。

本书第1章由四川交通运输职业学校张敏琪编写,第2章由四川交通职业技术学院曹雪梅编写,第3章由四川交通职业技术学院阮志刚编写,第4章由重庆城市管理职业学院张瀚编写,第5章由重庆城市管理职业学院郑宏飞和重庆首钢地产房地产开发有限公司李宗晔编写,

第 6 章由郑宏飞编写,第 7 章由四川交通职业技术学院陈茸编写,全书由曹雪梅统稿。本书在编写过程中得到了多方人士的关心和支持,在此表示感谢。

由于编者水平所限,书中难免有错误和缺陷,希望使用本书的师生及其他读者批评指正,以便适时修改。

编 者

2019 年 3 月

目　录

0

绪　论

0.1　概述

　　在工业生产实践中,需要将生产意图和设计思想表达确切。对于简单的事物用语言或文字便可以叙述清楚,但是对于较为复杂的事物,仅仅依靠语言和文字的描述来生产,就不可能达到技术上的要求,或者根本制造不出来。因此,在技术上需要一种特殊的语言,那就是图样。准确地表达工程结构物的形状、大小及其技术要求的图形,称为工程图样。设计者将产品的形状、大小及各部分之间的相互关系和技术上的要求,都精确地表达在图样上;施工者根据图样进行加工,产品就可以正确地制造出来。所以,图样不仅用来表达设计者的设计意图,也是指导实践、研究问题、交流经验的主要技术文件。

　　在工程技术中,人们把图样比喻为"工程界的语言"。在现代工业中,无论是建造房屋、修路架桥或者制造机器都需要依照图样进行。图样已成为人们表达设计意图、交流技术思想的工具。因此,图样是工程界的语言,它既是人类语言的补充,也是人类语言在更高发展阶段的具体体现。工程图样是工业生产中一种重要的技术资料,是技术交流的工具、工程界共同的语言。本课程的教学目的就是掌握这种语言,即通过学习图示理论与方法,掌握绘制和阅读工程图样的技能。它是一门既有系统的理论又有较强的实践性的技术基础课。

　　当研究空间物体在平面上如何用图形来表达时,因空间物体的形状、大小和相互位置等各不相同,不便以个别物体来逐一研究,并且为了能正确地研究物体以及所得结论能广泛地应用于所有物体,采用几何学中将空间物体综合概括成抽象的点、线、面等几何元素的方法,研究这些几何元素在平面上如何用图形来表达,以及如何通过作图来解决它们的几何问题。这种用图形来表示空间几何形体和运用几何图来解决它们的几何问题的研究是一门学科,称为画法几何。

　　把工程上具体的物体视为由几何形体所组成,根据画法几何的理论,研究它们在平面上用图形来表达的问题,进而形成工程图。在工程图中,除了有表达物体形状的线条以外,还要应用国家制图标准规定的一些表达方法和符号,注以必要的尺寸和文字说明,使得工程图能完善、明确和清晰地表达出物体的形状、大小和位置等。这门研究绘制工程图的学科,称为工程制图。

0.2　本课程的地位、性质和任务

工程图样被喻为"工程界的语言",是表达、交流技术思想的重要工具和工程技术部门的一项重要技术文件,也是指导生产、施工、管理等必不可少的技术资料。因此,所有从事工程技术的人员,都必须熟练地绘制和阅读本专业的工程图样。

建筑制图是建筑工程技术专业的一门主要专业基础课,是一门既有系统理论又有较强实践性的一门专业基础课,其主要任务是研究正投影法的基本原理及应用,学习绘制与识读工程图样。培养学生的制图技能和空间想象力,掌握投影知识,贯彻国标要求,培养绘制和阅读土建工程图样的基本能力。

0.3　本课程的学习要求和方法

（1）学习要求

通过对本门课程的学习,为其他如"混凝土结构施工""砌体施工与组织管理""混凝土结构施工组织管理"等专业课程奠定基础。学生学完本课程应达到以下要求：

①通过学习制图的基本知识和技能,应熟悉并遵守国家制图标准的基本规定,学会正确使用绘图工具和仪器,掌握绘图的方法与技巧。

②通过学习投影原理和投影图的形成及画法,应掌握用投影法表达空间物体的基本理论与方法。要充分发挥空间想象力,能根据投影图想象出空间形体的形状和组合关系。

③通过学习专业图,应熟悉有关专业图的内容和图示特点,能绘制和阅读有关的专业图。

④通过学习建筑构造相关知识,学生应熟知民用建筑的各个构造组成及构造要求和做法,并能根据房屋的功能、自然环境因素、建筑材料及施工技术的实际情况选择合理的构造方案。

（2）学习方法

本课程具有很强的实践性,因此,必须加强实践性教学环节,保证认真完成一定数量的作业和习题,并将学习投影原理、制图标准与培养空间想象能力、培养绘图和读图能力紧密地结合起来。

学习制图基础部分时,要自觉培养正确使用工具的习惯,严格遵守国家颁布的建筑标准和技术制图标准。

学习画法几何部分时,要充分理解基本概念,养成空间思维的习惯。要善于针对具体问题具体分析,多看、多想、多画,反复进行由物画图和由图画物的实践。

学习专业图时,在可能的条件下,宜尽量多阅读一些专业图,必须在读懂图纸的基础上进行制图,切忌似懂非懂地抄图,并应将制图和读图的训练紧密地结合起来。

学习构造部分更应紧密联系工程实践,经常参观已经建成和正在施工的房屋,在实践中印证学过的内容,以加深理解,对还没学过的内容建立感性认识。

另外,应该经常阅读有关规范、图集等资料,了解房屋建筑发展的动态和趋势。

应该强调的是：在本课程的学习中,要逐步增强自习的能力,随着学习进度及时复习和小结。

1

制图基本知识

◎ **教学目标**

　　掌握有关国家制图标准的基本规定,能利用制图工具和仪器,按照基本制图标准,用几何作图方式绘制工程图样。了解投影的基本知识;掌握正投影图的形成和特性;掌握点、直线、平面的正投影及其规律;掌握点、直线、平面投影图的识读方法。

◎ **教学要求**

能力目标	知识要点	权重	自测分数
掌握制图工具和仪器的使用方法;了解绘图的一般步骤及要求;熟练掌握有关国家制图标准的基本规定;能利用制图工具和仪器,按照基本制图标准,用几何作图方式绘制工程图样	制图标准	15%	
	制图工具和仪器的使用方法	5%	
	几何作图	10%	
了解投影的基本知识;掌握正投影图的形成和特性	投影的形成与分类	5%	
	平行投影的特性	5%	
	三面正投影	10%	
掌握点、直线、平面的正投影及其规律;掌握点、直线、平面投影图的识读	点的投影	15%	
	直线的投影	20%	
	平面的投影	15%	

◎ **本章导读**

　　制图基础是绘制工程图样的前提,只有掌握好工程制图的基本要求,才能做到所绘制的工程图样准确、合理和满足工程需要。

　　在绘制建筑工程结构物时,必须具备能够完整而准确地表示出工程结构物的形状和大小的图样。绘制这种图样,通常采用投影的原理和方法绘制。本章着重介绍正投影法的基本原理和三面投影图的形成及其基本规律。

点、直线、平面是构成空间形体最基本的几何元素,在学习空间形体的投影方法之前,必须先学习点、直线、平面的投影方法。

建筑房屋要先画出图样,根据图样才能建造各种各样的建筑物和构筑物,因此建筑工程图是工程建设中不可缺少的资料,是工程施工、生产、管理等环节最重要的技术文件,也是工程师的技术语言。国家需要有统一的语言,同样,工程界的语言——图样的绘制也是需要规范的。所以,熟悉现行国家建筑制图标准,掌握正确使用绘图仪器和工具的方法,掌握正投影的基本知识以及点、直线、平面的正投影规律和识读方法正是本章学习的重点。

此外,从事建筑施工的工人和工程技术人员必须具有熟练的识图技能,才能生产出合格的建筑产品,因此,要有明确的学习目的和正确的学习方法。为此,学习中必须做到以下几点:

①认真听讲,结合实际,独立完成作业,及时复习,做到边学、边想、边分析,培养空间想象能力。

②多画图、多识图、多练习、多实践,画图是手段,识图是目的,在画图练习中加深印象,熟悉内容,提高识图能力。

③养成严肃认真的工作态度和耐心细致的工作作风。

1.1 制图标准及制图工具、仪器的使用

1.1.1 制图标准

工程图样是设计和施工过程中的重要技术资料和重要依据,是一种特殊的技术交流语言。为保证工程图样图形准确、图纸清晰,满足生产要求和便于技术交流,国家指定专门机构负责组织制定"国家标准",简称国标,代号"GB"。随着建筑技术的不断发展,由住房和城乡建设部会同有关部门共同对《房屋建筑制图统一标准》等 6 项标准进行修订,批准并颁布了《房屋建筑制图统一标准》(GB/T 50001—2017)、《总图制图标准》(GB/T 50103—2010)、《建筑制图标准》(GB/T 50104—2010)、《建筑结构制图标准》(GB/T 50105—2010)、《给水排水制图标准》(GB/T 50106—2010)和《暖通空调制图标准》(GB/T 50114—2010)。所有从事建筑工程技术的人员,在设计、施工、管理中都应该严格执行国家有关建筑制图标准。本节仅对标准中图幅、图线、字体、比例、尺寸标注等基本规定进行介绍。

1)图幅、标题栏、会签栏

(1)图幅

图幅是指图纸的幅面大小。对于一整套图纸,为了便于装订、保存和合理使用,国家标准对图纸幅面进行了规定,如表 1.1 所示。表中尺寸单位为 mm,尺寸代号如图 1.1 所示。在选用图幅时,应根据实际情况,以一种规格的图纸为主,尽量避免大小幅面掺杂使用。

根据需要,图纸幅面尺寸中长边可以加长,但短边不得加宽,长边加长的尺寸应符合表1.2的有关规定。长边加长时,图幅 A0、A2、A4 应为 150 mm 的整倍数,图幅 A1、A3 应为 210 mm 的整倍数。

表1.1　图幅及图框尺寸　　　　　　　　　　　　　　　　　单位 mm

尺寸代号 ＼ 图幅代号	A0	A1	A2	A3	A4
$B \times L$	841 × 1 189	594 × 841	420 × 594	297 × 420	210 × 297
a	25				
c	10			5	

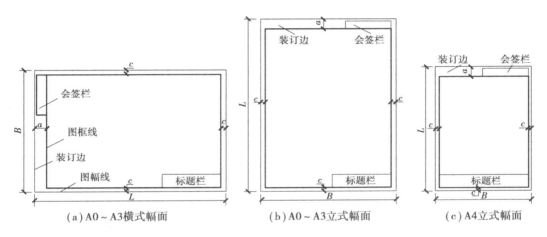

(a) A0 ~ A3横式幅面　　　　　　(b) A0 ~ A3立式幅面　　　　　(c) A4立式幅面

图 1.1　幅面格式

表 1.2　幅面尺寸加长表　　　　　　　　　　　　　　　　　单位:mm

幅面代号	长边尺寸	长边加长后尺寸
A0	1 189	1 338　1 487　1 635　1 784　1 932　2 081　2 230　2 387
A1	841	1 051　1 261　1 472　1 682　1 892　2 102
A2	594	743　892　1 041　1 189　1 338　1 487　1 635　1 783 1 932　2 080
A3	420	631　841　1 051　1 261　1 472　1 682　1 892

🔑 特别提示

　　图纸幅面的长边是短边的 $\sqrt{2}$ 倍,即 $L = \sqrt{2}B$,且 A0 幅面的面积为 1 m^2。A1 幅面是沿 A0 幅面长边的对裁,A2 幅面是沿 A1 幅面长边的对裁,其他幅面类推。

（2）标题栏

为了方便查阅图纸,图框内右下角应绘图纸标题栏,标题栏由名称及代号区、签字区、变更区和其他区组成,用粗实线绘制。标题栏的格式和尺寸应按《技术制图　标题栏》（GB/T 10609.1—2008）中有关规定绘制和填写;学生作业用标题栏可按图1.2的格式绘制。

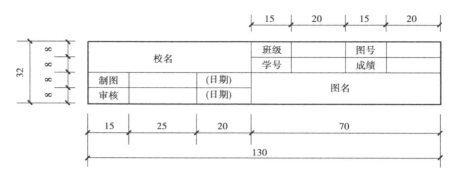

图1.2　学生标题栏（单位:mm）

（3）会签栏

需要会签的图纸,在图框外左上角应绘制会签栏,格式如图1.3所示;学生作业不用画会签栏。

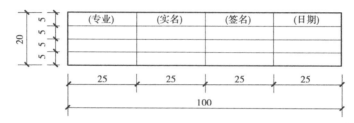

图1.3　会签栏（单位:mm）

2）图线

工程图是由不同种类的线型构成,这些图线可表达图样的不同内容,为便于分清图中的主次,国标对线型及线宽作了规定。工程图中图线的线型、画法和适用范围见表1.3。

表1.3　图线的线型、线宽及用途

名称		线型	线宽	用途
实线	粗	———	d	1. 主要轮廓线 2. 平、剖面图中被剖切的主要建筑构配件的轮廓线 3. 建筑立面图的外轮廓线 4. 建筑构造详图中被剖切的主要部分的轮廓线 5. 建筑构配件详图中构件的外轮廓线 6. 新建各种给排水管道线

续表

名称		线型	线宽	用途
实线	中		0.5d	1. 平、剖面图中被剖切的次要建筑构配件的轮廓线 2. 建筑平、立、剖面图中一般建筑构配件的轮廓线 3. 建筑构造详图及建筑配件详图中一般轮廓线 4. 总平面图中新建花坛等可见轮廓线,道路、桥涵、围墙等的可见轮廓线和区域分界线 5. 尺寸起止线
	细		0.25d	1. 总平面图中新建人行道、排水沟、草地、花坛等可见轮廓线,原建筑物、铁路、道路、桥涵、围墙等的可见轮廓线 2. 图例线、索引符号、尺寸线、尺寸界线、引出线、标高符号
虚线	粗		d	1. 新建建筑物的不可见轮廓线 2. 结构图上不可见钢筋线
	中		0.5d	1. 一般不可见轮廓线 2. 建筑构配件不可见轮廓线 3. 总平面图中计划扩建的建筑物、铁路、道路、桥涵、围墙等的不可见轮廓线
	细		0.25d	1. 总平面图中原有的建筑物、铁路、道路、桥涵、围墙等的不可见轮廓线 2. 图例线
点画线	粗		d	1. 吊车轨道线 2. 结构图的支撑线
	中		0.5d	土方挖填区的零点线
	细		0.25d	中心线、对称线、定位轴线
双点画线	粗		d	预应力钢筋线
	中		0.5d	假想轮廓线、成型前原始轮廓线
折断线			0.25d	断开界线
波浪线			0.25d	断开界线

图线的宽度应根据所绘工程图的复杂程度及比例大小,从国标规定的线宽系列中选取: 0.18 mm、0.25 mm、0.35 mm、0.5 mm、0.7 mm、1.0 mm、1.4 mm、2.0 mm。每个图样一般使用 3 种线宽,即粗线(线宽为 b)、中粗线、细线,比例规定为 b:0.5 b:0.25 b。绘图时,应根据图样的不同情况,选用如表 1.4 所示的线宽组合。

在同一张图纸内相同比例的各图形,应采用相同的线宽组合。图纸图框线和标题栏的宽度如表 1.5 所示。

表1.4　线宽组合

线宽比	线宽组/mm				
b	1.4	1.0	0.7	0.5	0.35
$0.5b$	0.7	0.5	0.35	0.25	0.25
$0.25b$	0.35	0.25	0.18 (0.2)	0.13 (0.15)	0.13 (0.15)

表1.5　图纸图框线和标题栏的宽度　　　　　　　　　　　单位:mm

幅面代号	图框线	标题栏外框线	标题栏分格线会签线
A0　A1	1.4	0.7	0.35
A2　A3　A4	1.0	0.7	0.35

图样中图线相交是常有的现象,而相交图线的绘制则应符合下列规定:

①线条相交时要求整齐、准确,不得随意延长或缩短[图1.4(a)]。

②当虚线与虚线或虚线与实线相交时,相交处不应留空隙[图1.4(b)、(c)、(d)]。

③当实线的延长线为虚线时,应留空隙[图1.4(e)、(f)]。

④当点画线与点画线或点画线与其他线相交时,交点应设在线段处[图1.4(g)]。

⑤图线不得与文字、数字或符号重叠、交叉,不可避免时应首先保证文字、数字和符号清晰。

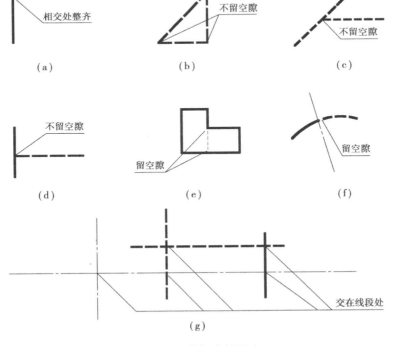

图1.4　图线相交的画法

特别提示

①在同一张图纸内,同类图线的宽度应基本一致。

②相互平行的图线(包括剖面线),其间隙不宜小于其中的粗线宽度,且不宜小于0.7 mm。

③虚线、点画线及双点画线的线段长度和间隔应大致相等。

④图形的对称中心线、回转体轴线等细点画线,一般要超出图形外2~5 mm;绘制圆的对称中心线时,圆心应为画的交点;单点画线和双点画线的首末两端应是画而不是点;在较小的图形上绘制点画线或双点画线有困难时,可用细实线代替。

3)字体

文字、数字、字母或符号是工程图的重要组成部分。若字体潦草,会影响图面整洁美观,导致辨认困难,或引起读图错误,造成工程事故,给国家和社会带来巨大损失。因此,要求字体端正、笔画清晰、排列整齐、标点符号清楚正确,且采用规定的字体和按规定的大小书写。

(1)汉字

国家标准规定工程图中汉字应采用长仿宋体字,又称工程字,并采用国家正式公布的简化字,除有特殊要求外,不得采用繁体字。汉字的宽度与高度的比例为2:3,如表1.6所示。字体的高度(用 h 表示,单位为 mm)即为字号,如10、7、5 号字,说明它们的字高分别是 10 mm、7 mm和5 mm。常用的有 3.5 、5 、7 、10 、14 、20 等 6 种字号;如需要书写更大的字,其字体高度应按$\sqrt{2}$的比值递增。汉字书写要求采用从左向右、横向书写的格式,且汉字高度最小不宜小于3.5 mm。

表1.6　长仿宋体字的高度尺寸　　单位:mm

字高(即字号)	20	14	10	7	5	3.5
字宽	14	10	7	5	3.5	2.5

初学者书写时可先按字号打好方格,然后再写,以保证字体的大小一致和整齐美观。长仿宋体字的基本笔画有:点、横、竖、撇、捺、挑、折、钩等,其基本笔画示例如表1.7所示。书写长仿宋体字的要领是:横平竖直、起落分明、排列匀称、填满方格,如图1.5所示。

表1.7　长仿宋体字基本笔画示例

名称	横	竖	撇	捺	挑	点	钩
形状	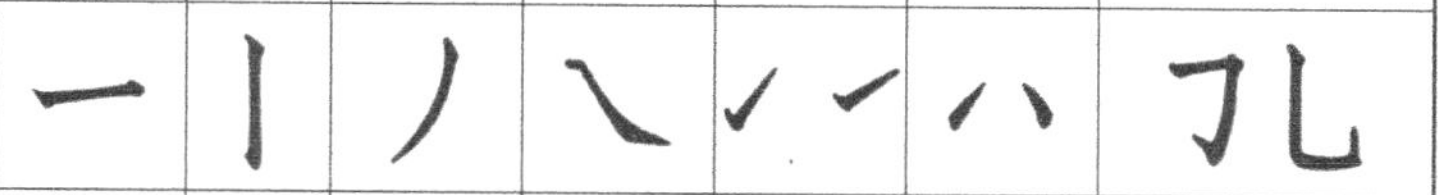 一	丨	丿	乀	丷	八	乙
笔法	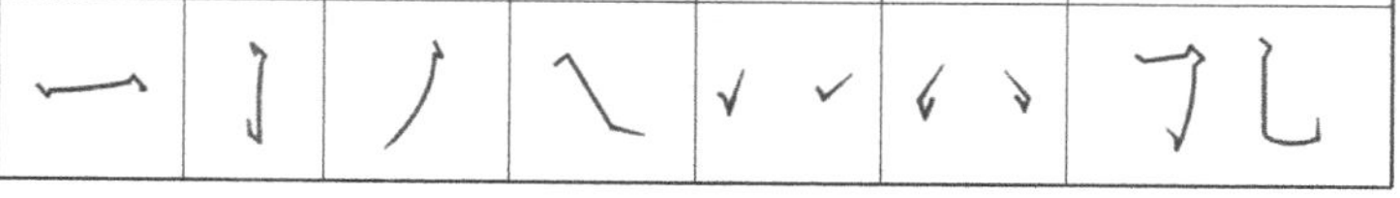 一	丨	丿	乀	丷	八	乙

工程制图识图

10号字体

字体工整　笔画清晰　间隔均匀　排列整齐

7号字体

横平竖直　　　注意起落　　　结构匀称　　　填满方格

5号字体

机械制图螺纹齿轮表面粗糙度极限与配合化工电子建筑船舶桥梁矿山纺织汽车航空石油

3.5号字体

图样是工程界的技术语言国家标准《技术制图》与《机械制图》是工程技术人员必须严格遵守的基本规定并备查阅的能力

图 1.5　汉字示例

（2）数字和字母

图纸中所涉及的阿拉伯数字、外文字母、汉语拼音字母笔画宽度宜为字高的 1/10。大写字母的宽度宜为字高的 2/3，小写字母的字宽宜为字高的 1/2。

数字与字母的字体有直体或斜体两种形式，直体笔画的横与竖应为 90°；斜体的字头向右倾斜，与水平线接近 75°。同一册图纸中的数字和字母一般应保持一致，数字与字母若与汉字同行书写，其字高应比汉字的高小一号。数字与字母示例见图 1.6。

图 1.6　数字和字母示例

🔑 特别提示

当图纸中有需要说明的事项时，宜在每张图纸的右下角图标上方处加以注释。该部分文字应采用"注"字表明，"注"写在叙述事项的左上角，每条注释的结尾应标以句号。如果说明事项需要划分层次，第一、二、三层次的编号应分别用阿拉伯数字、带括号的阿拉伯数字及带圆圈的阿拉伯数字标注。当表示数量时，应采用阿拉伯数字书写，如五千零五十毫米应写成 5 050 mm，二十四小时应写成 24 h。分数不得用数字与汉字混合表示，如三分之一应写成 1/3，不得写成 3 分之 1。不够整数位的小数数字，小数点前应加 0 定位。

4) 比例

图中图形与其实物相对应要素的线型尺寸之比称为比例。比例符号以":"表示,比例的表示方法如 1:1、1:2、1:100 等。比例的大小是指比值的大小,如 1:50 大于 1:100。书写时比例字高应比图名的字高小一号或二号,字的底线应取水平,写在图名的右侧,如图 1.7 所示。

平面图   1:100   ⑤   1:10

图 1.7　比例的书写示例

在绘图过程中,一般应遵循布图合理、均匀、美观的原则以及图形大小和图面复杂程度来选择相应的比例,常用比例如表 1.8 所示。

表 1.8　绘图所用的比例

常用比例	1:1　1:2　1:5　1:10　1:20　1:50 1:100　1:200　1:500　1:1 000 1:2 000　1:5 000　1:10 000　1:20 000 1:50 000　1:100 000　1:200 000
可用比例	1:3　1:15　1:25　1:30　1:40　1:60 1:150　1:250　1:300　1:400　1:600 1:1 500　1:2 500　1:3 000　1:4 000 1:6 000　1:15 000　1:30 000

🔑 **特别提示**

图样不论采用放大或缩小比例,不论作图的精确程度如何,在标注尺寸时,均应按空间形体的实际尺寸和角度标注。

一般情况下,一个图样应选择用一种比例。根据专业制图需要,同一图样也可以选用两种比例。当一张图纸采用的比例相同时,可在图标中的比例一栏中注明,也可以在图纸中适当位置标注;如果同一张图纸中各图比例不同时,则应分别标注,其位置应在各图名的右侧。

当需要竖直方向与水平方向采用不同的比例时,可采用下图所示,V 表示竖直方向比例,用 H 表示水平方向比例。

5) 尺寸标注

工程图上除了要画出构造物的形状外,还必须准确、完整、清晰地标注出构造物的实际尺寸,以作为施工的依据。如果尺寸有遗漏和错误,就会给生产带来困难和损失,因此,尺寸标注是图样必不可少的组成部分。建筑制图国家标准规定了尺寸标注的基本规则和方法,绘图和识图时必须遵守。表 1.9 中列出了标注尺寸的基本规则。

表 1.9　尺寸标注的基本规则

	说明	图例
总则	1.完整的尺寸由下列内容组成:尺寸线(细实线)、尺寸界线(细实线)、尺寸数字、尺寸起止符号(中实线) 2.实物的真实大小,应以图上所注尺寸数据为依据,与图形的比例无关 3.除标高及总平面图以 m 为单位外,尺寸单位都是 mm,不需要注明	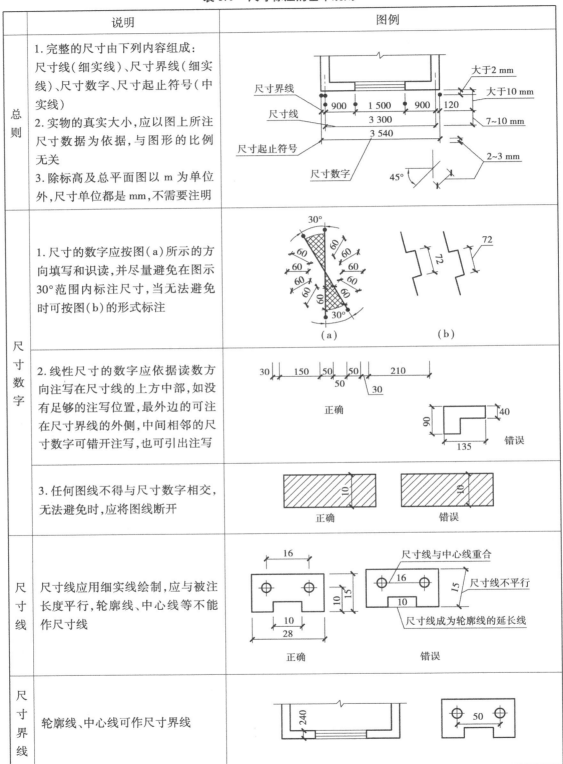
尺寸数字	1.尺寸的数字应按图(a)所示的方向填写和识读,并尽量避免在图示30°范围内标注尺寸,当无法避免时可按图(b)的形式标注	
	2.线性尺寸的数字应依据读数方向注写在尺寸线的上方中部,如没有足够的注写位置,最外边的可注在尺寸界线的外侧,中间相邻的尺寸数字可错开注写,也可引出注写	
	3.任何图线不得与尺寸数字相交,无法避免时,应将图线断开	
尺寸线	尺寸线应用细实线绘制,应与被注长度平行,轮廓线、中心线等不能作尺寸线	
尺寸界线	轮廓线、中心线可作尺寸界线	

续表

	说明	图例
直径与半径	1.标注直径尺寸时应在尺寸数字前加注符号"φ",标注半径尺寸时,加注符号"R" 2.半径的尺寸线,一端从圆心开始,另一端画箭头指至圆弧;直径的尺寸线应通过圆心,两端箭头指至圆弧 3.较大或较小的半径、直径尺寸按图示标注	
角度、弧长、弦长	1.角度的尺寸线应以圆弧线表示,角的两个边为尺寸界线,起止符号用箭头表示,如没有足够的位置,可用圆点代替,角度数字应水平方向注写 2.圆弧的尺寸线为该圆弧同心的圆弧,尺寸界线应垂直该圆弧的弦,起止符号用箭头表示,在弧长数字上方加注"⌒" 3.弦长的尺寸线应与弦长平行,尺寸界线与弦垂直,起止符号用45°斜短画线	

1.1.2　制图工具和仪器的使用方法

（1）铅笔

绘图使用的铅笔的铅芯硬度用 B 和 H 表示,B 表示笔芯软而浓,H 表示硬而淡,HB 表示软硬适中。画底稿时常用 H～2H 铅笔,描粗和加深图线时常用 HB～2B 铅笔。

铅笔应削成如图 1.8 所示的式样,削好的铅笔一般要用"0"号砂纸将铅笔芯磨成圆锥形,以保证所画图线粗细均匀。使用铅笔绘图时,握笔要稳,运笔要自如,如图 1.9 所示。画长线时可转动铅笔,使图线粗细均匀。

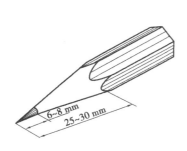

图 1.8　绘图铅笔的削法

图 1.9　握铅笔的姿势

（2）图板、丁字尺、三角板

图板通常用胶合板制成，四周镶以硬木边条，以防翘曲，主要用作画图的垫板。图板板面应质地松软、光滑平整、有弹性、图板两端要平整，四角互相垂直，图板的左侧为工作边，又称导边。图板的大小有0号、1号、2号等各种不同规格，可根据所画图幅的大小而选定。

丁字尺是用胶合板或有机玻璃制成，防止因受潮、暴晒等原因产生变形。丁字尺由相互垂直的尺头和尺身构成，丁字尺与图板配合主要用来画水平线，如图1.10所示。

用丁字尺画水平线时，铅笔应沿着尺身工作边从左画到右，如水平线较多，则应由上而下逐条画出。丁字尺每次移动位置都要注意尺头是否紧靠图板，画线时应防止尺身移动。图1.11所示为移动丁字尺的手势。

为保证图线准确，不允许用丁字尺的下边画线，也不许把尺头靠在图板的上边、下边或右边来画铅垂线或水平线。

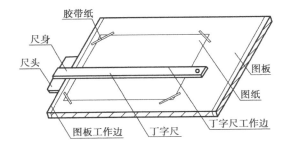

图1.10 丁字尺与图板

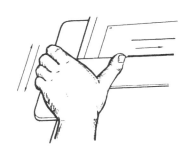

图1.11 移动丁字尺的手势

三角板主要与丁字尺配合来画铅垂线和某些角度的斜线，一副三角板包括45°和30°、60°三角板各一块。

使用三角板画铅垂线时，应使丁字尺尺头靠紧图板的工作边，以防产生滑动，三角板的一条直角边紧靠在丁字尺的工作边上，再用左手轻轻按住丁字尺和三角板，右手持铅笔，自下而上画出铅垂线，如图1.12所示。

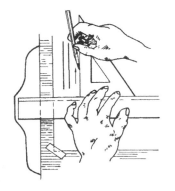

图1.12 用三角板画铅垂线

用一副三角板和丁字尺配合可画出与水平线成15°及其倍数角（30°,45°,60°,75°）的斜线，如图1.13所示。

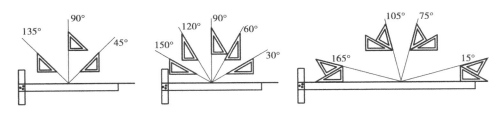

图1.13 斜线的画法

（3）比例尺

为了方便绘制不同比例的图样,可使用比例尺来绘图。常用的比例尺是三棱比例尺,上有6种刻度,如图1.14所示。画图时可按所需比例,用尺上标注的刻度直接量取,不需要换算。

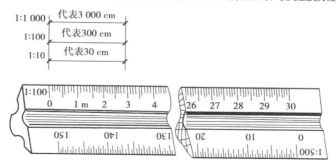

图1.14　比例尺

（4）圆规、分规

圆规是用来画圆或圆弧的仪器,在一腿上附有插脚,换上不同的插脚可作不同的用途,其插脚有3种:钢针插脚、铅笔插脚和墨水笔插脚,如图1.15所示。

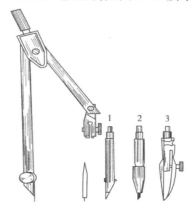

图1.15　圆规及附件

1—钢针插脚;2—铅笔插脚;3—墨水笔插脚

圆规的用法如图1.16所示。画圆时,圆规应稍向前倾斜,圆或圆弧应一次画完,画较大的圆弧时,应使圆规两脚与纸面垂直。画更大的圆弧时要接上延长杆,如图1.17所示。圆规铅芯应磨成楔形,并使斜面向外,其硬度应比所画同种直线的铅笔软一号,以保证图线深浅一致。

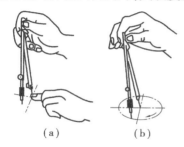

（a）　　　　（b）

图1.16　圆规用法

图1.17　接上延长杆画大圆

分规是量取长度和等分线段的主要工具,其使用方法如图 1.18 所示。

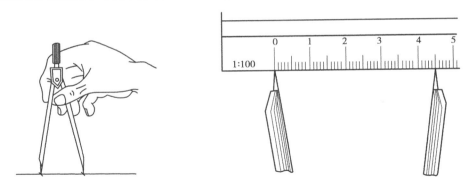

图 1.18　分规用法

（5）曲线板

曲线板是用以画非圆曲线的工具,其使用方法如图 1.19 所示。首先求得曲线上若干点,再徒手用铅笔过各点轻轻勾画出曲线,然后将曲线板靠上,在曲线板边缘上选择一段至少能经过曲线上 3～4 个点,沿曲线板边缘自点 1 起画曲线至点 3 与点 4 的中间,再移动曲线板,选择一段边缘能过 3、4、5、6 诸点,自前段接画曲线至点 5 与点 6,如此延续下去,即可画完整段曲线。

图 1.19　曲线板及其使用方法

（6）模板、擦图片

为了提高制图速度和质量,将图样上常用的符号、图形刻在有机玻璃上,做成模板,方便使用。模板的种类很多,如建筑模板(图1.20)、家具模板、结构模板、给排水模板等。

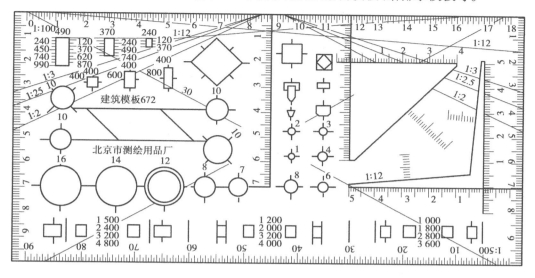

图1.20 建筑模板

擦图片是用来修改图线的,使用时只要将该擦去的图线对准擦图片上相应的孔洞,用橡皮轻轻擦拭即可,如图1.21所示。

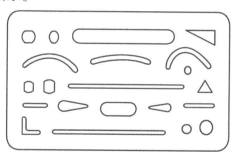

图1.21 擦图片

1.1.3 几何作图

工程图样复杂多样,绘制的图样应做到尺寸齐全、字体工整、图面整洁、符合国标,因此必须从一开始就严格要求,加强平时基本功的训练,掌握正确的制图步骤和方法,力求作图准确、迅速、美观。而物体的图形是由直线、圆弧和曲线组合而成的,为了准确、迅速地绘制这些图形,必须掌握作图的基本方法,为日后工作打下良好基础。以下重点介绍制图的步骤和方法、制图中的美学应用、一些基本图线的绘制方法。

1)制图的步骤与方法

（1）绘图的准备工作

①安排合适的绘图工作地点。绘图是一项细致的工作,要求绘图工作地点明亮、柔和,应

使光线从左前方照来。绘图桌椅高度要配置合适,绘图时姿势要正确。否则不仅影响工作效率,而且会影响身体健康。

②准备必需的绘图工具,使用之前应逐件进行检查校正和擦拭干净,以保证质量和图面整洁。各种绘图工具应放在绘图桌适当的地方,做到使用方便,保管妥当。

③准备有关绘图的参考资料,以备随时查阅。

④根据所绘工程图的要求,按国家标准规定选用图幅大小。图纸在图板上粘贴的位置尽量靠近左边(离图板边缘 3～5 cm),图纸下边至图板边缘的距离略大于丁字尺的宽度。

⑤根据国家标准规定,画出图框和标题栏。

(2)绘制底稿

①任何工程图的绘制必须先画底稿,再进行加深或描图。图面布置之后,根据选定的比例用 H 或 2H 钢笔轻轻画出底稿。底稿必须认真画出,以保证图样的正确性和精确度。若发现错误,不要立即就擦,可用钢笔轻轻做上记号,待全图完成之后再一次擦净,以保证图面整洁。

②画底稿时,尺寸的量取是用分规从比例尺上量取长度。相同长度尺寸应一次量取,以保证尺寸的准确和提高画图速度。

③画完底稿之后,必须认真逐图检查,看是否有遗漏和错误的地方,切不可匆忙加深或上墨。

(3)加深和描图

在检查底稿确定无误之后,即可加深或描图。

①加深:

a.加深之前,应先确定标准实线的宽度,再根据线型确定其他线型。同类图线应粗细一致。一般粗度在 b 以上的图线用 B 或 2B 铅笔加深,或更细的图线和尺寸数字、注解等可用 H 或 HB 铅笔绘写。

b.为使图线粗细均匀,色调一致,铅笔应该经常修磨,加深粗实线一次不够时,则应重复再画,切不可来回描粗。

c.加深图线的步骤是:同类型的图线一次加深;先画细线,后画粗线;先画曲线,后画直线;先画图,后标注尺寸和注解;最后加深图框和标题栏。这样不仅会加快绘图速度和提高精度,而且可减少丁字尺与三角板在图纸上的摩擦,保持图面清洁。

d.全部加深之后,再仔细检查,若有错误应立即改正。这种用绘图仪器画出的图,称为仪器图。

②描图。凡有保存价值和需要复制的图样均需描图。描图是将描图覆盖在铅笔底稿上用描图墨水描绘的。描图的步骤同加深基本一样,主要是要熟练掌握墨线笔的使用,调好积压类线型的粗度,将相同宽度的图线一次画好。要特别注意防止墨水污损图纸。每画完一条图线,要待墨水干之后才能用丁字尺或三角板覆盖,描线时,应使底稿线处于墨线的正中。在描图过程时,图纸不得有任何移动。

全部描完之后,必须严格检查。如有错误,应待墨汁干后,在图纸下垫以丁字尺或三角板将刀片垂直图纸轻轻朝一个方向刮去墨迹,并用硬橡皮擦去污点,再把图纸压平后,才可在上面重画。

(4)图样复制

图样复制除利用复印机复印外,还可采用复晒方法复制。其方法是先将描图纸放在晒图框内,再将感光线紧贴在描图纸背面,然后把晒图框放在太阳或强烈灯光下曝光。曝光后的感光纸经过气熏处理,即得复制的图样,这种图样称为"蓝图"。

2)几种常见的几何作图

（1）过已知点作已知直线的平行线

过已知点作已知直线的平行线,如图1.22所示。

①已知点 A 和直线 BC[图1.22(a)];

②用第一块三角板的一边与 BC 重合,第二块三角板与它的另一边紧靠[图1.22(b)];

③推动第一块三角板至 A 点,画一直线即为所求[图1.22(c)]。

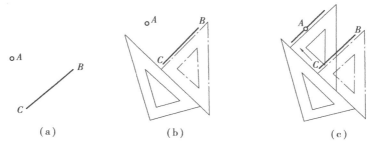

（a）　　　　　　　（b）　　　　　　　（c）

图 1.22　过已知点作已知直线的平行线

（2）过已知点作已知直线的垂直线

过已知点作已知直线的垂直线,如图1.23所示。

①已知点 A 和直线 BC[图1.23(a)];

②先使45°三角板的一直角边与 BC 重合,再使其斜边紧靠另一块三角板[图1.23(b)];

③推动45°三角板,使另一直角边靠紧 A 点,画一直线即为所求[图1.23(c)]。

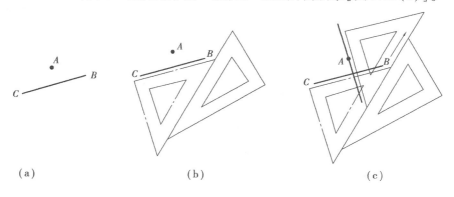

（a）　　　　　　　（b）　　　　　　　（c）

图 1.23　过已知直线作已知直线的垂直线

（3）分已知线段为任意等份

分已知线段为任意等份,如图1.24所示。

①已知直线 AB,分 AB 为6等份[图1.24(a)];

②过 A 点作任意直线 AC,在 AC 上任意截取6等份,标以1、2、3、4、5、6点,以第6点作为 C 点,并连接 BC[图1.24(b)];

③分别过各等分点作 BC 的平行线交 AB 得5个点,即分 AB 为6等份[图1.24(c)]。

几何作图——
等分直线段

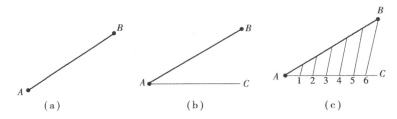

图 1.24　分已知线段为任意等份

（4）分两平行线间的距离为任意等份

分两行平行线间的距离为任意等份，如图 1.25 所示。

①已知平行线 *AB* 和 *CD*，分其间距为 6 等份［图 1.25(a)］；

②将直尺上刻度的 0 点固定在 *AB* 上并以 0 为圆心摆动直尺，使刻度的 5 点落在 *CD* 上，在 1、2、3、4、5 各点处做标记［图 1.25(b)］；

③过各分点作 *AB* 的平行线即为所求［图 1.25(c)］。

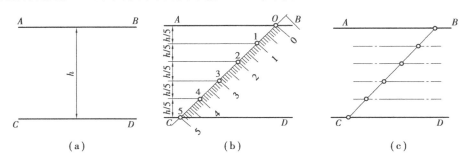

图 1.25　分两平行线间的距离为任意等份

（5）已知外接圆作正五边形

已知外接圆求作正五边形，如图 1.26 所示。

①已知外接圆 *O*，作内接正五边形，先平分半径 *OA*，得平分点 *B*［图 1.26(a)］；

②以 *B* 为圆心，*B*1 为半径作弧交 *BO* 延长线于 *C*，*C*1 即为五边形的边长［图 1.26(b)］；

③以 1 为圆心，以 *C*1 为半径作弧，得 2、5 两点［图 1.26(c)］；

④分别以 2、5 点为圆心，以 *C*1 为半径在圆弧上截取 3、4 两点。顺次连接各点，即得正五边形［图 1.26(d)］。

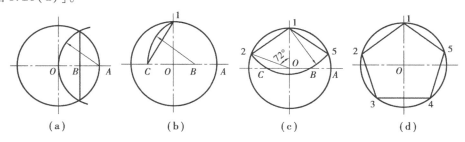

图 1.26　已知外接圆求正五边形

（6）作圆内接任意正多边形

作圆内接任意正多边形（现以七边形为例），如图1.27所示。

①已知外接圆，作内接正七边形，先将直径 AB 分成为7等份，如图1.27（a）所示；

②以 B 为圆心，AB 为半径，画圆弧与 DC 延长线相交于 E，再自 E 引直线与 AB 上每隔一分点（如2、4、6）连接，并延长与圆周交于 F、G、H 等点，如图1.27（b）所示；

③求 F、G 和 H 的对称点 K、J 和 I，并顺次连接 F、G、H、I、K、A 等点即得正七边形，如图1.27（c）所示。

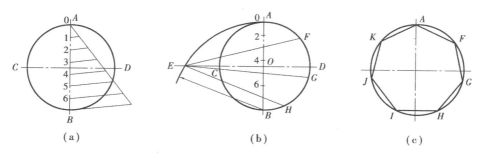

（a）　　　　　　　（b）　　　　　　　（c）

图1.27　作圆内任意正多边形

（7）圆弧连接

①圆弧与两直线连接，如图1.28所示。

a.已知直线 Ⅰ、Ⅱ 和连接圆弧的半径 R［图1.28（a）］；

b.在 Ⅰ、Ⅱ 上各取任意点 a、b，过 a、b 分别作 $aa' \perp$ Ⅰ、$bb' \perp$ Ⅱ，并截取 $aa' = bb' = R$［图1.28（b）］；

c.过 a'、b' 分别作 Ⅰ、Ⅱ 的平行线相交于 O，点 O 即为所求连接圆弧的圆心［图1.28（c）］；

d.过 O 分别作 Ⅰ、Ⅱ 的垂线，得垂足 A、B，即为所求的切点。以 O 为圆心，R 为半径，作圆弧即为所求［图1.28（d）］。

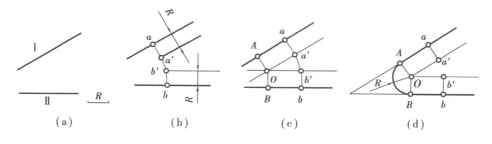

（a）　　　　　　（b）　　　　　　（c）　　　　　　（d）

图1.28　圆弧和两直线连接

②圆弧与一直线和一圆弧连接，如图1.29所示。

a.已知直线 Ⅰ 及以 R_1 为半径的圆弧和连接圆弧的半径 R，求作圆弧与直线 Ⅰ 及已知圆弧相连接［图1.29（a）］；

b.以 O_1 为圆心，$R_1 + R$ 为半径，作圆弧，并作直线 Ⅰ 的平行线，使其间距为 R，平行线与半径为 $R_1 + R$ 的圆弧交于 O 点［图1.29（b）］；

c.连 OO_1 与已知半径 R_1 的圆弧交于 B 点，过 O 作直线 Ⅰ 的垂线得垂足 A，A、B 即为切

点[图1.29(c)];

　　d.以 O 为圆心,R 为半径,作圆弧即为所求[图1.29(d)]。

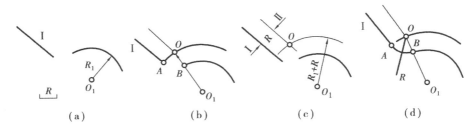

图1.29　圆弧与一直线和圆弧连接

③圆弧与两圆弧连接。

外连接如图1.30所示。

　　a.已知半径为 R_1 和 R_2 的两圆弧,外连接圆弧的半径为 R,求作圆弧与已知两圆弧外连接[图1.30(a)];

　　b.O_1 为圆心,R_1+R 为半径,作圆弧;以 O_2 为圆心,R_2+R 为半径,作圆弧,两圆弧相交于 O,即为所求圆心[图1.30(b)];

　　c.连接 O_1O 和 O_2O,分别交两已知圆弧于 A、B 点,A、B 即为所求切点[图1.30(c)];

　　d.以 O 为圆心,R 为半径,作圆弧即为所求[图1.30(d)]。

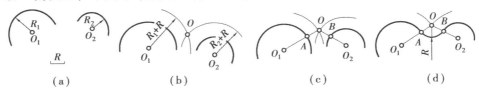

图1.30　圆弧与两圆弧外连接

内连接如图1.31所示。

　　a.已知半径为 R_1 和 R_2 的两圆弧,内连接圆弧的半径 R,求作圆弧与已知两圆弧内连接[图1.31(a)];

　　b.以 O_1 为圆心,$R-R_1$ 为半径,作圆弧;以 O_2 为圆心,$R-R_2$ 为半径,作圆弧,两圆弧相交于 O,即为所求圆心[图1.31(b)];

　　c.连接 OO_1 和 OO_2,并延长交两已知圆弧于 A、B 两点,A、B 即为所求切点[图1.31(c)];

　　d.以 O 为圆心,R 为半径,作圆弧即为所求[图1.31(d)]。

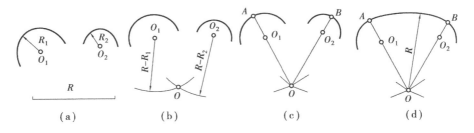

图1.31　圆弧与圆弧内连接

混合连接如图 1.32 所示。

a.已知半径 R_1、R_2 的两圆弧和连接圆弧的半径 R,求作圆弧与已知两圆弧混合连接[图 1.32(a)];

b.以 O_1 为圆心,$R_1 + R$ 为半径,作圆弧;以 O_2 为圆心,$R_2 - R$ 为半径,作圆弧;两圆弧相交于为 O,即为所求圆心[图 1.32(b)];

c.连接 O_1O 与以 R_1 为半径的圆弧交于 A;连接 OO_2 并延长与以 R_2 为半径的圆弧交于 B,A、B 即为所求切点[图 1.32(c)];

d.以 O 为圆心,R 为半径,作圆弧即为所求[图 1.32(d)]。

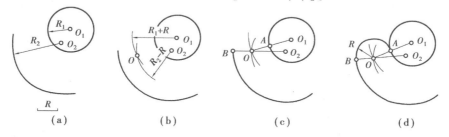

图 1.32　混合连接

反向曲线连接如图 1.33 所示。

a.已知两平行线 AB、CD 及 AB、CD 上的切点 T_1、T_2,求反向曲线[图 1.33(a)];

b.连接切点 T_1、T_2,并在其上取曲线的反向点 E,分别作 T_1E 和 ET_2 的垂直平分线[图 1.33(b)];

c.过切点 T_1 和 T_2 分别作 AB 和 CD 的垂线,交 T_1E 和 ET_2 的垂直平分线于 O_1 和 O_2[图 1.33(c)];

d.分别以 O_1、O_2 为圆心,O_1T_1、O_2T_2 为半径,作圆弧,即为所求的反向曲线[图 1.33(d)]。

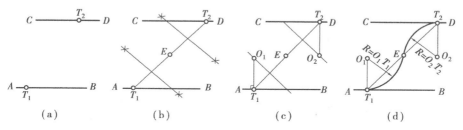

图 1.33　反向曲线连接

🔑 特别提示

　　圆弧连接是指用一圆弧光滑地连接相邻两线段的作图方法,虽然圆弧连接的形式比较多,但其关键都是根据已知条件确定连接圆弧的圆心和切点(即连接点)的位置。

(8)椭圆的画法

①用同心圆法画椭圆,如图 1.34 所示。

a.已知椭圆长轴 AB 和短轴 CD,求作椭圆;

b.以 O 为圆心,分别以 AB 和 CD 为直径画同心圆[图 1.34(a)];

c.分圆为若干等份(如 12 等份),得 1、2、…和 $1'$、$2'$、…等点[图 1.34(b)];

几何作图——
正多边形、椭
圆的画法

d. 过大圆上各点作 CD 的平行线,过小圆上各点作 AB 的平行线,各对应直线交于 E、F、G、H、I、J、K、L 点[图1.34(c)];

e. 用平滑的曲线连接 C、E、F、B、…、A、K、L、C 等点,即为所求椭圆[图1.34(d)]。

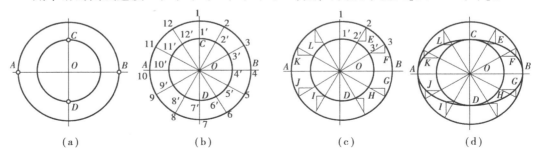

图1.34 同心圆法

②用共轭轴法画椭圆,如图1.35所示。

a. 已知共轭直径 AB 和 CD[图1.35(a)];

b. 过 ABCD 作平行四边形 efgh,将 ef、gh 和 AB 分为相同的等份(如8等份),并标以数字[图1.35(b)];

c. 连接 D 点与 Ae、AB、Bh 上的各等分点,又连接 C 点与 fA、AB、gB 上的各等分点[图1.35(c)];

d. 将四边形内带有相同数字的各线的交点依次平滑连接即成椭圆[图1.35(d)]。

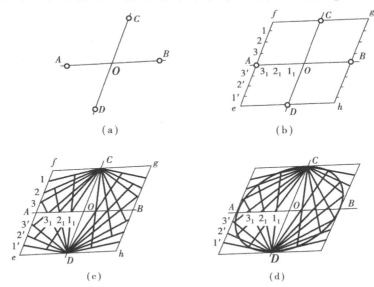

图1.35 共轭轴画法

③用四心圆法画近似椭圆,如图1.36所示。

a. 已知椭圆长轴 AB、短轴 CD,求作椭圆[图1.36(a)];

b. 以 O 为圆心,OA(或 OB)为半径作圆弧,并交 DC 延长线于 E,又以 C 为圆心,CE 为半径,作圆弧交 AC 于 F[图1.36(b)];

c. 作 AF 的垂直平分线,并交长轴 AB 于 O_1,交短轴 CD 于 O_4[图1.36(c)];

d. 作出 O_1 和 O_4 的对称点 O_2 和 O_3，并将 O_1、O_2、O_3 和 O_4 两两相连[图 1.36(d)]；

e. 分别以 O_3、O_4 为圆心，O_4C(或 O_3D)为半径，作圆弧[图 1.36(e)]；

f. 分别以 O_1、O_2 为圆心，O_1A(或 O_2B)为半径作圆弧，即得所求的近似椭圆[图 1.36(f)]。

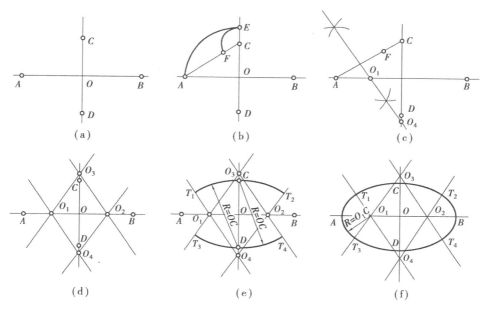

图 1.36　四心圆法

1.2　投影的基本知识

在绘制建筑工程结构物时，必须具备能够完整而准确地表示出工程结构物的形状和大小的图样。绘制这种图样，通常采用投影的原理和方法绘制。本章着重介绍正投影法的基本原理和三面投影图的形成及其基本规律。

1.2.1　投影的形成与分类

1)投影的概念

投影的形成和分类

日常生活中，物体在光线(灯光和阳光)的照射下，就会在地面或墙面上产生影子，这是常见的自然现象。当光线照射的角度或距离改变时，影子的位置、大小及形状也随之改变，由此看来，光线、物体和影子三者之间存在着一定的联系。

如图 1.37(a)所示，桥台模型在正上方的灯光照射下，产生了影子，随着光源、物体和投影面之间距离的变化，影子会发生相应的变化，这是光线从一点射出的情形。如果假想把光源移到无穷远处，即假设光线变为互相平行并垂直于地面时，影子的大小就和基础底板一样大，如图 1.37(b)所示。

人们通过对这种现象进行科学的抽象,按照投影的方法,把形体的所有内外轮廓和内外表面交线全部表示出来,且以投影方向凡可见的轮廓线画实线,不可见的轮廓线画虚线。这样,形体的影子就发展成为能满足生产需要的投影图,简称投影,如图1.37(c)所示。这种投影的方法满足了用二维平面表示三维形体的方法,称为投影法。我们把光线称为投射线,把承受投影的平面称为投影面。

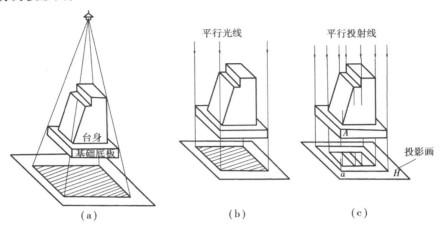

图1.37　影子和投影

2)投影的分类

按投射线的不同情况,投影可分为两大类,即中心投影、平行投影。

(1)中心投影

所有投射线都是从一点(投影中心)引出的,称为中心投影。如图1.38所示,若投影中心为 S,把投射线与投影面 H 的各交点相连,即得三角板的中心投影。

(2)平行投影

所有投射线互相平行则称为平行投影。若投射线与投影面斜交,称为斜角投影或斜投影,如图1.39(a)所示;若投射线与投影面垂直,则称为直角投影或正投影,如图1.39(b)所示。

大多数的工程图,都是采用正投影法来绘制。正投影法是本课程研究的主要内容,本课程中凡未作特别说明的,都属正投影。

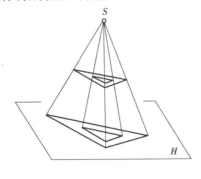

图1.38　中心投影

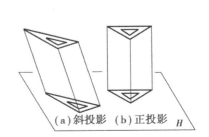

图1.39　平行投影

3)工程上常用的投影图

图示工程结构物时,根据被表达对象特征的不同和实际需要,可采用不同的图示方法。常用的图示方法有正投影法、轴测投影法、透视投影法和标高投影法。

(1)正投影法

正投影法是一种多面投影。空间几何体在两个或两个以上互相垂直的投影面上进行正投影,然后将这些带有几何体投影图的投影面展开在一个平面上,从而得到几何体的多面正投影图,由这些投影便能完全确定该几何体的空间位置和形状。图1.40所示为台阶的三面正投影图。

正投影图的优点是作图较简便,而且采用正投影法时,常将几何体的主要平面放置成与相应的投影面相互平行的位置,这样画出的投影图能反映出这些平面的实形。因此,从图上可以直接量得空间几何体较多的尺寸,即正投影图有良好的度量性,所以在工程上应用最广。其缺点是无立体感,直观性较差。

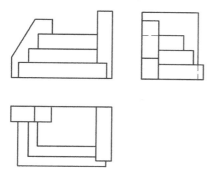

图1.40　台阶的三面投影图

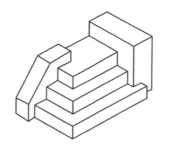

图1.41　台阶的正等测轴测图

轴测图的
基本知识

(2)轴测投影法

轴测投影采用单面投影图,是平行投影之一,它把物体按平行投影法投射至单一投影面上所得到的投影图。图1.41所示为台阶的正等测轴测图。轴测投影的特点是在投影图上可以同时反映出长、宽、高3个方向上的形状,所以富有立体感、直观性较好,但不能完整地表达物体的形状,而且作图复杂、度量性差,一般只作为工程上的辅助图样。

(3)透视投影法

透视投影法即中心投影法。图1.42所示为按中心投影法画出的桥台透视图。由于透视图和照相原理相似,它符合人们的视觉,图像接近于视觉映像,逼真、悦目,直观性很强,常用为设计方案比较、展览用的图样,但绘制较烦琐,且不能直接反映物体的真实大小,不便度量。

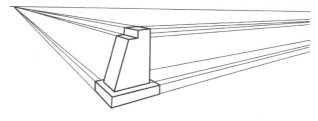

图1.42　桥台透视图

（4）标高投影法

标高投影是一种带有数字标记的单面正投影,常用来表示不规则曲面。假定某一山峰被一系列水平面所截割(图1.43),用标有高程数字的截交线(等高线)来表示地面的起伏,这就是标高投影法。它具有一般正投影的优缺点。用这种方法表达地形所画出的图称为地形图,在工程中被广泛采用。

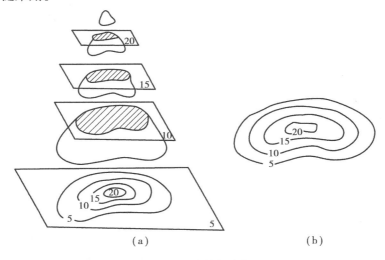

图 1.43　山峰的标高投影

1.2.2　平行投影的特性

正投影的主要特性

平行投影具有以下特性:真实性、积聚性、类似性、从属性、定比性、平行不变性。

（1）真实性

平行于投影面的直线和平面,其投影反映实长和实形。

如图1.44所示,直线 AB 平行于投影面 H,其投影 ab = AB,即反映 AB 的真实长度;平面 ABCD∥H,其投影 abcd 反映 ABCD 的真实大小。

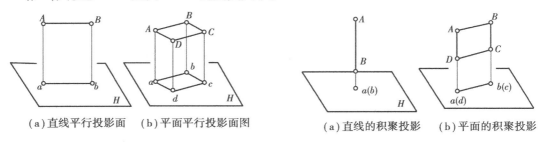

（a）直线平行投影面　（b）平面平行投影面图

图 1.44　投影的真实性

（a）直线的积聚投影　（b）平面的积聚投影

图 1.45　直线和平面的积聚性

（2）积聚性

垂直于投影面的直线,其投影积聚为一点;垂直于投影面的平面,其投影积聚为一条直线。如图1.45所示,直线 AB 垂直于投影面 H,其投影积聚成一点 a(b);平面 ABCD 垂直于投影面 H,其投影积聚成一直线 ab(dc)。

（3）类似性

①点的投影仍是点，如图 1.46（a）所示。

②直线的投影在一般情况下仍为直线，当直线段倾斜于投影面时，其正投影短于实长，如图 1.46（b）所示。通过直线 AB 上各点的投射线，形成一平面 ABba，它与投影面 H 的交线 ab 即为 AB 的投影。

③平面的投影在一般情况下仍为平面，当平面倾斜于投影面时，其正投影小于实形，如图 1.46（c）所示。

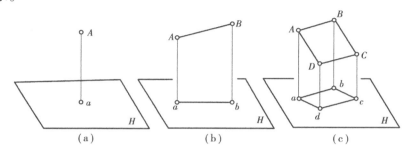

图 1.46　点、线、面的投影

（4）从属性

若点在直线上，则点的投影必在该直线的投影上。如图 1.47 所示，点 K 在直线 AB 上，投射线 Kk 必与 Aa、Bb 在同一平面上，因此点 K 的投影 k 一定在 ab 上。

（5）定比性

直线上一点把该直线分成两段，该两段之比等于其投影之比。如图 1.47 所示，由于 Aa // Kk // Bb，所以 $AK:KB = ak:kb$。

（6）平行不变性

两平行直线的投影仍互相平行，且其投影长度之比等于两平行线段长度之比。如图 1.48 所示，AB // CD，其投影 ab // cd，且 $ab:cd = AB:CD$。

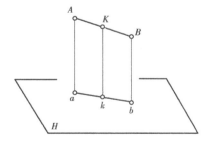

图 1.47　直线的从属性和定比性

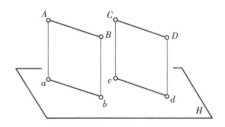

图 1.48　两平行直线的投影

1.2.3　三面正投影

1）三面投影体系

如图 1.49 所示，根据平行投影，图中 3 个形状不同的形体，在同一投影面的投影却是相同的。这说明，由形体的一个投影不能准确地表示形体的形状，因此，需要多个投影面来反映形体的实形。一般把形体放在 3 个互相垂直的平面所组成的三面投影体系中进行投影，如图

1.50所示。在三面投影体系中,水平放置的平面称为水平投影面,用字母"H"表示,简称为 H 面;正对观察者的平面称为正立投影面,用字母"V"表示,简称 V 面;观察者右侧的平面称为侧立投影面,用字母"W"表示,简称 W 面。三投影面两两相交,构成 3 条投影轴 OX、OY 和 OZ,三轴的交点 O 称为原点。只有在这个体系中,才能比较充分地表示出形体的空间形状。

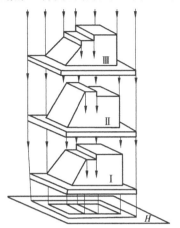

图 1.49　一个投影图不能确定形体的空间形状

图 1.50　三面投影体系

2)三面投影图的形成

三面投影
图的形成

将形体置于三面投影体系中,且形体在观察者和投影面之间。如图 1.51 所示,形体靠近观察者一面称为前面,反之称为后面。由观察者的角度出发,定出形体的左、右、上、下 4 个面。由安放位置可知,形体的前、后两面均与 V 面平行,顶底两面则与 H 面平行。用 3 组分别垂直于 3 个投影面的投射线对形体进行投影,就得到该形体在 3 个投影面上的投影。

①由上而下投影,在 H 面上所得的投影图,称为水平投影图,简称 H 面投影;

②由前向后投影,在 V 面上所得的投影图,称为正立面投影图,简称 V 面投影;

③由左向右投影,在 W 面上所得的投影图,称为(左)侧立面投影图,简称 W 面投影。

上述所得的 H、V、W 3 个投影图就是形体最基本的三面投影图。

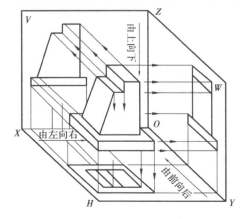

图 1.51　三面投影图的形成

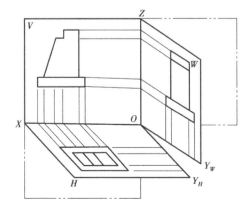

图 1.52　三面投影图的展开

　　为了使 3 个投影图能画在一张图纸上,还必须把 3 个投影面展开,使之摊平在同一个平面上,完成从空间到平面的过程。国家标准规定:V 面不动,H 面绕 OX 轴向下旋转 90°,W 面绕 OZ 轴向右旋转 90°,使它们转至与 V 面同在一个平面上,如图 1.52 所示,这样就得到在同一平面上的三面投影图。这时 Y 轴出现两次,一次是随 H 面旋转至下方,与 Z 轴在同一铅垂线上,标以 Y_H;另一次随 W 面转至右方,与 X 轴在同一水平线上,标以 Y_W。摊平后的三面投影图如图 1.53(a)所示。

　　为了使作图简化,在三面投影图中不画投影图的边框线,投影图之间的距离可根据需要确定,3 条轴线也可省去,如图 1.53(b)所示。

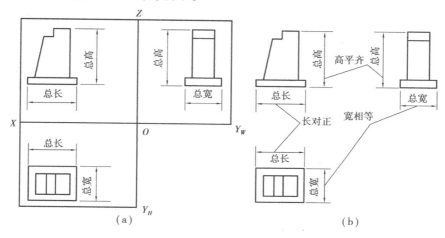

图 1.53　三面投影图的形成和投影规律

3)三面投影图的对应关系

　　三面投影图是从形体的 3 个方向投影得到的。3 个投影图之间是密切相关的,它们的关系主要表现在它们的度量和相互位置上的联系。

　　(1)投影形成相互的顺序关系

　　在三面投影体系中,从前向后,以人→物→图的顺序形成 V 面投影;从上向下,以人→物→图的顺序形成 H 面投影;从左向右,以人→物→图的顺序形成 W 面投影。所以,投影形成相关的顺序关系是人→物→图。

　　(2)投影中的长、宽、高和方位关系

　　每个形体都有长度、宽度、高度或左右、前后、上下 3 个方向的形状和大小变化。形体左右两点之间平行于 OX 轴的距离称为长度;上下两点之间平行于 OZ 轴的距离称为高度;前后两点之间平行于 OY 轴的距离称为宽度。

　　每个投影图能反映其中两个方向关系:H 面投影反映形体的长度和宽度,同时也反映左右和前后位置;V 面投影反映形体的长度和高度,同时也反映左右、上下位置;W 面投影反映形体的高度和宽度,同时也反映上下、前后位置,如图 1.53 所示。

　　(3)投影图的三等关系

　　三面投影图是在形体安放位置不变的情况下,从 3 个不同方向投影所得到,它们共同表达同一形体。因此,它们之间存在着紧密的关系:V、H 两面投影都反映形体的长度,展开后所反映形体的长度不变,故画图时必须使它们左右对齐,即"长对正"的关系;同理,H、W 面投影都反映形体的宽度,有"宽相等"的关系;V、W 面投影都反映形体的高度,有"高平齐"的关系,总称为"三等关系"。

"长对正、高平齐、宽相等"是三面投影图最基本的投影规律。绘图时,无论是形体总的轮廓还是局部细节,都必须符合这一基本规律。

1.3 点、直线、平面的投影

1.3.1 点的投影

1)点的投影规律

(1)投影的形成

如图 1.54(a)所示,在三面投影体系中,有一个空间点 A,由 A 分别向 3 个投影面 V、H 和 W 作射线(垂线),交得的 3 个垂足 a'、a、a'' 即空间点 A 点的三面投影。空间点用大写字母表示,如 A、B、C、…;H 面投影用相应的小写字母表示,如 a、b、c、…;V 面投影用相应的小写字母加一撇表示,如 a'、b'、c'、…;W 面投影用相应的小写字母加两撇表示,如 a''、b''、c''、…。

如图 1.54(b)、(c)所示,按投影体系的展开方法,将 3 个投影面展平在一个平面上并去掉边框线后,即得到点的三面投影图。在投影图中,点用小圆圈表示。

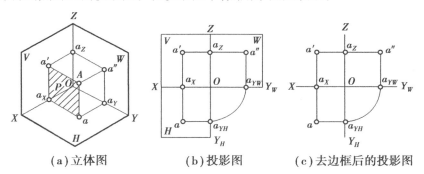

| (a)立体图 | (b)投影图 | (c)去边框后的投影图 |

图 1.54 点的三面投影

(2)投影规律

①垂直规律。点在相应两投影面上的投影之连线垂直于相应的投影轴,即点的 V 面投影和 H 面投影的连线垂直于 OX 轴($a'a \perp OX$);点的 V 面投影和 W 投影的连线垂直于 OZ 轴($a'a'' \perp OZ$)。

证明如下:

如图 1.54(a)所示,由投射线 Aa'、Aa 所构成的投射平面 $P(Aa'a_xa)$ 与 OX 轴相交于 a_x 点,因 $P \perp V$、$P \perp H$,即 P、V、H 三面互相垂直,由立体几何可知,此三平面的交线必互相垂直,即 $a'a_x \perp OX$,$a_xa \perp OX$,$a'a_x \perp a_xa$,故 P 面为矩形。

当 H 面旋转至与 V 面重合时,a_x 不动,且 $a_xa \perp OX$ 的关系不变,所以 a'、a_x、a 三点共线,

即 $a'a \perp OX$ 轴。同理,亦可证得 $a'a'' \perp OZ$ 轴。

②等距规律。空间点的投影到相应的投影轴的距离,反映该点到相应的投影面的距离。如图 1.54(a)所示,即 $Aa = a'a_X = a''a_Y$,反映 A 点至 H 面的距离;$Aa' = aa_X = a''a_Z$,反映 A 点至 V 面的距离;$Aa'' = a'a_Z = aa_Y$,反映 A 点至 W 面的距离。

🔑 **特别提示**

点的三面投影规律的实质仍然是:长对正,宽相等,高平齐。

根据上述投影规律,只要已知点的任意两面投影,即可求其第三面投影。为了能更直接地看到 a 和 a'' 之间的关系,经常用以 O 为圆心的圆弧把 a_{YH} 和 a_{YW} 联系起来[图 1.54(b)],也可以自 O 点作45°的辅助线来实现 a 和 a'' 的联系。

【例1.1】　已知一点 A 的 V、W 面投影 a'、a'',求点 A 的 H 面投影 a(图 1.55)。

【解】　①按第一条规律(即长对正),过 a' 作垂线并与 OX 轴交于 a_X 点;

②按第二条规律(即宽相等)在所作垂线上量取 $aa_X = a''a_Z$ 得 a 点,即为所求。作图时,也可以借助于过 O 点作45°斜线 Oa_0,因为 $Oa_{YH}a_0a_{YW}$ 是正方形,所以 $Oa_{YH} = Oa_{YW}$。

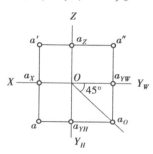

图1.55　已知点的两面投影求第三投影

(3)各种位置点的投影

点的位置有在空间、在投影面上、在投影轴上以及在原点上4种情况,各有不同的投影特征。

在空间的点,点的3个投影都在相应的投影面上,不可能在轴及原点上,如图 1.54 所示。

在投影面上的点,一个投影与空间点重合,另两个投影在相应的投影轴上。它们的投影仍完全符合上述两条基本投影规律。如图 1.56 所示,A 点在 V 面上,B 在 H 面上,C 点在 W 面上。

在投影轴上的点,两个投影与空间点重合,另一个投影在原点上。如图 1.57 所示,A 点在 OX 轴上,B 点在 OZ 轴上,C 点在 OY 轴上。

在原点上的点,点的3个投影与空间点都重合在原点上。

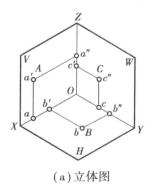

(a)立体图

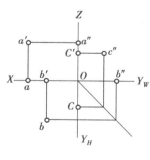

(b)投影图

图 1.56　投影面上的点

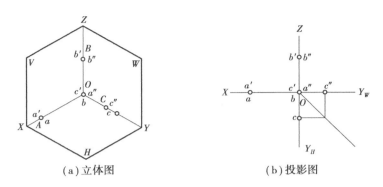

（a）立体图　　　　　　　　　　　（b）投影图

图 1.57　投影轴上的点

2）点的投影与坐标

如果把三投影面体系当作直角坐标系，则各投影面就是坐标面，各投影轴就是坐标轴，点到 3 个投影面的距离就是相应的坐标数值。如图 1.54（a）所示，A 点到 W 面的距离为其 X 坐标，即 $Aa'' = aa_Y = a'a_Z = X$；A 点到 V 面的距离为其 Y 坐标，即 $Aa' = aa_X = a''a_Z = Y$；A 点到 H 面的距离为其 Z 坐标，即 $Aa'' = a'a_X = a''a_Y = Z$。则点在空间的位置可用坐标确定，如空间 A 点的坐标可表示为 $A(X,Y,Z)$；而点的每个投影只反映两个坐标，其投影与坐标的关系如下：A 点的 H 面投影 a 可反映该点的 X 和 Y 坐标；A 点的 V 面投影 a' 可反映该点的 X 和 Z 坐标；A 点的 W 面投影 a'' 可反映该点的 Y 和 Z 坐标。

因此，如果已知一点 A 的三投影 a、a' 和 a''，就可从图中量出该点的 3 个坐标；反之，如果已知 A 点的 3 个坐标，就能作出该点的三面投影。空间点的任意两个投影都具备了 3 个坐标，所以给出一个点的两面投影即可求得第三面投影。

【**例 1.2**】　已知 $A(4,6,5)$，求作 A 点的三面投影（图 1.58）。

【**解**】　①作出 3 个投影轴及原点 O，在 OX 轴是自 O 点向左量取 4 个单位，得到 a_X 点［图 1.58（a）］；

②过 a_X 点作 OX 轴的垂线，由 a_X 向上量取 $Z = 5$ 单位，得 V 面投影 a'，在下量取 $Y = 6$ 单位，得 H 面投影 a［图 1.58（b）］；

③过 a' 作线平行于 OX 轴并与 OZ 轴相交于 a_Z，量取 $a_Za'' = Y = a_Xa$，得 W 面投影 a''，a、a'、a'' 即为所求［图 1.58（c）］。

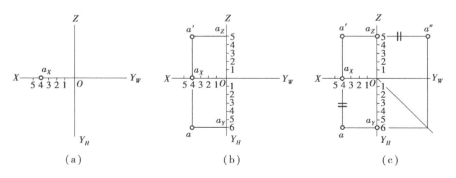

（a）　　　　　　　　　（b）　　　　　　　　　（c）

图 1.58　已知点的坐标求作点的三面投影

3)两点的相对位置

(1)两点的相对位置判断

空间每个点具有前后、左右、上下6个方位。空间两点的相对位置是以其中某一点为基准来判断另一点在该点的前后、左右、上下的位置,这可用点的坐标值的大小或两点的坐标差来判定。具体地说就是:X 坐标大者在左边,X 坐标小者在右边;Y 坐标大者在前边,Y 坐标小者在后边;Z 坐标大者在上边,Z 坐标小者在下边。

两点的
相对位置

如图 1.59 所示,如以 A 点为基准,由于 $X_B > X_A$,$Y_B > Y_A$,$Z_B < Z_A$,所有 B 点在 A 点的左、前、下方。

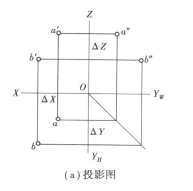

(a)投影图

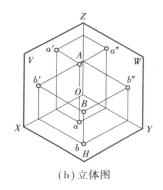

(b)立体图

图 1.59　两点的相对位置

🔑 **特别提示**

虽然在三投影面展开的过程中,Y 轴被一分为二:一次是随 H 面旋转至 Z 轴下方(标以 Y_H),另一次随 W 面转至 X 轴右方(标以 Y_W),但不论是 Y_H 还是 Y_W 都始终指向前方。

(2)重影点及投影的可见性

当空间两点位于某一投影面的同一投射线上时,则此两点在该投影面上的投影重合,此两点称为对该投影面的重影点。

如图 1.60(a)所示,A、B 两点位于垂直 H 面的同一投射线上,A 点在 B 点的正上方,B 点在 A 点的正下方;a、b 两投影重合,为对 H 面的重影点;但其他两同面投影不重合。至于 a、b 两点的可见性,可从 V 面投影(或 W 面投影)进行判断:因为 a' 高于 b'(或 a'' 高于 b''),所以 a 为可见,b 为不可见。此外,判别重影点的可见性时,也可以比较两点的不重影的同面投影的坐标值,坐标值大的点可见,坐标值小的点的投影被遮挡而不可见。为区别起见,凡不可见的投影其字母写在后面,并可加括号表示。

同理,如图 1.60(b)所示,C 点在 D 点的正前方,位于 V 面的同一投射线上,c'、d' 两投影重合,为对 V 面的重影点,c' 可见,d' 不可见。

如图 1.60(c)所示,E 点在 F 点的正左方,位于 W 面的同一投射线上,e''、f'' 两投影重合,为对 W 面的重影点,e'' 可见,f'' 不可见。

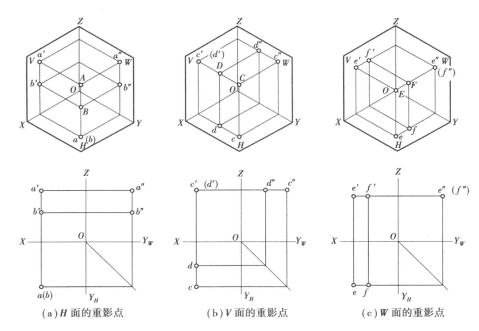

（a）H 面的重影点	（b）V 面的重影点	（c）W 面的重影点

图 1.60　投影面的重影点

1.3.2　直线的投影

1) 直线的投影规律

（1）直线投影的形成

两点确定一条直线,因此要作直线的投影,只需画出直线上任意两点的投影,连接其同面投影,即为直线的投影。对直线段而言,一般用线段的两个端点的投影来确定直线的投影。图1.61 所示为直线段 AB 的三面投影。

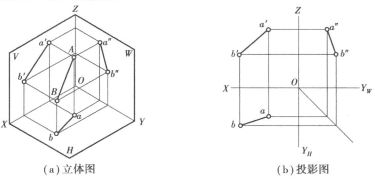

（a）立体图　　　　　　　　　　（b）投影图

图 1.61　直线的投影

（2）直线的投影规律

一般情况下,直线的投影仍为直线;但当直线垂直于投影面时,其投影积聚为一个点。

（3）直线对投影面的倾角

直线与投影面的夹角(即直线和它在某一投影面上的投影间的夹角),称为直线对该投影面的倾角。

直线对 H 面的倾角为 α 角,α 角的大小等于 AB 与 ab 的夹角;直线对 V 面的倾角为 β 角,β 角的大小等于 AB 与 $a'b'$ 的夹角;直线对 W 面的倾角为角,γ 角的大小等于 AB 与 $a''b''$ 的夹角, 如图1.62所示。

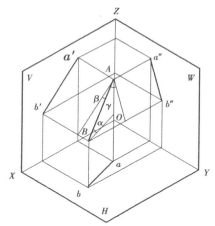

图 1.62　直线对投影面的倾角

2)各种位置直线的投影

在三投影面体系中,根据直线对投影面的相对位置,直线可分为一般位置直线和特殊位置直线。特殊位置直线有两种,即投影面的平行线和投影面的垂直线。

(1)一般位置直线

对 3 个投影面都倾斜(不平行也不垂直)的直线称为一般位置直线,简称一般线,如图 1.61(a)所示。一般位置直线的投影特征:

①由图 1.62 可知,$ab = AB \cos \alpha$,$a'b' = AB \cos \beta$,$a''b'' = AB \cos \gamma$,而对于一般位置线而言,α、β、γ 均不为零,即 $\cos \alpha$、$\cos \beta$、$\cos \gamma$ 均小于1,所有一般位置直线的 3 个投影都小于实长;

②一般位置直线的三面投影都倾斜于各投影轴,且各投影与相应的投影轴所成的夹角都不反映直线对各投影面的真实倾角,如图 1.61(b)所示。

(2)投影面平行线

只平行于某一投影面而倾斜于另外两个投影面的直线称为投影面平行线。投影面平行线有 3 种情况:

①与 V 面平行,倾斜于 H、W 面的直线称为正面平行线,简称正平线;

②与 H 面平行,倾斜于 V、W 面的直线称为水平面平行线,简称水平线;

③与 W 面平行,倾斜于 H、V 面的直线称为侧面平行线,简称侧平线。

一般位置直线、投影面的平行线

如图 1.63(a)所示,现以正平线 AB 为例,讨论其投影特征:

①因为 $AB /\!/ V$ 面,所以其 V 面投影反映实长,即 $a'b' = AB$;且 $a'b'$ 与 OX 轴的夹角,反映直线对 H 面的真实倾角 α;$a'b'$ 与 OZ 轴的夹角,反映直线对 W 面的真实倾角 γ;

②因为 AB 上各点到 V 面的距离都相等,所以 $ab /\!/ OX$ 轴;同理,$a''b'' /\!/ OZ$ 轴。

如图 1.63 所示,可归纳出投影面平行线的投影特征:

①直线在所平行的投影面上的投影反映实长,且该投影与相应投影轴所成的夹角,反映直线对其他两投影面的倾角;

②直线其他两投影均小于实长,且平行于相应的投影轴。

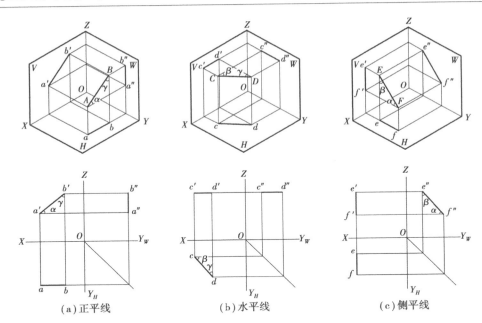

（a）正平线　　　　　　（b）水平线　　　　　　（c）侧平线

图 1.63　投影面平行线

【例 1.3】　如图 1.64（a）所示,已知水平线 AB 的长度为 15 mm,$\beta = 30°$,A 的两面投影 a、a',试求 AB 的三面投影。

【解】　解题步骤如图 1.64（b）所示:

①过 a 作直线 $ab = 15$ mm,并与 OX 轴成 30°角;

②过 a' 作直线平行 OX 轴,与过 b 作 OX 轴的垂线相交于 b';

③根据 ab 和 $a'b'$ 作出 $a''b''$;

④根据已知条件,B 点可以在 A 点的前、后、左、右 4 种位置,本题有 4 种答案。

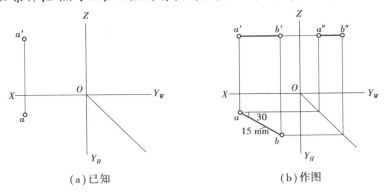

（a）已知　　　　　　　　（b）作图

图 1.64　求水平线

【例 1.4】　如图 1.65 所示,已知水平线 AB 的 H 面投影 a,且 AB 距 H 面 20 mm,补全 AB 的三面投影。

【解】　由于水平线 AB 平行于 H 面,所以 AB 线上的每一个点的 Z 坐标都为 20 mm。

①根据长对正的投影规律,再根据 A、B 两点的 Z 坐标都为 20 mm,求作 AB 的 V 面投影,如图 1.65（b）所示。

②根据高平齐、宽相等的投影规律,作出 AB 的 W 面投影,如图 1.65（c）所示。

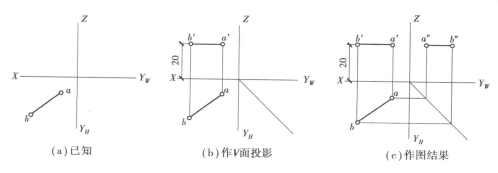

（a）已知　　　　（b）作V面投影　　　　（c）作图结果

图 1.65　求 AB 的三面投影

（3）投影面垂直线

垂直于一个投影面的直线称为投影面垂直线；垂直于一个投影面，必平行于另两个投影面。投影面垂直线有 3 种情况：

①垂直于 H 面的称为水平面垂直线，简称铅垂线；

②垂直于 V 面的称为正面垂直线，简称正垂线；

③垂直于 W 面的称为侧面垂直线，简称侧垂线。

如图 1.66（a）所示，现以铅垂线 AB 为例，讨论其投影特征：

①AB⊥H 面，所以其 H 面投影 ab 积聚为一点；

②AB∥V、W 面，其 V、W 面投影反映实长，即 $a'b' = a''b'' = AB$；

③$a'b'⊥OX$ 轴，$a''b''⊥OYW$ 轴。

如图 1.66 所示，可归纳出投影面垂直线的投影特征：

①投影面垂直线在所垂直的投影面上的投影积聚成一点；

②投影面垂直线其他两投影与相应的投影轴垂直，且都反映实长。

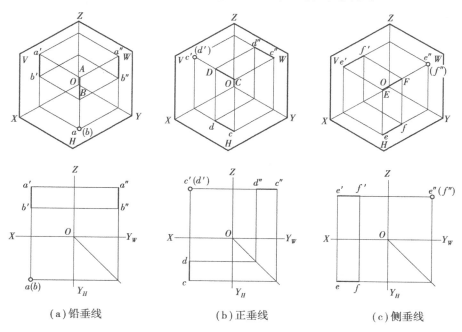

（a）铅垂线　　　　（b）正垂线　　　　（c）侧垂线

图 1.66　投影面垂直线

【**例** 1.5】 如图 1.67(a)所示,已知铅垂线 AB 的长度为 15 mm,A 的两面投影 a、a',并知 B 点在 A 点的正上方,试求 AB 的三面投影。

【**解**】 如图 1.67(b)所示,根据垂直线的投影特性,铅垂线 AB 在 H 面的投影积聚成点,铅垂线 AB 平行于 V、W 面,即 AB 直线在 V、W 面上的投影反映实长,且投影与相应的投影轴平行。

①过 a' 往正上方作直线并量取 $a'b' = 15$ mm,定出 b',并用粗实线连接 $a'b'$;

②根据 ab 和 $a'b'$,利用高平齐、宽相等作出 $a''b''$。

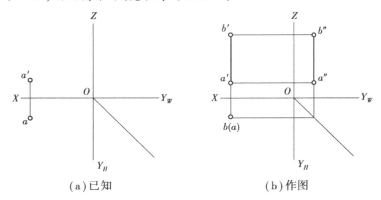

(a)已知　　　　　　　　　　(b)作图

图 1.67　**求铅垂线**

(4)一般位置直线的实长和倾角

特殊位置直线(如投影面的垂直线和投影面的平行线)可由投影图直接定出直线段的实长和对投影面的倾角。对一般位置直线而言,其投影图既不反映实长,也不反映倾角。要想求得一般线的实长和倾角,可以采用直角三角形法。

如图 1.68 所示,在 $ABba$ 所构成的投射平面内,延长 BA 和 ba 交于点 C,则 $\angle BCb$ 就是 AB 直线对 H 面的倾角 α。过 B 点作 $BA_1 /\!/ ab$,则 $\angle ABA_1 = \alpha$ 且 $BA_1 = ab$。所以,只要在投影图上作出直角三角形 ABA_1 的实形,即可求出 AB 直线的实长和倾角 α。

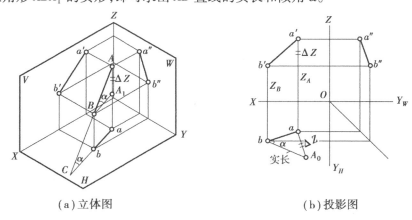

(a)立体图　　　　　　　　　　(b)投影图

图 1.68　**求直线的实长与倾角** α

其中直角边 $BA_1 = ab$,即 BA_1 为已知的 H 面投影;另一直角边 AA_1,是直线两端点的 Z 坐标差,即 $AA_1 = Z_A - Z_B$,可从 V 面投影图中量得,也是已知的,其斜边 BA 即为实长。

其作图步骤为：

①过 H 面投影 ab 的任一端点 a 作直线垂直于 ab；

②在所作垂线上截取 $aA_0 = Z_A - Z_B$，得 A_0 点；

③连直角三角形的斜边 bA_0，即为所求的实长，$\angle abA_0$ 即为倾角 α。

如图 1.69 所示，求作直线 AB 对 V 面的倾角 β，即以直线的 V 面投影 $a'b'$ 为一条直角边，直线上两端点的 Y 坐标差为另一条直角边，组成一个直角三角形，就可求出直线的实长和直线对 V 面的倾角 β。同理如图 1.70 所示，如果求作直线 AB 对 W 面的倾角 γ，即以直线的 W 面投影 $a''b''$ 为一条直角边，直线上两端点的 X 坐标差为另一条直角边，组成一个直角三角形，就可求出直线的实长和直线对 W 面的倾角 γ。

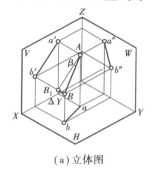 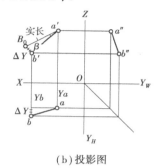

（a）立体图　　　　　　（b）投影图

图 1.69　求直线的实长与倾角 β

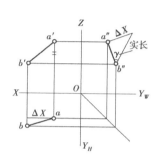

图 1.70　求直线的实长与倾角 γ

综上所述，这种利用直角三角形求一般位置直线的实长及倾角的方法称为直角三角形法，其作图步骤为：

①以直线段的一个投影为直角边；

②以直线段两端点相对于该投影面的坐标差为另一直角边；

③所构成的直角三角形的斜边即为直线段的空间实长；

④斜边与该直线段投影之间的夹角即为直线对该投影面的倾角。

> 🔑 **特别提示**
>
> 在直角三角形法中，涉及直线实长、直线的一个投影、直线与该投影所在投影面的倾角及另一投影两端点的坐标差 4 个参数，只要已知其中的两个，就可作出一个直角三角形，从而求得其余参数。

【例 1.6】　如图 1.71(a)所示，已知直线 AB 的 V 面投影 $a'b'$，直线上 A 点的 H 面投影 a，直线 AB 实长为 20 mm，求 b。

【解】　解题步骤如图 1.71(b)所示：

①过 $a'b'$ 的任一端点 a' 作 $a'b'$ 的垂线，以 b' 为圆心，$R = 20$ mm 画圆弧，与垂线相交于 A_0 点，得直角三角形 $A_0a'b'$；

②过 b' 作 OX 轴的垂线，再过 a 作 OX 轴的平行线，两直线相交于 b_0，在 $b'b_0$ 线上截取 Y 坐标 $b_0b_1 = a'A_0$，得 b_1 点，边 ab_1 即为所求；

③如果截取 $b_0b_2 = a'A_0$，连 ab_2 也为所求，所以本题有两解。

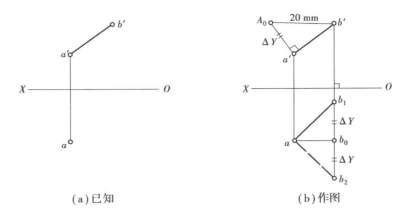

（a）已知   （b）作图

图1.71　用直角三角形法求直线的投影

【例1.7】　如图1.72所示,已知直线 AB 的部分投影 ab、a' 及 $\alpha = 30°$,B 点高于 A 点。求 AB 的实长及 b'。

【解】　解题步骤如图1.72(b)所示:

①过 ab 的任一端点 a 作 ab 的垂线,再过 b 引斜线 bA_0 与 ba 成30°夹角,两线相交于 A_0,得一直角三角形,其中 bA_0 之长即为 AB 的实长,aA_0 之长为 A、B 两点的 Z 坐标之差;

②过 a' 作 OX 轴的平行线,同时过 b 作 OX 轴的垂线,两直线相交于 B_0;

③延长 $b'B_0$ 并在其上截取 $B_0b' = aA_0$,得 b' 点,连 $a'b'$ 即为所求。

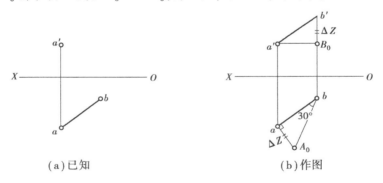

（a）已知   （b）作图

图1.72　用直角三角形法求直线的投影

3）直线上点的投影规律

直线上的点

如图1.73所示,C 点在直线 AB 上,则其投影 c、c'、c'' 必在 AB 的相应投影 ab、$a'b'$、$a''b''$ 上,且 $AC:CB = ac:cb = a'c':c'b' = a''c'':c''b''$。

由此可知,直线上的点除符合点的三面投影规律（垂直规律和等距规律）外,还具有如下的投影特征:

①从属性:点在直线上,则点的各个投影必在直线的同面投影上;

②定比性:点分割直线段成定比,其投影也分割线段的投影成相同的比例。

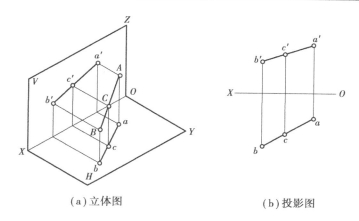

(a)立体图　　　　　　　　(b)投影图

图1.73　直线上的点

【例1.8】　如图1.74(a)所示,已知侧平线 AB 的两投影 ab 和 $a'b'$,并知 AB 线上一点 K 的 V 面投影 k',求 k。

【解】　作法一:用从属性求作[图1.74(b)]。根据 ab 和 $a'b'$ 求作出 $a''b''$,再求 k'',即可作出 k。

作法二:用定比性求作[图1.74(c)]。因为 $AK:KB = a'k':k'b' = ak:kb$,所以可在 H 面投影中过 a 作任一辅助线 aB_0,并使它等于 $a'b'$,再取 $aK_0 = a'k'$。连 B_0b,过 K_0 作 $K_0k /\!/ B_0b$ 交 ab 于 k,即为所求。

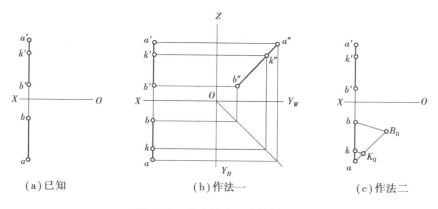

(a)已知　　　　　　(b)作法一　　　　　　(c)作法二

图1.74　求直线上一点的投影

【例1.9】　如图1.75(a)所示,已知侧平线 CD 及点 M 的 V、H 面投影,试判定 M 点是否在侧平线 CD 上。

【解】　判断点是否在直线上,一般只要观察两面投影即可,但对于特殊位置直线如本题中的侧平线 CD,只考虑 V、H 两面投影还不行,可作出 W 面投影来判定,或用定比性来判定。

作法一:用从属性来判定,如图1.75(b)所示。作出 CD 和 M 的 W 面投影,由作图结果可知: m'' 在 $c''d''$ 外面,因此 M 点不在直线 CD 上。

作法二:用定比性来判定,如图1.75(c)所示。在任一投影中,过 c 任作一辅助线 cD_0,并在其上取 $cD_0 = c'd'$, $cM_0 = c'm'$,连 dD_0、mM_0。因 mM_0 不平行于 dD_0,说明 M 点不在直线 CD 上。

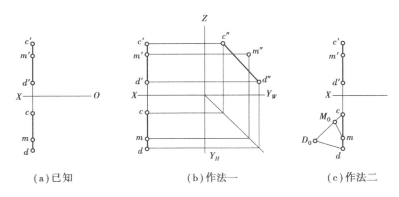

(a)已知   (b)作法一   (c)作法二

图 1.75   判断点是否在直线上

4)两直线的相对位置

空间两直线的相对位置分为 3 种情况:平行、相交和交叉。其中,平行两直线和相交两直线称为共面直线,交叉两直线称为异面直线,如图 1.76 所示。

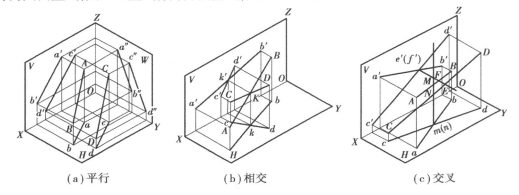

(a)平行   (b)相交   (c)交叉

图 1.76   两直线的相对位置

(1)两直线平行

①投影特征:两直线在空间互相平行,则其各同面投影互相平行且比值相等。

如图 1.77 所示,如果 $AB /\!/ CD$,则 $ab /\!/ cd$,$a'b' /\!/ c'd'$,$a''b'' /\!/ c''d''$ 且 $AB:CD = ab:cd = a'b': c'd' = a''b'':c''d''$。

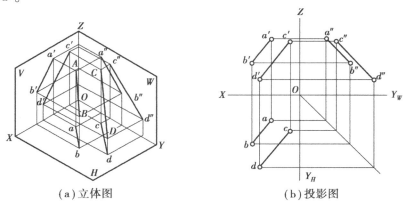

(a)立体图   (b)投影图

图 1.77   平行两直线的投影

②两直线平行的判定:

a.若两直线的各同面投影都互相平行且比值相等,则此两直线在空间一定互相平行;

b.若两直线为一般位置直线,则只要有两组同面投影互相平行,即可判定两直线在空间平行;

c.若两直线为某一投影面的平行线,则要用两直线在该投影面上的投影来判定其是否在空间平行。

如图 1.78(a)所示,给出了两条侧面平线 CD 和 EF,它们的 V、H 面投影平行,但是还不能确定它们是否平行,必须求出它们的侧面投影或通过判断比值是否相等才能最后确定。如图 1.78(b)所示,作出其侧面投影 $c''d''$ 和 $e''f''$ 不平行,则 CD 和 EF 两直线在空间不平行。

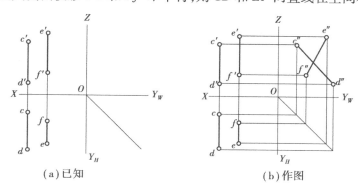

(a)已知　　　　　　　　　　　(b)作图

图 1.78　判定两直线的相对位置

(2)两直线相交

①投影特征:相交两直线,其各同面投影必相交,且交点符合点的投影规律,即各投影交点的连线必垂直于相应的投影轴。

如图 1.79 所示,AB 和 CD 为相交两直线,其交点 K 为两直线的共有点,它既是 AB 上的一点,又是 CD 上的一点。由于线上的一点的投影必在该直线的同面投影上,因此 K 点的 H 面投影 k 既在 ab 上,又应在 cd 上。这样 k 必然是 ab 和 cd 的交点,k' 必然是 $a'b'$ 和 $c'd'$ 的交点,k'' 必然是 $a''b''$ 和 $c''d''$ 的交点。

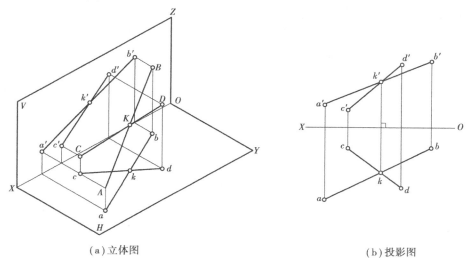

(a)立体图　　　　　　　　　　　(b)投影图

图 1.79　相交两直线的投影

②两直线相交的判定：

a.若两直线的各同面投影都相交且交点符合点的投影规律,则此两直线为相交直线;

b.对两条一般位置直线而言,只要根据任意两组同面投影即可判断两直线在空间是否相交;

c.对两条直线之一为投影面平行线时,则要看该直线在所平行的那个投影面上的投影是否满足相交的条件,才能判定;也可以用定比性判断交点是否符合点的投影规律来验证两直线是否相交。

如图 1.80 所示,两直线 AB 和 CD,因为 a″b″和 c″d″的交点与 a′b′和 c′d′的交点不符合点的投影规律,所以可以判定 AB 和 CD 不相交。

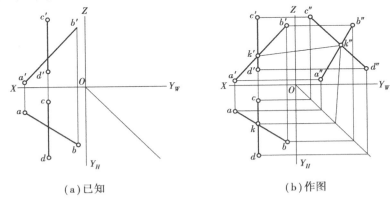

(a)已知   (b)作图

图 1.80　判定两直线的相对位置

(3)两直线交叉

①投影特征:两直线在空间既不平行也不相交称为交叉。其投影特征是,各面投影既不符合平行两直线的投影特征,也不符合相交直线的投影特征。

②两直线交叉的判定:若两直线的同面投影不同时平行,或同面投影虽相交但交点连线不垂直于投影轴,则该两直线必交叉。它们的投影可能有一对或两对同面投影互相平行,但绝不可能三对同面投影都互相平行。交叉两直线也可表现为一对、两对或三对同面投影相交,但其交点的连系线不可能符合点的投影规律。

③交叉直线重影点可见性的判别:两直线交叉,其同面投影的交点为该投影面重影点的投影,可根据其他投影判别其可见性。

如图 1.81 所示,AB 和 CD 是两交叉直线,其三面投影都相交,但其交点不符合点的投影规律,即 ab 和 cd 的交点不是一个点的投影,而是 AB 上的 M 点和 CD 上的 N 点在 H 面的重影点,M 点在上,m 可见,N 点在下,n 为不可见。同样,a′b′和 c′d′的交点 CD 上的 E 点和 AB 上的 F 点在 V 面的重影点,E 点在前,e′为可见,F 点在后,f′为不可见。W 面投影 a″b″和 c″d″的交点也是重影点。

(4)直角投影

若两直线相交(或交叉)成直角,且其中有一条直线与某一投影面平行,则此直角仅在该投影面上的投影仍反映直角,这一性质称为直角定理。反之,若相交或交叉两直线的某一同面投影成直角,且有一条直线是该投影面的平行线,则此两直线在空间的交角必是直角。

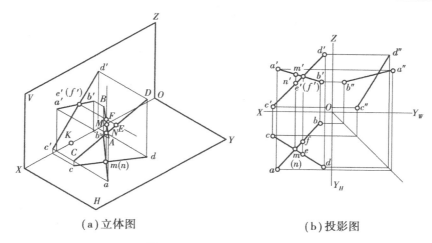

(a)立体图　　　　　　　(b)投影图

图 1.81　交叉两直线的投影

①相交垂直。

已知:如图 1.82 所示,$\angle ABC = 90°$,$BC//H$ 面,求证:$\angle abc = 90°$。

证明:因为 $BC \perp AB$,$BC \perp Bb$;$BC \perp$ 平面 $AabB$;又 $bc//BC$,所以 $bc \perp$ 平面 $AabB$。因此,bc 垂直平面 $ABba$ 上的一切直线,即 $bc \perp ab$,$\angle abc = 90°$。

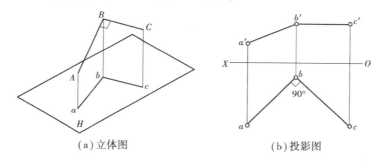

(a)立体图　　　　　　　(b)投影图

图 1.82　两直线相交垂直

②交叉直线。

已知:如图 1.83 所示,MN 与 BC 成交叉直线,$BC//H$ 面,求证:$mn \perp bc$。

证明:过 BC 上任一点 B 作 $BA//MN$,则 $AB \perp BC$。根据上述证明已知 $bc \perp ab$,现 $AB//MN$,故 $ab//mn$,$bc \perp mn$。因为 BC 为水平线,故 $bc \perp mn$。

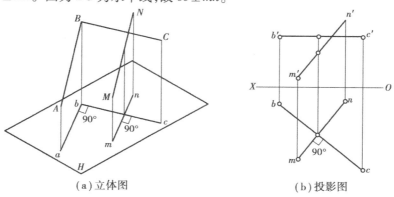

(a)立体图　　　　　　　(b)投影图

图 1.83　两直线交叉垂直

【例1.10】 如图1.84(a)所示,求点 A 到正平线 BC 的距离。

【解】 求点到直线的距离,应过该点向该直线引垂线,然后求出该垂线的实长,即为点到直线的距离。因为 BC 是正平线,所以过点 A 向 BC 作垂线的直角要在 V 面上反映90°。

如图1.84(b)所示,根据直角投影定理,其作图步骤如下:

①由 a' 向 b'c' 作垂线,得垂足 k';

②过 k' 向下引连系线,在 bc 上得 k;

③连 ak 即为所求垂线的 H 面投影;

④因 AK 是一般线,故要用直角三角形求其实长,即为点 A 到正平线 BC 的距离。

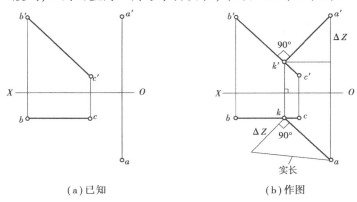

(a)已知　　　　　　　　(b)作图

图1.84　求点到直线的距离

【例1.11】 如图1.85(a)所示,已知菱形 ABCD 的对角线 BD 的两面投影和另一对角线 AC 的一个端点 A 的水平投影 a,求作该菱形的两面投影。

【解】 根据菱形的对角线互相垂直且平分,两组对边分别互相平行的几何性质,再根据直角投影原理、平行两直线的投影特征,即可作出其投影图。

解题步骤如图1.85(b)所示:

①过 a 和 bd 的中点 m 作对角线 AC 的水平投影 ac,并使 am = mc;

②由 m 可得 m',再过 m' 作 b'd' 的垂直平分线,由 a 得出 a',由 c 得出 c',a'm' = m'c' 即为对角线 AC 的正面投影;

③连接各顶点的同面投影,即为菱形的投影图。

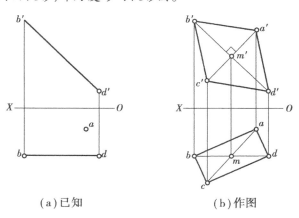

(a)已知　　　　　　　　(b)作图

图1.85　求菱形的两面投影

1.3.3 平面的投影

1)平面的表示法

平面的表示方法有两种,一种是用几何元素表示平面,另一种是用迹线表示平面。

(1)几何元素表示法

由几何学知识可知,以下任一组几何元素都可以确定一个平面,如图1.86所示。

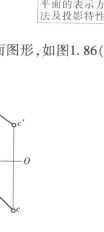

平面的表示方法及投影特性

①不在同一直线上的3点,如图1.86(a)所示;

②一直线和直线外一点,如图1.86(b)所示;

③相交两直线如图1.86(c)所示;

④平行两直线如图1.86(d)所示;

⑤任意平面图形,即平面的有限部分,如三角形、圆形和其他封闭平面图形,如图1.86(e)所示。

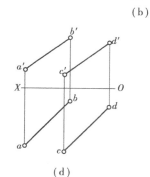

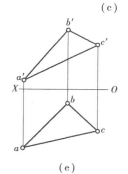

图 1.86 平面的 5 种表示方法

(2)迹线表示法

平面除上述 5 组表示法外,还可以用迹线表示。迹线就是平面与投影面的交线。如图1.87所示,空间平面 Q 与 H、V、W 3 个投影面相交,交线分别为 Q_H(水平迹线)、Q_V(正面迹线)、Q_W(侧面迹线)。迹线与投影轴的交点称集合点,分别以 Q_X、Q_Y 和 Q_Z 表示。

2)各种位置平面的投影

在三投影面体系中,根据平面对投影面的相对位置,平面可分为一般位置平面和特殊位置

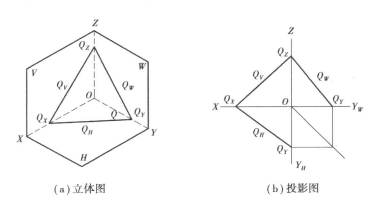

(a)立体图　　　　　　　　　　　(b)投影图

图 1.87　迹线表示平面

平面;特殊位置平面有两种,即投影面平行面和投影面垂直面。

(1)投影面平行面的投影

平行于某一投影面,与另两个投影面都垂直的平面称为投影面平行面,简称平行面。如图 1.88 所示,投影面平行面有 3 种情况:

①平行于 H 面的称为水平面平行面,简称水平面;

②平行于 V 面的称为正面平行面,简称正平面;

③平行于 W 面的称为侧面平行面,简称侧平面。

投影面平行面的投影特征为:平面在所平行的投影面上的投影反映实形,其他两个投影都积聚成与相应投影轴平行的直线。

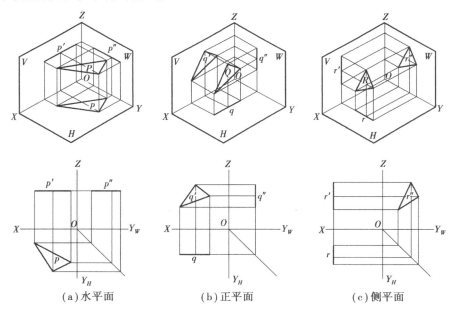

(a)水平面　　　　　　　(b)正平面　　　　　　　(c)侧平面

图 1.88　投影面平行面

(2)投影面垂直面的投影

垂直于一个投影面,与另两个投影面都倾斜的平面称为投影面垂直面,简称垂直面。如图 1.89 所示,投影面垂直面有 3 种情况:

①垂直于 H 面的称为水平面垂直面,简称铅垂面;

②垂直于 V 面的称为正面垂直面,简称正垂面;

③垂直于 W 面的称为侧面垂直面,简称侧垂面。

投影面垂直面的投影特征为:平面在所垂直的投影面上的投影积聚成一直线,且它与相应投影轴所成的夹角即为该平面对其他两个投影面的倾角;另外两个投影为平面的类似图形并且小于平面实形。

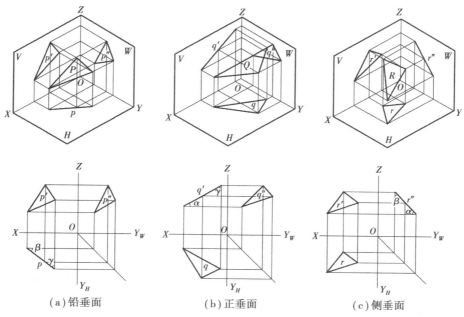

(a)铅垂面   (b)正垂面   (c)侧垂面

图 1.89　投影面垂直面

【例 1.12】　如图 1.90(a)所示,过已知点 K 的两面投影 k'、k,作一铅垂面,使它与 V 面的倾角 $\beta=30°$。

【解】　解题步骤如图 1.90(b)所示:

①过 k 点作一条与 OX 轴成 30°的直线,这条直线就是所作铅垂面的 H 面投影;

②作平面的 V 面投影可以用任意平面图形表示,例如 $\triangle a'b'c'$;

③过 k 可以作两个方向与 OX 轴成 30°角的直线,所以本题有两解。

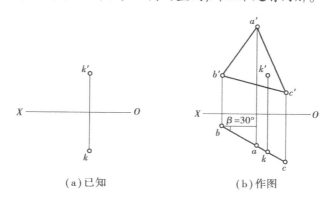

(a)已知   (b)作图

图 1.90　过已知点求铅垂面的投影

（3）一般位置平面的投影

与3个投影面都倾斜（既不平行也不垂直）的平面称为一般位置平面，简称一般面。如图1.91中所示的平面 ABC 即为一个一般位置平面。

一般位置平面的投影特征：3个投影都没有的积聚性，均为小于实形的类似形。

平面与投影面的夹角，称为平面的倾角；平面对投影面 H、V 和 W 面的倾角仍分别用 α、β、γ 表示。一般位置平面的倾角，也不能由平面的投影直接反映出来。

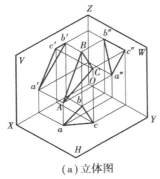
（a）立体图

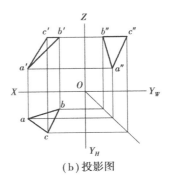
（b）投影图

图 1.91　一般位置平面

平面上的直线和点

3）平面内的点和直线

（1）点属于平面的几何条件

若一点位于平面内的任一直线上，则该点位于平面上。换言之，若点的投影属于平面内某一直线的各同面投影，且符合点的投影规律，则点属于平面。如图 1.92 所示，点 K 位于平面 $\triangle ABC$ 内的直线 BD 上，故 K 点位于 $\triangle ABC$ 上。

（2）直线属于平面的几何条件

①若一条直线上有两点位于一平面上，则该直线位于平面上。

如图 1.93 所示，在平面 H 上的两条直线 AB 和 BC 上各取一点 D 和 E，则过该两点的直线 DE 必在 H 面上。

②若一直线有一点位于平面上，且平行于该平面上的任一直线，则该直线位于平面上。

如图 1.93 所示，过 H 面上的 C 点，作 $CF//AB$，AB 是平面 H 内的一条直线，则直线 CF 必在 H 面上。

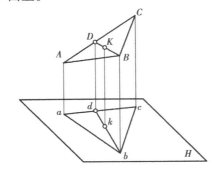
图 1.92　点属于平面

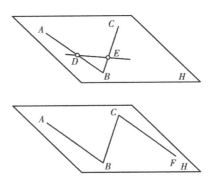
图 1.93　直线属于平面

（3）平面上作点的方法

由点属于平面的几何条件可知,如果点在平面内的任一直线上,则此点一定在该平面上。因此,在平面上取点的方法是:先在平面上取一辅助线,然后再在辅助线上取点,这样就能保证点属于平面。在平面上可作出无数条线,一般选取作图方便的辅助线为宜。

【例1.13】 如图1.94(a)所示,已知△ABC的两面投影及其上一点K的V面投影k′,求K点的H面投影k。

【解】 解题步骤如图1.94(b)所示:

①在V面投影上,过k′在平面上作辅助线b′e′,K在△ABC上,则E必在AC上,据此在H面投影上再作出be;

②因K点在BE上,根据点线的从属性,k必在be上,从而求得K的H面投影k。

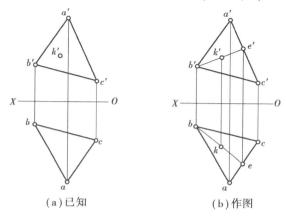

(a)已知　　　　　(b)作图

图1.94 平面上取点

【例1.14】 如图1.95(a)所示,已知△ABC和M点的V、H面投影,判别M点是否在平面上。

【解】 如果能在△ABC上作出一条通过M点的直线,则M点在该平面上,否则不在该平面上。

解题步骤如图1.95(b)所示:

①连接a′m′,交b′c′于d′,求出d;

②因为m在ad上,则M点是在该平面上的点。

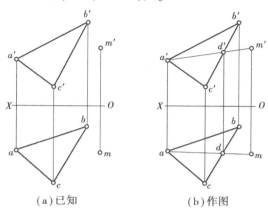

(a)已知　　　　　(b)作图

图1.95 判断点是否属于平面

【例1.15】 如图1.96(a)所示,已知四边形 $ABCD$ 的 H 面投影和其中两边的 V 面投影,完成四边形的 V 面投影。

【解】 已知 A、B、C 3 点决定一平面,而 D 点是该平面上的一点,已知 D 点的 H 面投影 d,求其 V 面投影,也就是在平面上取点。

解题步骤如图1.96所示:

①连接 bd 和 ac 交于 m;

②再连接 $a'c'$,根据 m 可在 $a'c'$ 上作出 m';

③连接 $b'm'$,过 d 向 OX 轴作垂线,与 $b'm'$ 的延长线相交于 d';

④连接 $a'd'$ 和 $d'c'$,$a'b'c'd'$ 即为四边形的 V 面投影。

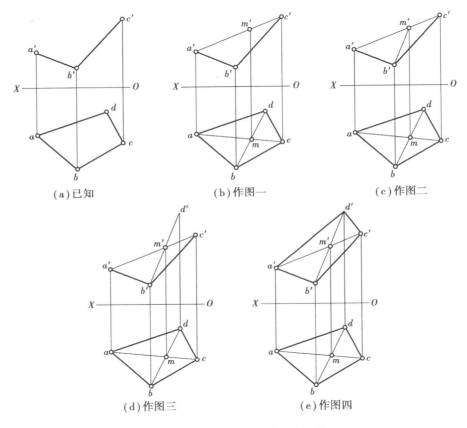

(a)已知   (b)作图一   (c)作图二

(d)作图三   (e)作图四

图1.96 完成四边形的 V 面投影

(4)平面上的投影面平行线和最大坡度线

①平面上作直线的方法。由直线属于平面的几何条件可知,平面上作直线的方法是:在平面内取直线应先在平面内取点,并保证直线通过平面上的两个点,或过平面上的一个点且与另一条平面内的直线平行。

如图1.97所示,要在 $\triangle ABC$ 上任作一条直线 MN,则可在此平面上的两条直线 AB 和 CB 上各取点 $M(m,m',m'')$ 和 $N(n,n',n'')$,连接 M 和 N 的同面投影,则直线 MN 就是 $\triangle ABC$ 上的一条直线。

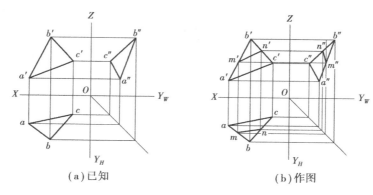

(a)已知　　　　　　　　　(b)作图

图 1.97　直线属于平面

②平面上的投影面平行线。既在平面上同时又平行于某一投影面的直线称为平面上的投影面平行线。平面上的投影面平行线有 3 种：

a.平面上平行于 H 面的直线称为平面上的水平线；

b.平面上平行于 V 面的直线称为平面上的正平线；

c.平面上平行于 W 面的直线称为平面上的侧平线。

平面上的投影面平行线，既在平面上，又具有投影面平行线的一切投影特征，并且在平面上可作出无数条水平线、正平线和侧平线。

【例 1.16】　如图 1.98(a)所示，求作平面△ABC 上的水平线和正平线。

【解】　①过 a' 作 $a'm'//OX$，交 $b'c'$ 于 m'，求出 m。连接 am、AM(am、$a'm'$)即为平面上的水平线。

②过 c 作 $cn//OX$，交 ab 于 n，求出 n'。连接 $c'n'$、CN(cn、$c'n'$)即为平面上的正平线。

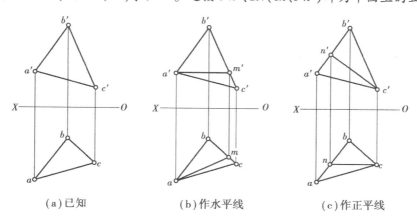

(a)已知　　　　　　(b)作水平线　　　　　　(c)作正平线

图 1.98　求作平面上的投影面平行线

③平面上的最大坡度线。平面上对投影面倾角为最大的直线称为平面上对投影面的最大坡度线，它必垂直于平面内该投影面的平行线。最大坡度线有 3 种：垂直于水平线的称为对 H 面的最大坡度线；垂直于正平线的称为对 V 面的最大坡度线；垂直于侧平线的称为对 W 面的最大坡度线。

如图 1.99 所示，L 是平面 P 内的水平线，AB 属于 P，$AB \perp L$(或 $AB \perp P_H$)，AB 即是平面 P 内对 H 面的最大坡度线。证明如下：

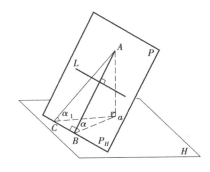

图 1.99　平面上对 H 面的最大坡度线

a. 过 A 点任作一直线 AC,它对 H 面的倾角为 α_1;

b. 在直角 $\triangle ABa$ 中,$\sin \alpha = Aa/AB$;在直角 $\triangle ACa$ 中,$\sin \alpha_1 = Aa/AE$。又因为 $\triangle ABC$ 为直角三角形,$AB < AC$,所以 $\alpha > \alpha_1$;

c. 垂直于 L 的直线 AB 对 H 面的倾角为最大,因此称其为"最大坡度线"。

同理,平面上对 V、W 面的最大坡度线也分别垂直于平面上的正平线和侧平线。由于 $AB \perp P_H$,$aB \perp P_H$(直角投影),则 $\angle ABa = \alpha$,它是 P、H 面所成的二面角的平面角,所以平面 P 对 H 面的倾角就是最大坡度线 AB 对 H 面的倾角。

综上所述,最大坡度线的投影特征是:平面内对 H 面的最大坡度线其水平投影垂直于面内水平线的水平投影,其倾角 α 代表了平面对 H 面的倾角;平面内对 V 面的最大坡度线其正面投影垂直于面内正平线的正平投影,其倾角 β 代表了平面对 V 面的倾角;平面内对 W 面的最大坡度线其侧面投影垂直于面内侧平线的侧平投影,其倾角 γ 代表了平面对 W 面的倾角。

由此可知,求一个平面对某一投影面的倾角,可按以下 3 个步骤进行:

a. 先在平面上任作一条该投影面的平行线;

b. 利用直角定理,在该面上任作一条最大坡度线,垂直于所作的投影面平行线;

c. 利用直角三角形法,求出此最大坡度线对该投影面的倾角,即为平面的倾角。

【例 1.17】　如图 1.100(a)所示,求 $\triangle ABC$ 对 H 面的倾角 α。

【解】　要求 $\triangle ABC$ 对 H 面的倾角 α,必须首先作出对 H 面的最大坡度线。再用直角三角形法求出最大坡度线对该投影面的倾角即可。

解题步骤如图 1.100(b)所示:

①在 $\triangle ABC$ 上任作一水平线 BG 的两面投影 $b'g'$、bg;

②根据直角投影规律,过 a 作 bg 的垂线 ad,即为所求最大坡度线的 H 面投影,并求出其 V 面投影 $a'd'$;

③用直角三角形法求 AD 对 H 面的倾角 α,即为所求 $\triangle ABC$ 对 H 面的倾角 α。

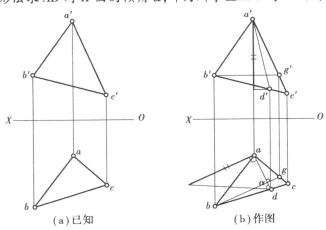

(a)已知　　　　　　(b)作图

图 1.100　求作平面的倾角 α

1.3.4　直线与平面、平面与平面

直线与平面、平面与平面的相对位置有平行、相交和垂直 3 种情况（垂直属于相交的特殊情况）。

1)直线与平面、平面与平面平行

（1）直线与平面平行

若直线平行于平面上的任一直线，则此直线必与该平面平行。如图 1.101 所示，直线 AB 与平面 H 上的任一直线 CD（或 EF）平行，则 $AB /\!/ H$ 面。

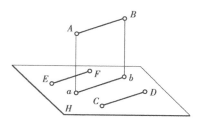

图 1.101　直线和平面平行的条件

【例 1.18】　如图 1.102 所示，过 $\triangle ABC$ 外一点 D，作一条水平线 DE 与 $\triangle ABC$ 平行。

【解】　求作水平线 DE 与 $\triangle ABC$ 平行，可以先在 $\triangle ABC$ 上作一条水平线，使 DE 与该直线平行，则 $DE /\!/ \triangle ABC$，DE 与该水平线的同面投影必平行。

解题步骤如图 1.102(b)、图 1.102(c)所示：

①在 $\triangle ABC$ 上作一水平线 $BF(b'f'$、$bf)$；

②过 d' 作直线 $d'e' /\!/ b'f'$，过 d 作 $de /\!/ bf$，则 DE 即为所求。

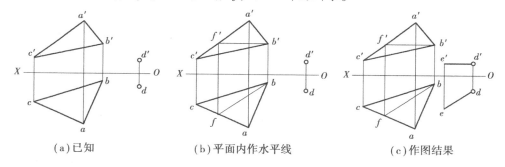

（a）已知　　　（b）平面内作水平线　　　（c）作图结果

图 1.102　过已知点作水平线平行于已知平面

判别直线是否与平面平行，可归结为在平面上能否作出一直线与该直线平行。

【例 1.19】　如图 1.103(a)所示，已知 $ABCD$ 平面外一直线 MN，判别 MN 是否与该平面平行。

【解】　如图 1.103(b)所示，在 $ABCD$ 平面的 V 面投影图上作直线 $b'e' /\!/ m'n'$ 并与 $c'd'$ 相交于 e'，由 e' 求得 e，连直线 be，因为 $be /\!/ mn$，所以 MN 与平面 $ABCD$ 平行。

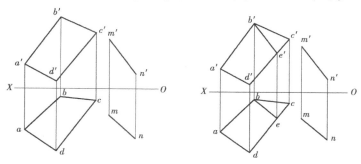

图 1.103　判别直线与平面是否平行

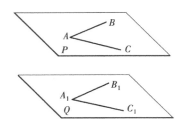

图 1.104 两平面平行的条件

（2）平面与平面平行

若一平面上的相交两直线与另一平面上的相交两直线对应平行,则该两平面互相平行。如图 1.104 所示,P 平面内的两条相交直线 AB、AC 分别平行于 Q 平面内的两条相交直线 A_1B_1、A_1C_1,则 P 平面平行于 Q 平面。

【例 1.20】 如图 1.105(a)所示,判别 $\triangle ABC$ 和 $\triangle DEF$ 两平面是否相互平行。

【解】 要判断两平面是否平行,就要看在两平面上能否找到一对相交直线对应平行。

在 $\triangle ABC$ 上的一点 A 作相交两直线 AG 和 AK,使它们的 V 面投影 $a'g' /\!/ d'e'$,$a'k' /\!/ d'f'$,由 $a'g'$ 和 $a'k'$ 作出 ag 和 ak,因为 $ag /\!/ de$,但 $ak /\!/ df$,所以 $\triangle ABC /\!/ \triangle DEF$。

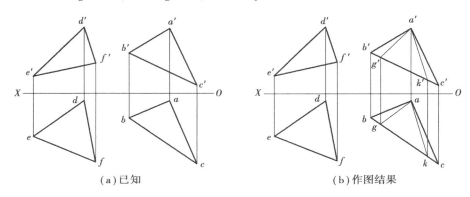

（a）已知　　　　　　　　　　（b）作图结果

图 1.105 判别两平面是否平行

【例 1.21】 如图 1.106(a)所示,过点 K 作一平面与平行两直线 AB 和 CD 所决定的平面平行。

【解】 在已知平面上先连接 AC,使该平面转换为由相交两直线 AB 和 AC 所决定的平面,再过 k' 作 $k'e' /\!/ a'b'$,$k'f' /\!/ a'c'$,过 k 作 $ke /\!/ ab$、$kf /\!/ ac$,相交两直线 KE 和 KF 所决定的平面即为所求。

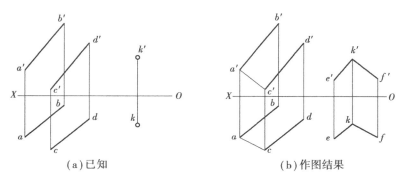

（a）已知　　　　　　　　　　（b）作图结果

图 1.106 过已知点作平面与已知平面平行

2）直线与平面、平面与平面相交

直线与平面或平面与平面之间,若不平行则必相交。直线与平面相交产生交点;平面与平面相交产生交线,交线是一条直线。

直线与平面相交的交点是直线与平面的共有点,该点既在直线上又在平面上。求解交点的投影,则需利用直线和平面的共有点或在平面上取点的方法。平面与平面的交线是一条直线,是两平面的共有线,求交线时只要先求出交线上的两个共有点(或一个交点和交线的方向),连之即得。在投影图中,为增强图形的清晰感,必须判别直线与平面、平面与平面投影重叠的那一段(称重影段)的可见性。

(1)投影面垂直线与一般位置平面相交

利用投影面垂直线的积聚性,可直接求出交点。

【例1.22】 如图1.107(a)所示,求作铅垂线EF与一般位置平面△ABC的交点。

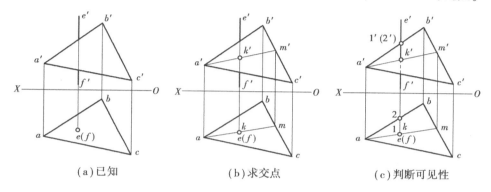

(a)已知　　　　　　　(b)求交点　　　　　　　(c)判断可见性

图1.107　铅垂线与一般面相交

【解】 因为平面与直线的交点可以看成直线上的点,利用直线在H面的积聚性投影可直接找到交点K的H面投影k,再利用面上取点的方法即可求出k'。对V面上线面投影重影段的可见性,必须利用交叉直线重影点的可见性来判别。

①求交点的投影:如图1.107(b)所示。

②判断可见性:$a'b'$及$a'c'$与$e'f'$的交点均为重影点,可任选其中的一点如$1'(2')$,它们是AB上的Ⅱ点与EF上的Ⅰ点在V面上重影。由其H面投影可知,Ⅰ点在前,即$e'k'$段可见,而$k'f'$段则为不可见(画虚线)。

(2)一般位置直线与投影面垂直面相交

利用投影面垂直面的积聚性投影,即可直接求出交点。

【例1.23】 如图1.108所示,求铅垂面ABC与一般位置直线DE的交点,并判别可见性。

【解】 因K在DE上,k必在de上;又因K在△ABC上,故k必积聚在△ABC的H面投影abc上,即k必是de与abc的交点。由k作OX轴的垂线与$d'e'$相交于k',$K(k',k)$即为所求。

又因直线DE穿过△ABC,在交点K之前的一段为可见,交点K之后则有一段被平面遮挡而为不可见,显然交点K为可见与不可见段的分界点。由于铅垂面的H面投影有积聚性,故可根据它们之间的前后关系直接判别其V面投影的可见性。

①求交点:如图1.108(b)所示。

②判断可见性:如图1.108(c)所示,ke一段均在k之前,$k'e'$为可见,而k'之后的重影段为不可见(画虚线)。对H面投影的可见性,因投影具有积聚性,无须判别其可见性。

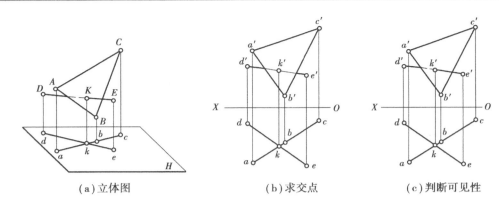

(a)立体图   (b)求交点   (c)判断可见性

图 1.108　求直线与投影面垂直面的交点

(3)一般位置平面与投影面垂直面相交

【例 1.24】　如图 1.109(a)所示,求铅垂面 ABC 与一般面 DEF 的交线,并判别可见性。

【解】　在【例 1.23】的基础上增加直线 EF,而构成相交两直线所表示的一般面与铅垂面 △ABC 相交,求其交线。显然,这是上一问题的叠加。可同前求出交线上的一点 $K(k',k)$ 后,再求 EF 与 △ABC 的交点 $M(m',m)$,连 $KM(k'm',km)$ 即为所求。

关于可见性的判别,是在上述的线面相交可见性的基础上进行,显然交线一般情况下,属可见,而且是两平面投影重叠处可见与不可见的分界线,即两平面投影重叠处被分为两部分,交线一侧为可见,另一侧为不可见。又已知两平面周界边线之间均为交叉直线,且每一对交叉直线中,若一条边线为可见,另一条必不可见。由此对 V 面可见性的判别,因 ED、EF 两直线为同一平面,故交点 $M(m',m)$ 之后的一段也和 $K(k',k)$ 之后一样,均为不可见。这时又由于 $e'k'$ 可见,即 $e'm'$ 亦为可见,则与之交叉的重叠段 $b'c'$ 为不可见(画虚线)。同理,可判别其余部分的可见性。

解题步骤如图 1.109 所示。

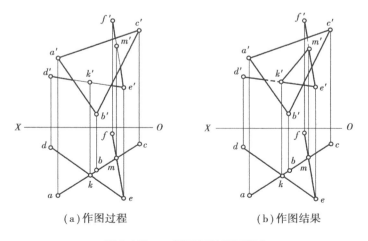

(a)作图过程   (b)作图结果

图 1.109　一般面与铅垂面相交

（4）一般位置直线与一般位置平面相交

由于一般位置直线、面的投影没有积聚性，不能在投影图上直接定出其交点。如图 1.110 所示，求交点时，可采用辅助平面进行作图：

①包含直线 DF 作辅助平面 R；

②求平面 P 与辅助平面 R 的交线 MN；

③求出交线 MN 与直线 DF 的交点 K，即为所求。

为作图方便，常取投影面垂直面作为辅助平面。

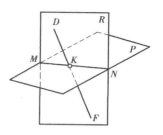

图 1.110　一般位置直线与一般位置平面的交点求法

【例 1.25】　如图 1.111（a）所示，求直线 DF 与△ABC 的交点，并判别其可见性。

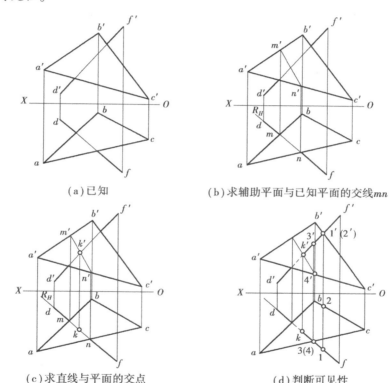

（a）已知　　　　（b）求辅助平面与已知平面的交线 mn

（c）求直线与平面的交点　　　（d）判断可见性

图 1.111　一般位置直线与一般位置平面相交

【解】　解题步骤如下：

①包含 DF 作一辅助铅垂面 R，这时 df 与 R_H 重合；

②求辅助平面 R 与△ABC 的交线 MN（m'n'，mn）；

③m'n'与 d'f'相交于 k'，即为所求交点 K（k'，k）的 V 面投影，可在 df 上定出 k，即为所求交点 K 的 H 面投影；

④利用重影点，判别其投影重合部分的可见性。

（5）两个一般位置平面相交

【例 1.26】　如图 1.112（a）所示，求一般面△ABC 与一般面△DEF 的交线，并判别其可见性。

【解】 如图1.112(a)所示,可看作是在【例1.25】的基础上,添加一直线DE而形成相交两直线所表示的一般面与△ABC相交,求交线。可分别求出DF、DE与△ABC相交的两个交点再连接两个交点完成两平面相交的交线。

①完成交点K(k',k)的投影:求作方法同【例1.25】,如图1.112(b)所示。

②同理,可求出DE与△ABC的交点G(g',g),如图1.112(c)所示。

③连接KG(k'g',kg),即为所求的交线,如图1.112(d)所示。

④判断可见性。根据重影点判别两平面投影重合部分的可见性。交线是可见不可见的分界线,同面相邻边的可见性相同,异面相邻边的可见性相反,如图1.112(d)所示。

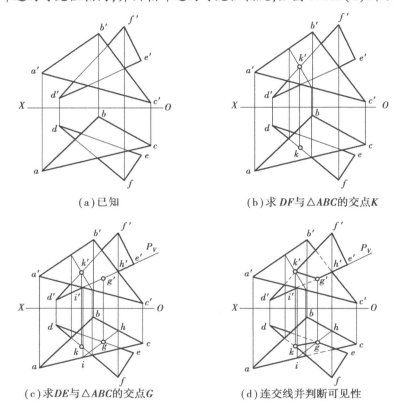

(a)已知　　　　　　　(b)求DF与△ABC的交点K

(c)求DE与△ABC的交点G　　　　(d)连交线并判断可见性

图1.112　两个一般位置平面相交

本章小结

点连线、线围面、面围体,从几何学的观点来看,无论形状多么复杂的工程形体,都是由这3种最基本的几何元素组合而成。掌握了点、直线、平面的投影图绘制和识读方法,也就为后面形体的投影图绘制和识读以及建筑施工图识读打下了坚实的基础。

本章主要阐述的内容有:

①制图标准及制图工具、仪器的使用:制图标准;制图工具和仪器的使用方法;几何作图。

②投影的基本知识:投影的形成与分类;平行投影的特性;三面正投影体系的建立。

③点、直线、平面的投影:点的三面正投影及投影规律;直线的三面正投影及投影规律;平面的三面正投影及投影规律。

④各几何元素的相对关系:点、线的从属性和定比分割特性;两直线的相对位置;平面上的点、直线;直线与平面、平面与平面的相对位置。

思考题

1. 什么是投影? 投影分哪几类?

2. 正投影有哪些特点?

3. 什么是三等关系?

4. 形体的三面投影图是怎样形成的?

5. 点的投影和坐标有怎样的关系?

6. 如何判别两点的相对位置?

7. 什么是重影点? 如何判别重影点的可见性?

8. 直线对投影面的相对位置有哪几种? 各有什么投影特性?

9. 平行、相交和交叉的两条直线,各有什么投影特性?

10. 平面对投影面的相对位置有哪几种? 各有什么投影特性?

11. 平面上取点、作线的几何条件是什么? 怎样进行投影作图?

12. 直线与平面相交、平面与平面相交时,如何求作交点、交线? 如何判别投影重叠部分的可见性?

2 形体投影图的绘制和识读

◎ **教学目标**

掌握基本体、组合体的投影特性,理解截交线、相贯线的形成;能绘制基本体、组合体的三面投影图和轴测投影图;能阅读基本体、组合体的三面投影图。

◎ **教学要求**

能力目标	知识要点	权重	自测分数
掌握基本体、组合体的投影特性;能绘制基本体、组合体的三面投影图和轴测投影图	基本体(平面立体、曲面立体)的投影和尺寸标注	15%	
	截交线、相贯线的形成	5%	
	组合体的投影和尺寸标注	15%	
	形体的轴测投影图(正等轴测投影图、斜二轴测投影图)的画法	15%	
能阅读基本体、组合体的三面投影图	基本体三面投影图的识读	5%	
	截交线、相贯线的识读	10%	
	组合体三面投影图的识读	35%	

◎ **本章导读**

本章所讨论的是形体投影图的绘制和阅读。在学好点、线、面投影的基础上,来学习形体投影图的绘制和阅读,依然要遵循由简到难的步骤。先学习基本立体投影图的绘制和阅读,再学习组合体投影图的绘制和阅读,为后面建筑工程图的绘制和识读做准备。

◎ **引例**

如图 2.1 所示,完成台阶的三面投影图就要在点、线的投影基础上,先完成各面的投影,如

图 2.1(a)所示;再由面围成各形体,如图 2.1(b)所示;在各形体的三面投影基础上再组合完成台阶的三面投影图,如图 2.1(c)、(e)所示。

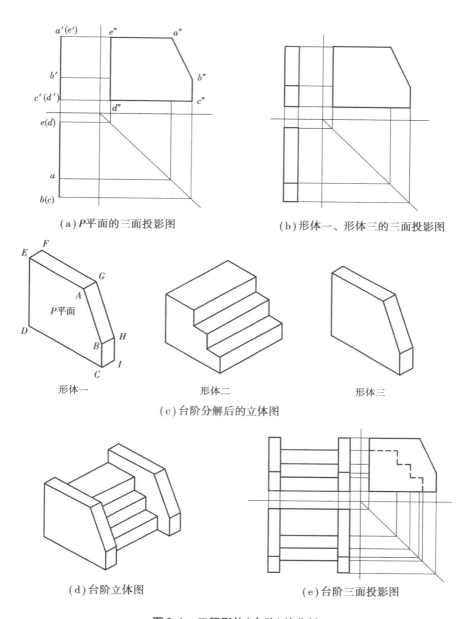

(a)P平面的三面投影图　　　　　　(b)形体一、形体三的三面投影图

形体一　　　　　　形体二　　　　　　形体三

(c)台阶分解后的立体图

(d)台阶立体图　　　　　　(e)台阶三面投影图

图 2.1　工程形体(台阶)的分析

◎ 案例小结

　　点连线、线围面、面围体,而无论形状多么复杂的工程形体,从几何学的观点来看,都可视为是由若干基本几何体(柱、锥等)组合而成。绘制和阅读工程形体时,可以把它分解成若干基本形体来研究,就能化繁为简,化难为易(图 2.1)。

2.1 形体投影图的画法

2.1.1 基本体的投影

基本体又称几何体,按其表面的几何性质可以分为平面立体和曲面立体。平面立体是由平面多边形所围成的立体,如棱柱体和棱锥体等。曲面立体是由曲面或曲面与平面所围成的立体,如圆柱体和圆锥体等。

1)平面立体的投影

平面立体的三面投影图就是组成平面立体的各平面投影的集合。常见的平面立体有棱柱、棱锥。

(1)棱柱体的三面投影

棱柱的棱线(立体表面上面面相交的交线)互相平行,上下两底面互相平行且大小相等。

棱柱体的投影

如图 2.2 所示,为一正五棱柱的三面投影。在图 2.2(b)中,五棱柱的 H 面投影是一个正五边形,它是上下两底面的重合投影,并且反映上下底面的实形;H 面投影中的五边形也是五棱柱 5 个棱面在 H 面上的积聚投影。在 V 面投影中,上、下两段水平线是顶面和底面的积聚投影;虚线围成的矩形是五棱柱最后棱面的投影,且反映最后棱面的实形;左边实线围成的矩形是五棱柱左边两个棱面的重合投影,它不能反映棱面的实形;右边实线围成的矩形是五棱柱右边两个棱面的重合投影,它不能反映棱面的实形。W 面投影中的两个矩形是五棱柱 4 个侧棱面的重合投影,最后的一条铅垂线是五棱柱最后棱面的积聚投影,上、下两条水平线是五棱柱顶面和底面的积聚投影。

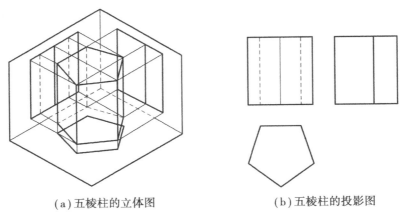

(a)五棱柱的立体图   (b)五棱柱的投影图

图 2.2 五棱柱的三面投影

（2）棱柱体表面点的求作

在平面立体表面上取点，也就是在它的各棱面上取点，所以棱柱表面上取点的方法应为：首先根据点的一个投影判断点在棱柱体表面的位置，再利用平面上找点的方法完成棱柱体表面上取点。

如图 2.3（b）所示，已知在五棱柱的表面上 K 和 M 的正投影 k' 和 m'，求作它们的水平投影和侧面投影。作图过程如下：

①根据 k' 和 m' 可判断出 K 和 M 分别位于五棱柱的 BB_0A_0A 和 DD_0E_0E 两棱面上。

②由于 K、M 所在的两个棱面水平投影均具有积聚性，因此由 k'、m' 分别向具有积聚性水平投影上作出 k，m。

③由于 M 所在棱面是一正平面，所以 m'' 直接在有积聚性的侧面上作出。

④由 k' 和 k 可求出 k''，如图 2.3（b）所示。

平面立体是由若干平面围成的，这些平面在各投影中可能是可见的，也可能是不可见的。凡是位于可见面上的点都是可见的，位于不可见面上的点是不可见的。

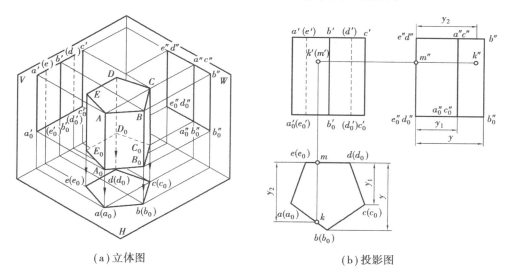

（a）立体图　　　　　　　　　　　　（b）投影图

图 2.3　五棱柱表面上点的求作

（3）棱锥体的三面投影

完整的棱锥由一多边形底面和具有一公共顶点的多个三角形平面所围成。棱锥的棱线汇交于一个点，该点称为锥顶。

图 2.4 所示为一三棱锥的三面投影。从图 2.4（a）可知，三棱锥的底面是水平面，最后棱面是侧垂面，其余两个棱面是一般位置平面。如图2.4（b）所示，由于底面是水平面，所以在三棱锥的 H 面投影中 abc 反映三棱锥底面的实形，在 V 面和 W 面投影中底面积聚成直线。由于三棱锥的最后棱面是侧垂面，所以在 W 面投影中最后棱面积聚成直线，其余两个投影是三角形。三棱锥左、右棱面是一般位置平面，所以 3 个投影面上的投影都是三角形。

棱锥体的投影

（4）棱锥体表面点的求作

如图 2.5 所示，已知三棱锥表面上点 D 的 V 面投影和点 E 的 V 面投影，求作其余两投影。

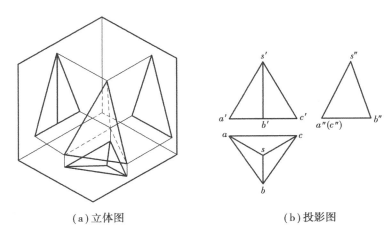

（a）立体图　　　　　　　　　　　　（b）投影图

图 2.4　三棱锥的三面投影

　　因为 D 点在三棱锥的 SAB 棱面上，E 点在三棱锥的 SAC 棱面上，所以求作点 D 和点 E 的其余两投影，属于面上定点的问题。面上定点，首先面上定线，再在线上定点，即点、线、面的从属关系。因此，在 SAB 棱面上可过 D 点任作一条辅助直线来求它的其余两投影。如连 $s'd'$ 交底边 $a'b'$ 得一条辅助线 SⅢ，也可在 SAB 棱面上过 D 点作一直线 Ⅰ Ⅱ $//AB$，通过辅助线 SⅢ 或Ⅰ Ⅱ便可求出 D 点的其余两投影。而 E 点所在的 SAC 棱面是侧垂面，所以 E 点的 W 面投影可根据 SAC 棱面在 W 面上的积聚投影直接求得，其 H 面投影可根据 e' 和 e'' 求得，如图 2.5所示。

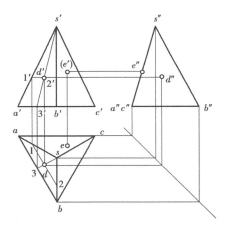

图 2.5　三棱锥表面上点的求作

　　综上所述，在棱锥表面上取点，应按照点、线、面的从属关系，一般是先在棱面上作辅助线（作辅助线一般有两种方法：一种是通过锥顶，另一种是作底边的平行线），然后再根据点线的从属关系完成棱锥表面上取点。

2）曲面立体的投影

　　曲面立体的曲面是由运动的母线（直线或曲线），绕着固定的导线做运动形成的。母线上任一点的运动轨迹形成的圆周称为纬圆。母线在曲面上的任一位置称素线。

　　母线绕一定轴做旋转运动而形成的曲面，称为回转曲面。工程中应用较多的是回转曲面，如圆柱、圆锥等。

（1）圆柱体的形成及投影

圆柱由母线（直线）绕一定轴旋转一周形成，圆柱面上的所有素线都相互平行，如图2.6（a）所示。

如图2.6（c）所示，H面投影为一圆面，是上、下底面的重合投影，且反映上、下底面的实形；H面投影中的圆周线是圆柱面的积聚投影。V面投影为一矩形，上、下两条直线为圆柱上、下底面的积聚投影；左、右两条直线是圆柱最左素线和最右素线的投影。W面投影也是一个矩形，上、下两条直线是圆柱上、下底面的积聚投影；前、后两条直线是圆柱最前、最后素线的投影。

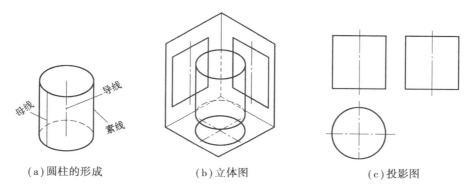

| （a）圆柱的形成 | （b）立体图 | （c）投影图 |

图2.6　圆柱体的形成及投影

（2）圆柱表面上点的求作

在圆柱表面上取点，可利用积聚性法来求解。如图2.7所示，已知圆柱面上A、B两点的V面投影$a'b'$，求A、B两点的H、W面投影。

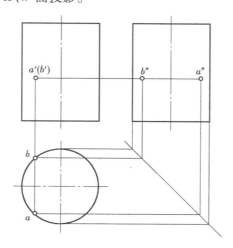

图2.7　圆柱体表面上取点

①由a'可见及(b')不可见可知，点A在前半圆柱面上，B点在后半圆柱面上。利用圆柱面在H面的积聚投影可作出a和b。

②由A、B的V面和H面投影即可作出W面的投影a''、b''，由于A、B两点都位于圆柱的左半部分，因此a''、b''都可见，如图2.7所示。

（3）圆锥体的形成及投影

圆锥由母线（直线）绕一定轴旋转（在旋转时母线与定轴相交一点）一周形成，圆锥表面上的素线都汇交于一点，如图2.8（a）所示。

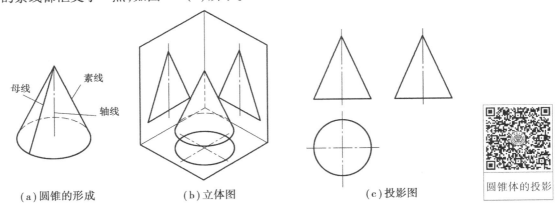

（a）圆锥的形成　　　　　（b）立体图　　　　　（c）投影图

图2.8　圆锥体的形成及投影

如图2.8（c）所示，圆锥的 H 面投影是一圆，它是圆锥底面和圆锥表面的重合投影，且反映底面的实形。圆锥的 V 面和 W 面投影都是三角形，三角形的底边是圆锥底面的积聚投影，三角形的两条腰分别是圆锥最左、最右素线和最前、最后素线的投影。

（4）圆锥体表面上点的求作

如图2.9所示，已知圆锥体表面上的 A、B 两点的 V 面投影 a′、b′，求 A、B 的 H 面和 W 面的投影。

在圆锥体表面上取点，可以通过辅助素线法或辅助纬圆法求解。本例求作 A 点用辅助素线法，求 B 点用辅助纬圆法。

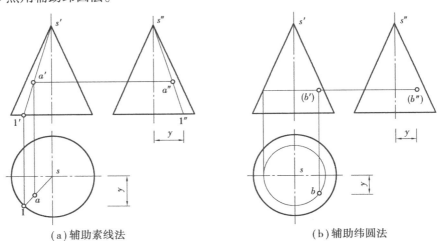

（a）辅助素线法　　　　　　　　　　（b）辅助纬圆法

图2.9　圆锥体表面上点的求作

①作过点 A 的辅助素线 SⅠ的 V 面投影、H 面投影和 W 面投影，利用点线的从属关系求出 a、a″分别在素线 SⅠ的同名投影上，如图2.9（a）所示。

②过 V 面上的 b′作一纬圆，纬圆在 V、W 面的投影分别积聚为直线；在 H 面上的投影则与底面圆是同心圆，圆心是锥顶 S 的 H 面投影 s，直径是纬圆在 V 面或 W 面积聚线的长度。求出

b、b''在纬圆上的同名投影,如图2.9(b)所示。

③判明可见性。由 V 面投影可知,点 A 在圆锥的前偏左部分,故 a、a''可见;点 B 在圆锥的前偏右部分,故 b 可见,b''不可见。

3)基本体的尺寸标注

基本体的
尺寸标注

基本体的尺寸一般只需注出长、宽、高3个方向的尺寸。图2.10所示为一些常见的基本体尺寸标注示例。

如果棱柱体的上、下底面(或棱锥体的下底面)是圆内接多边形,也可标注外接圆的直径和棱柱体(或棱锥体)的高来确定棱柱体(或棱锥体)的大小。

圆柱、圆锥则标注它底面圆的直径和高度尺寸。球体只需标注其直径,但要 ϕ 前加写 S 或"球"字。

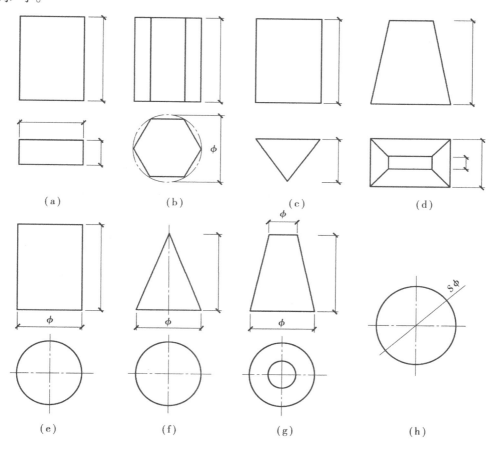

图2.10 基本体的尺寸标注

2.1.2 截交线、相贯线

1)截交线的形成

平面与立体相交,可看作立体被平面所截。与立体相交的平面称为截平面,截平面与立体表面的交线称为截交线,由截交线围成的断面称为截断面,如图2.11所示。

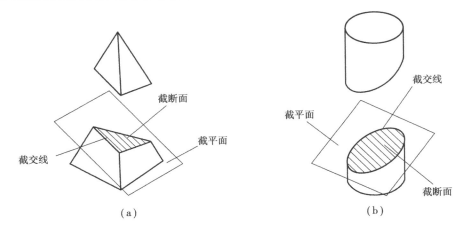

图 2.11　截交线的形成

平面与平面立体产生的截交线是由截交点连接而成。截交点是截平面与平面立体棱线的交点或是截平面与截平面交线的端点,如图2.12所示。

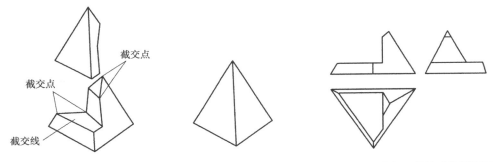

(a)3个截平面截切三棱锥后的立体图　(b)截切前完整的三棱锥　(c)3个截平面截切三棱锥后的投影图

图 2.12　平面截切三棱锥

平面与平面立体产生的截交线是直线,截交线围成的截断面是平面多边形,如图2.12所示。

平面与曲面立体相交其截交线是截平面与曲面立体表面交线的组合,如图2.13所示。

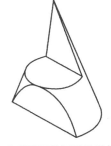

(a)完整圆锥的立体图　(b)3个截平面截切圆锥后的立体图

图 2.13　平面截切圆锥

平面与曲面立体相交,产生的截交线一般情况下是平面曲线。截交线的形状取决于曲面体表面的性质及其与截平面的相对位置,如图 2.14、图 2.15 所示。

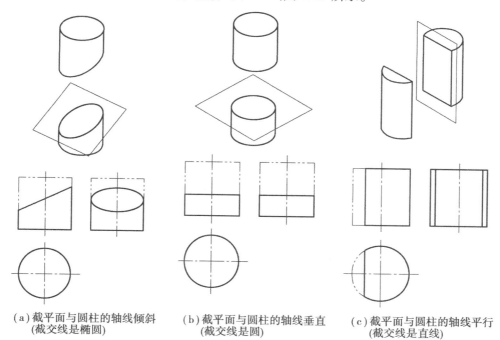

(a)截平面与圆柱的轴线倾斜
(截交线是椭圆)

(b)截平面与圆柱的轴线垂直
(截交线是圆)

(c)截平面与圆柱的轴线平行
(截交线是直线)

图 2.14 平面与圆柱相交的 3 种情况

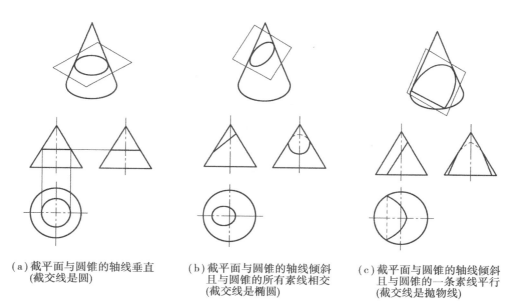

(a)截平面与圆锥的轴线垂直
(截交线是圆)

(b)截平面与圆锥的轴线倾斜
且与圆锥的所有素线相交
(截交线是椭圆)

(c)截平面与圆锥的轴线倾斜
且与圆锥的一条素线平行
(截交线是抛物线)

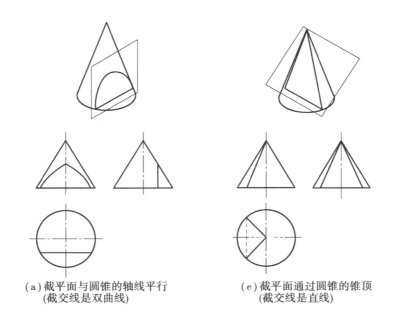

（a）截平面与圆锥的轴线平行　　　　　　（e）截平面通过圆锥的锥顶
　　　（截交线是双曲线）　　　　　　　　　　　（截交线是直线）

图 2.15　平面与圆锥相交的 5 种情况

2）相贯线的形成

两立体相交又称为两立体相贯。相交的两立体成为一个整体称为相贯体。它们表面的交线称为相贯线，相贯线是两立体表面的共有线，相贯线是由贯穿点连接而成的。贯穿点是两立体表面的共有点，如图 2.16 所示。

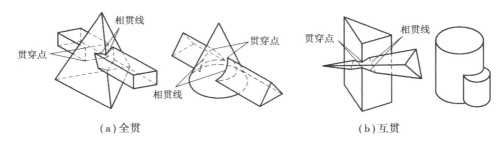

（a）全贯　　　　　　　　　　　　　　　　　（b）互贯

图 2.16　相贯线的形成

相贯线的形状随立体形状和两立体的相对位置不同而异，一般分为全贯和互贯两种类型。当一个立体全部穿过另一个立体时，产生两组相贯线，称为全贯，如图 2.16（a）所示；当两个立体相互贯穿，产生一组相贯线，称为互贯，如图 2.16（b）所示。

2.1.3　组合体的投影

1）组合体的形体分析

组合体是由基本体组合而成的。研究组合体时，无论组合体多么复杂，通常都可把一个组合体分解成若干个基本体，然后分析每个基本体的形状、相对位置，便可方便地分析出组合体的形状和空间位置。这种分析组合体的方法称为形体分析法。

　　由基本体按不同的形式组合而成的形体称为组合体。组合体的组合形式一般有叠加式、切割式、综合式,如图 2.17 所示。

 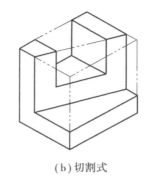 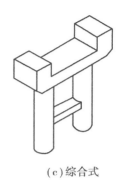

(a)叠加式　　　　　　　　(b)切割式　　　　　　　　(c)综合式

图 2.17　组合体的组合形式

2)组合体三面投影的画法

(1)叠加式组合体的投影图绘制

　　形体分析法是求叠加式组合体投影图的基本方法,即将组合体分解为几个基本体,分别画出各基本体的投影图,分析出各基本体之间的相对位置关系,然后根据它们的相对位置进行组合,这样就可以完成组合体的投影图。

　　【例 2.1】　根据立体图(图 2.18),完成组合体的三面投影图。

　　【解】　解题步骤如下:

　　①形体分析。根据已知立体图可以判断,该形体是由 5 个基本体叠加而成,如图 2.19 所示。

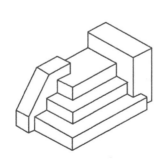 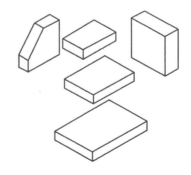

图 2.18　台阶立体图　　　　　　图 2.19　形体分析

　　②选择投影图数量和投影方向[图 2.20(a)]。

🔑特别提示

　　为了用较少的投影图把组合体的形状完整清晰地表达出来,在形体分析的基础上,还要选择合适的投影方向和投影图数量。

　　选择 V 面投影方向的原则是:让 V 面投影图能明显地反映组合体的形状特征,同时还应考虑尽量减少其他投影图中的虚线和合理地使用图纸,如图 2.20(a)所示。

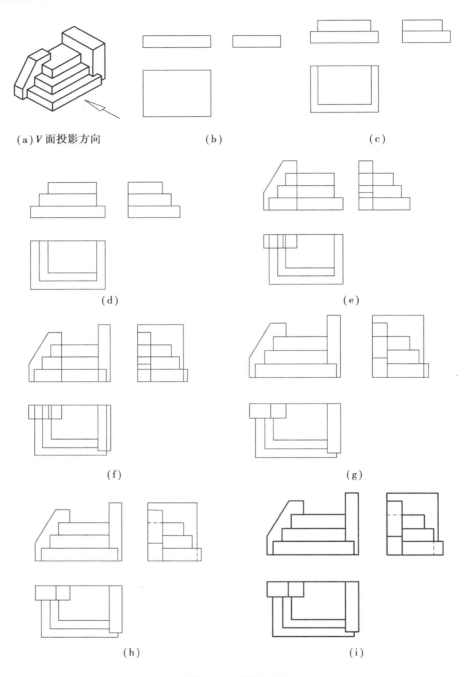

(a)V面投影方向 (b) (c)

(d) (e)

(f) (g)

(h) (i)

图 2.20 绘图步骤

③选比例、定图幅。

④布置投影图,如图 2.20(b)所示。

🔑特别提示

布图时,根据选定比例和组合体的总体尺寸,可粗略算出各基本体投影范围大小,并布置匀称图面。一般定出形体的对称线、主要端面轮廓线,作为作图的基线。

⑤绘制底图,如图2.20所示。

a.画最下面台阶的三面投影图,如图2.20(b)所示。

b.画中间台阶的三面投影图并与最下面台阶组合,如图2.20(c)所示。

c.画最上面台阶的三面投影图并与中间台阶和最下面台阶组合,如图2.20(d)所示。

d.画左侧支撑板的三面投影图并与3个台阶组合,如图2.20(e)所示。

e.画右支撑板的三面投影图并与其余4个基本体组合,如图2.20(f)所示。

f.去掉多余图线(去掉两端面平齐的连接线、去掉相贯两基本体内部的交线),如图2.20(g)所示。

g.判断可见性,如图2.20(h)所示。

> 🔑 **特别提示**
>
> 画底图时,力求作图准确轻描淡写。在画图时,注意以下几点:
>
> ①画图的先后顺序,一般应从形状特征明显的投影图入手,先画主要部分,后画次要部分;先画可见轮廓线,后画不可见轮廓线。
>
> ②画图时,对组合体的每一组成部分的三面投影,最好根据对应的投影关系同时画出,不要先把某一投影全部画好后,再画另外的投影,以免漏画线条。

⑥检查和描深,如图2.20(i)所示。

> 🔑 **特别提示**
>
> 底图画完后,检查确认无误后按《建筑制图标准》(GB/T 50104—2010)规定的线型加深轮廓线。

(2)切割式组合体投影图的绘制

如果组合体是切割式,完成其三面投影图时,应先画原始基本体的三面投影图,然后根据切平面的位置逐个完成切平面与基本体的截交线,最后综合完成组合体的三面投影图。

【例2.2】 根据组合体的立体图完成组合体的三面投影图,如图2.21所示。

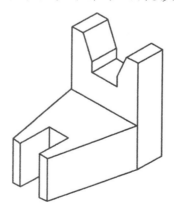

图2.21 切割式组合体立体图

【解】 解题步骤如下:

①形体分析。组合体是在四棱柱的基础上经5次切割而成,如图2.22所示。

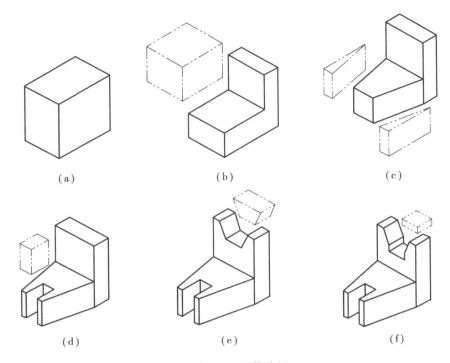

<table>
<tr><td>（a）</td><td>（b）</td><td>（c）</td></tr>
<tr><td>（d）</td><td>（e）</td><td>（f）</td></tr>
</table>

图 2.22　形体分析

②选择投影图数量和投影方向，如图 2.23 所示。

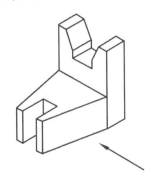

图 2.23　V 面投影方向

③选比例、定图幅。

④布置投影图。

⑤绘制底图，如图 2.24 所示。

a. 画原始四棱柱的三面投影图，如图 2.24（a）所示。

b. 画第 1 次切割后形体的三面投影图，如图 2.24（b）所示。

c. 画第 2 次切割后形体的三面投影图，如图 2.24（c）所示。

d. 画第 3 次切割后形体的三面投影图，如图 2.24（d）所示。

e. 画第 4 次切割后形体的三面投影图，如图 2.24（e）所示。

f. 画第 5 次切割后形体的三面投影图，如图 2.24（f）所示。

⑥检查和描深,如图2.24(f)所示。

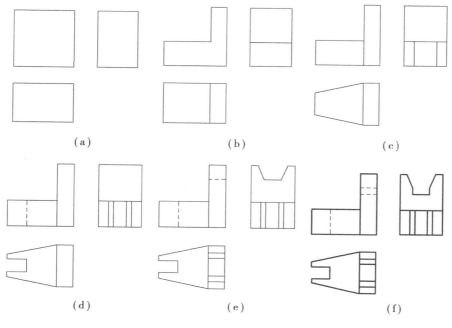

图2.24　绘图步骤

3)组合体的尺寸标注

投影图只能表达立体的形状,而要确定立体的大小,则需标注立体的尺寸,而且还应满足以下要求。

①正确:要符合国家最新颁布的《建筑制图标准》(GB/T 50104—2010)要求。

②完整:所标注的尺寸,必须能够完整、准确、唯一地表达物体的形状和大小。

③清晰:尺寸的布置要整齐、清晰,便于阅读。

④合理:标注的尺寸要满足设计要求,并满足施工、测量和检验的要求。

(1)尺寸种类

要完整地确定一个组合体的大小,需注全3类尺寸。

①定形尺寸:确定组合体各组成部分形体大小的尺寸,称为定形尺寸。

②定位尺寸:确定各组成部分相对位置的尺寸,称为定位尺寸。

如图2.25所示,V面投影图右下方的定位尺寸50为直墙在长度方向的定位尺寸;W面投影中的50和120为支撑墙在宽度方向的定位尺寸;直墙和支撑墙在高度方向相对底板的位置,是通过组合体叠加形式确定,不需要定位尺寸。

由以上定位尺寸的标注可看出,在某一方向确定各组成部分的相对位置时,标注每一个定位尺寸均需有一个相对的基准作为标注尺寸的起点,这个起点称为尺寸基准。由于组合体有长、宽、高3个方向的尺寸,所以每个方向至少有一个尺寸基准,如图2.26所示。尺寸基准一般选在组合体底面、重要端面、对称面及回转体的轴线上。

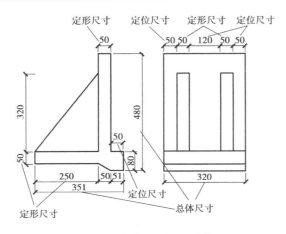

图 2.25　组合体尺寸标注种类图

图 2.26　组合体的立体图

③总体尺寸:确定组合体外形的总长、总宽、总高的尺寸,称为总体尺寸,如图 2.25 所示的总高 480 mm,总长 351 mm,总宽 320 mm。

（2）组合体的尺寸标注

①形体分析。组合体尺寸标注前需进行形体分析,弄清反映在投影图上的有哪些基本形体及这些基本形体的相对位置。

②标注 3 类尺寸:

a.在形体分析的基础上,先应分别注出各基本体的定形尺寸。如果基本体是带切口的,不应标注截交线的尺寸,而是标注截平面的位置尺寸。

b.选定基准,标注定位尺寸。

c.标注总体尺寸。

③检查复核。注完尺寸后,要用形体分析法认真检查 3 类尺寸,补上遗漏尺寸,并对布置不合理的尺寸进行必要的调整。

2.1.4　形体的轴测投影图画法

轴测投影图是用平行投影的方法画出来的一种富有立体感的图形,它接近于人们的视觉习惯,在生产和学习中常用作辅助图样。由于轴测投影图度量性差,很难准确反映形体的实际大小,所以只作辅助图样,如图 2.27 所示。

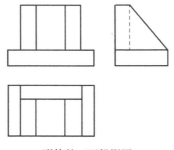

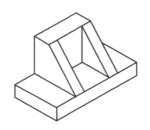

（a）形体的三面投影图　　　　　　　　（b）形体的轴测投影图

图 2.27　形体三面投影图与轴测投影图的比较

1)轴测投影的形成及其有关概念

（1）轴测投影图的形成

将形体连同确定它空间位置的直角坐标系一起,用平行投影法,沿不平行坐标轴的方向 S 投射到一个投影面 P 上,所得的投影称为轴测投影,如图 2.28 所示。用这种方法画出的图称为轴测投影图,简称轴测图,俗称立体图。由于在单一投影面上同时反映了形体的长、宽、高 3 个向度,接近人的视觉印象,故富有立体感。在单面投影中同时获得形体长、宽、高 3 个方向信息,一般采用下述方法。

①如图 2.29（a）所示,使形体三维方向亦即空间直角坐标系 $O\text{-}XYZ$ 与投影面 P 倾斜,采用正投影法将形体投射到投影面 P 上。此时由于三维方向均不积聚而能同时得到反映,使投影呈现立体感,这样获得的投影称为正轴测投影。

②如图 2.29（b）所示,不改变形体对投影面的相对位置,亦即形体三维方向仍平行于投影轴,但用斜投影法将形体投射到投影面 P 上,从而获得形体直观的三维形象,这种投影称斜轴测投影。

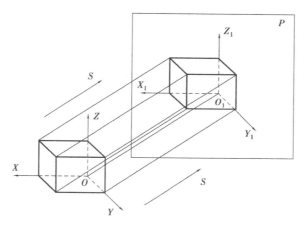

图 2.28　轴测投影图的形成

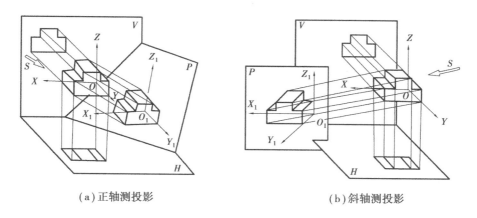

（a）正轴测投影　　　　　　　　　　　（b）斜轴测投影

图 2.29　轴测投影的形成

接受轴测投影的投影面 P 被称为轴测投影面,将赋予形体上的直角坐标轴 OX、OY、OZ 在轴测投影面上的投影 O_1X_1、O_1Y_1、O_1Z_1 称为轴测投影轴,简称轴测轴。

（2）轴测投影的特性

由于轴测投影属于平行投影,故具备平行投影的特性:

①空间直角坐标轴投影成为轴测投影轴以后,直角在轴测图中一般已不是90°,但是沿轴测轴确定长、宽、高3个坐标方向的性质不变,即仍可沿轴确定长、宽、高方向。

②平行性:空间互相平行的直线其轴测投影仍保持平行。如果 $AB \parallel CD$,则其轴测投影 $A_1B_1 \parallel C_1D_1$,即形体上与空间直角坐标轴平行的线段,其轴测投影平行于相应的轴测轴。

③定比性:空间各平行线段的轴测投影的变化率相等。如果 $AB \parallel CD$,则 $A_1B_1 \parallel C_1D_1$,且 $AB/CD = A_1B_1/C_1D_1$。

这就是说,平行两直线的投影长度,分别与各自的原来长度的比值是相等的,该比值称为变化率。所以,空间各平行线段的轴测投影的变化率相等。因此,在轴测图中,形体上平行于坐标轴的线段的变化率等于相应坐标轴的变化率。

但应注意,形体上不平行于坐标轴的线段（非轴向线段）的投影变化与平行于坐标轴的线段不同,因此不能将非轴向线段的长度直接移到轴测图上。画非轴向线段的轴测投影时,需要用坐标法定出其两端点在轴测坐标系中的位置,然后再连成线段的轴测投影图。

（3）轴间角和轴向变化率

分别以 o_px_p、o_py_p、o_pz_p 表示轴测轴。3个轴测轴间的夹角 $\angle x_po_py_p$、$\angle y_po_pz_p$ 及 $\angle x_po_pz_p$ 称为轴间角。它们可以用来确定3个轴测轴间的相互位置,显然,也确定了与 OX、OY、OZ 之间的角度。如图2.30所示,Oa_X、Oa_Y、Oa_Z 为 A 点的坐标线段,长分别为 m、n、l,A 点的坐标线段投影成为 o_pa_{xP}、o_pa_{yP}、o_pa_{zP},称为轴测坐标线段,长分别为 i、j、k。

在空间坐标系,投射方向和投影面三者相互位置被确定时,点 A 的轴测坐标线段与其相对应的坐标线段的比值称为轴向变化率,分别用 p、q、r 表示。

$$\frac{o_Pa_{xP}}{Oa_X} = \frac{i}{m} = p, \frac{o_Pa_{yP}}{Oa_Y} = \frac{j}{n} = q, \frac{o_Pa_{zP}}{Oa_Z} = \frac{k}{l} = r$$

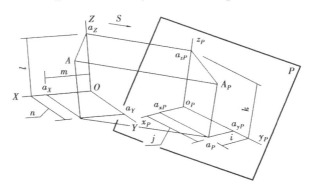

图 2.30 点的轴测投影

根据上式得:

$$\frac{o_Pa_{xP}}{Oa_X} = p \text{ 或 } o_Pa_{xP} = p \cdot Oa_X$$

$$\frac{o_P a_{yP}}{Oa_Y} = q \ \text{或} \ o_P a_{yP} = q \cdot Oa_Y$$

$$\frac{o_P a_{zP}}{Oa_Z} = r \ \text{或} \ o_P a_{zP} = r \cdot Oa_Z$$

p、q、r 分别称为 x 轴、y 轴、z 轴的轴向变化率。

这样,如果已知轴测投影中的轴测轴的方向和变化率,则与每条坐标轴平行的直线,其轴测投影必平行于轴测轴,其投影长度等于原来长度乘以该轴的变化率。这就是把这种投影法称为轴测投影的原因。

轴间角和轴向变化率是作轴测图的两个基本参数。随着物体与轴测投影面相对位置的不同以及投影方向的改变,轴间角和轴向变化率也随之而改变,从而可以得到各种不同的轴测图。

（4）轴测投影的分类

轴测投影按投射线与投影面相对位置的不同,分为正轴测投影和斜轴测投影两类,每类按轴向变化率的不同又分为 3 种。

①正（或斜）等测轴测投影:3 个轴向变化率均相等,即 $p = q = r$,简称正（或斜）等测。

②正（或斜）二测轴测投影:3 个轴向变化率其中有两个相等,即 $p = q \neq r$,简称正（或斜）二测。

③正（或斜）三测轴测投影:3 个轴向变化率均不相等,即 $p \neq q \neq r$,简称正（或斜）三测。

工程上常采用正等测、正二测和斜二测投影。

（5）正等轴测投影图、斜二轴测投影图的形成

轴测投影图的轴间角是画轴测投影图时建立坐标系的依据,轴向变化系数是画轴测投影图时量取尺寸的依据。

正等轴测投影图的 3 个轴间角均为120°。3 个轴向伸缩系数均约为0.82,为了便于作图,采用简化伸缩系数,即 $p_1 = q_1 = r_1 = 1$。作图时,O_1Z_1 轴一般画成铅垂线,O_1X_1、O_1Y_1 轴与水平方向成30°角,如图 2.31 所示。

斜二轴测投影的轴间角:$\angle X_1 O_1 Z_1 = 90°$, $\angle X_1 O_1 Y_1 = \angle Y_1 O_1 Z_1 = 135°$。轴向伸缩系数:$p_1 = r_1 = 1$,$q_1 = 0.5$。作图时,$O_1Z_1$ 轴一般画成铅垂线,O_1X_1 轴与 O_1Z_1 轴垂直画成求平线,O_1Y_1 轴画成与水平方向成45°角,如图 2.32 所示。

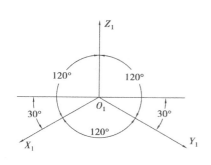

图 2.31 正等轴测投影的轴间角

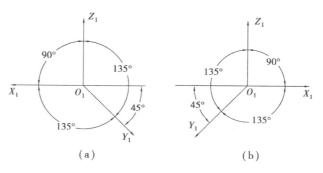

（a）   （b）

图 2.32 斜二轴测投影的轴间角

2）正等轴测投影图、斜二轴测投影图的画法

画轴测投影图的基本方法是坐标法,即按坐标系画出形体上各点,然后按照点连线、线围面、面围体的方法完成形体轴测投影图的绘制。但在作图时,还应根据物体的形状特点而灵活采用其他不同的方法。

此外,在画轴测投影图时,为了使图形清晰,一般不画不可见轮廓线(虚线)。

> 🔑 **特别提示**
>
> 画轴测投影图时还应注意,只有平行于轴向的线段才能直接量取尺寸,不平行于轴向的线段可由该线段的两端点的位置来确定。

轴测投影图是按平行投影的原理得到的,所以作图时要遵循平行投影的一切特性:

①相互平行的直线的轴测投影仍相互平行(因此,形体上平行于坐标轴的线段,其轴测投影必然平行于相应的轴测轴,且其变形系数与相应的轴向变形系数相同);

②两平行直线或同一直线上的两线段的长度之比,轴测投影后保持不变(因此,形体上平行于坐标轴的线段,其轴测投影长度与实长之比等于相应的轴向变形系数)。

（1）平面立体轴测投影图的画法

为了使作图简便,图形清晰,作图时应分析清楚立体的特点,灵活应用坐标法,一般先从可见部分开始作图。

正等轴测投影图和斜二轴测投影图的画法基本一样,只是画图时根据轴间角建立的坐标系不同,根据轴向变化系数的不同,量取尺寸时的比例不同。

【例 2.3】　如图 2.33(a)所示,根据五棱柱的三面投影图,完成其正等轴测投影图。

【解】　棱柱体由于上、下底面的大小形状相等且棱线互相平行,所以在作图时,先用坐标法把棱柱的顶面画出,再过顶面上的每一个点作互相平行的棱线,最后完成底面的作图。

解题步骤如下:

①分析立体,在三面投影中确定坐标原点,如图 2.33(b)所示。

②根据正等轴测投影图的轴间角建立画图坐标系,如图 2.33(c)所示。

③根据正等轴测投影图的轴向变化系数,用坐标法完成棱柱体顶面 5 个点的轴测投影(三面投影图中 1 点与 2 点、3 点与 5 点、O 点与 4 点、O 点与 K 之间的距离同轴测投影图中 1 点与 2 点、3 点与 5 点、O 点与 4 点、O 点与 K 之间的距离相等),依次连接 1、2、3、4、5 五个点,完成棱柱体顶面的轴测投影,如图 2.33(d)所示。

④过顶面上的 5 个点作互相平行的 5 条棱线(三面投影图中的棱线高同轴测投影图中的棱线高相等),由于过 2 点作的棱线不可见,所以不作,如图 2.33(e)所示。

⑤绘制底面,如图 2.33(f)所示。

⑥去掉作图线,如图 2.33(g)所示。

⑦加深图线,如图 2.33(h)所示。

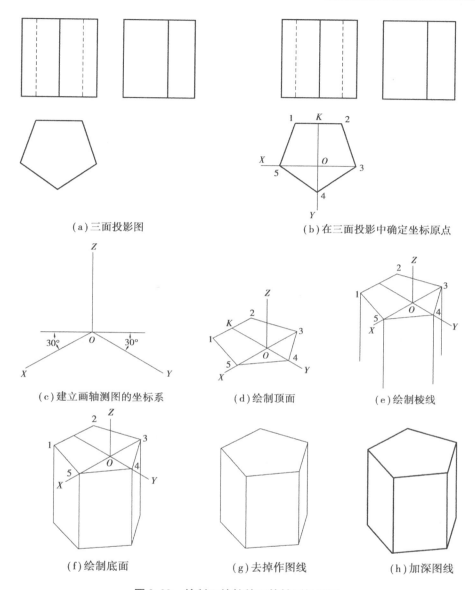

图 2.33 绘制五棱柱的正等轴测投影图

【例 2.4】 如图 2.34(a)所示,根据五棱锥的三面投影图,完成其斜二轴测投影图。

【解】 绘制棱柱体的轴测投影图时,应先用坐标法完成棱锥的底面,再完成锥顶,最后把锥顶与底面的各点连接完成棱线。

解题步骤如下:

①分析立体,在三面投影中确定坐标原点,如图 2.34(b)所示。

②根据正等轴测投影图的轴间角建立画图坐系,如图 2.34(c)所示。

③根据正等轴测投影图的轴向变化系数,用坐标法完成棱锥底面 5 个点的轴测投影(三面投影图中 1 点与 2 点、3 点与 5 点之间的距离与轴测投影图中 1 点与 2 点、3 点与 5 点之间的距离相等;轴测投影图中 O 点与 4 点、O 点与 K 点之间的距离是三面投影图中 O 点与 4 点、O 点与 K 点之间的距离的一半),依次连接 1、2、3、4、5 五个点,完成棱锥底面的轴测投影,如图

2.34(d)所示。

④用坐标法作锥顶的轴测投影(三面投影图中的 $O'S'$ 同轴测投影图中的 OS 相等),如图 2.34(e)所示。

⑤把锥顶与底面的各点连接完成棱线,S 与 2 连接不可见,所以不作,如图 2.34(f)所示。

⑥去掉作图线和不可见图线,如图 2.34(g)所示。

⑦加深图线,如图 2.34(h)所示。

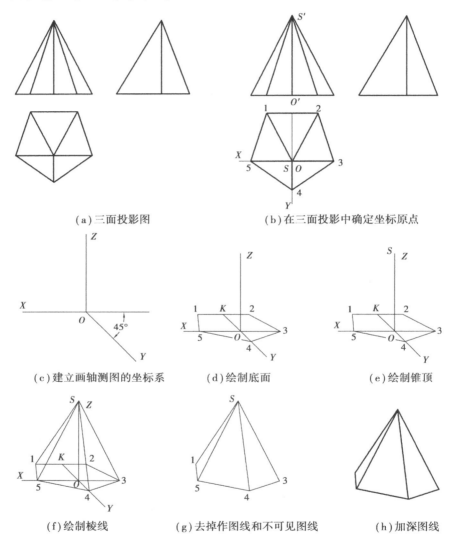

(a)三面投影图   (b)在三面投影中确定坐标原点

(c)建立画轴测图的坐标系   (d)绘制底面   (e)绘制锥顶

(f)绘制棱线   (g)去掉作图线和不可见图线   (h)加深图线

图 2.34 绘制五棱锥的斜二轴测投影图

(2)曲面立体轴测投影图的画法

曲面立体,不可避免地会遇到圆与圆弧的轴测投影画法。为简化作图,在绘图中,一般使圆外的平面平行于坐标面,从而可以得到其正等轴测投影为椭圆。作图时,一般以圆的外接正方形为辅助线,先画出正方形的轴测投影,再用四心圆法近似画出椭圆。

【例2.5】 如图 2.35(a)所示,根据圆柱的两面投影图,完成其正等轴测投影图。

【解】 解题步骤如下：

①建立绘制轴测图的坐标系，并在 X 轴和 Y 轴上根据圆柱底面圆的半径确定 4 个点(圆柱底面圆外接正方形各边的中点)，如图 2.35(b)所示。

②过 X 轴上的两个点向 Y 轴作平行线，过 Y 轴上的两个点向 X 轴作平行线，两组平行线围成一个四边形(圆柱底面圆外接正方形的轴测投影)，如图 2.35(c)所示。

③确定 4 个圆心，即过四边形对角线短的两个顶点向其对边的中点相连接，连线的 4 个交点就是 4 个圆心，如图 2.35(d)所示。

④过 4 个圆心作 4 段圆弧，完成圆柱顶面的投影，如图 2.35(e)所示。

⑤用画顶面圆的方法，完成底面圆的轴测投影，如图 2.35(f)所示。

⑥作顶面、底面圆的公切线，如图 2.35(g)所示。

⑦去掉作图线和看不见的图线，如图 2.35(h)所示。

⑧加深图线，如图 2.35(i)所示。

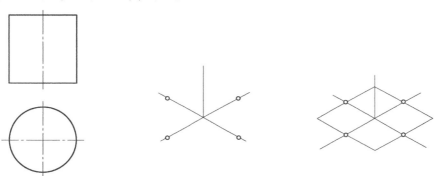

(a)两面投影图　(b)建立坐标系确定直径上的4个点　(c)过直径上的点向对应的坐标轴作平行线

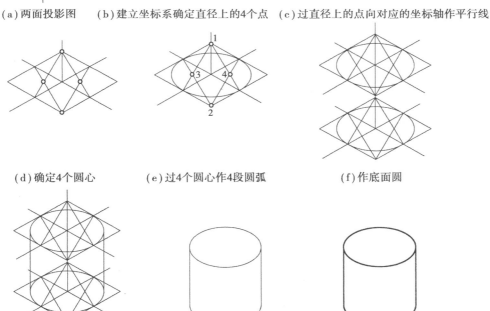

(d)确定4个圆心　　　(e)过4个圆心作4段圆弧　　　　(f)作底面圆

(g)作顶面、底面圆的公切线　(h)去掉作图线和看不见的图线　(i)加深图线

图 2.35　绘制圆柱的正等轴测投影图

当曲面立体上的圆或圆弧所在平面平行于坐标平面 XOZ 时,用斜二轴测投影作曲面立体的轴测投影图,就会简便很多。

【例2.6】 如图 2.36(a)所示,根据立体的两面投影,完成其斜二轴测投影图。

【解】 解题步骤如下:

①建立坐标系,如图 2.36(b)所示。

②画前端面(由于前端面平行于坐标平面 XOZ,所以前端面的轴测投影与立体前端面在 V 面投影上的形状一样,大小相等),如图 2.36(c)所示。

③画后端面(由于前后端面平行,所以只需把前端面沿 Y 轴方向,向后平移立体宽度的一半即可),如图 2.36(d)所示。

④画棱线和半圆柱的公切线,如图 2.36(e)所示。

⑤去掉作图线、加深图线,如图 2.36(f)所示。

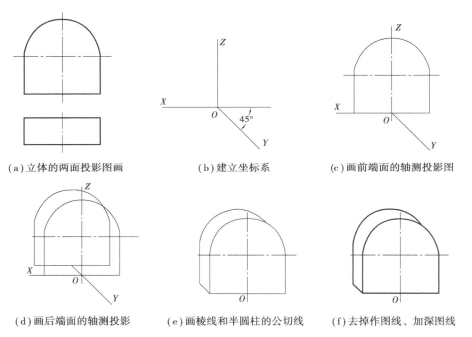

(a)立体的两面投影图画   (b)建立坐标系   (c)画前端面的轴测投影图

(d)画后端面的轴测投影   (e)画棱线和半圆柱的公切线   (f)去掉作图线、加深图线

图2.36 立体斜二轴测投影图绘制

(3)平面截切基本体轴测投影图的画法

平面截切平面立体轴测投影图的画法是:先画出完整的平面立体,再确定每一个截交点,连截交点为截交线,最后去掉被截切部分,完成作图。

【例2.7】 如图 2.37 所示,已知平面截切六棱柱的两面投影,完成其正等测投影图。

【解】 解题步骤如下:

①根据图 2.33 的方法完成六棱柱的正等轴测投影图,如图 2.37(b)所示。

②确定截交点:先在两面投影图上定截交点,再利用截交点在棱线或棱面的位置确定截交点的轴测投影图,如图 2.37(c)所示。

③连截交点为截交线,如图 2.37(d)所示。

④去掉被截切部分,完成作图,如图 2.37(d)所示。

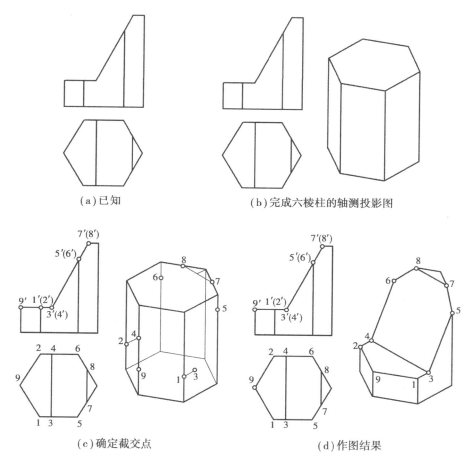

（a）已知　　　　　　（b）完成六棱柱的轴测投影图

（c）确定截交点　　　　　　（d）作图结果

图 2.37　绘制平面截切六棱柱的正等轴测投影图

【例 2.8】　如图 2.38（a）所示，已知平面截切半圆柱的两面投影，完成其斜二轴测投影图。

【解】　解题步骤如下：

①完成半圆柱的正等轴测投影图，如图 2.38（b）所示。

②确定截交点：先在两面投影图上定截交点，再利用截交点在半圆柱表面的位置确定截交点的轴测投影图，如图 2.38（c）所示。

③连截交点为截交线，如图 2.38（d）所示。

④去掉被截切部分，完成作图，如图 2.38（d）所示。

🔑 特别提示

　　绘制斜二轴测投影图时，注意 Y 方向上的轴向变化率为 1/2。

　　连截交线时，要根据图 2.14 确定截交线的性质。

（4）组合体轴测投影图的画法

在画组合体的轴测图之前，先应通过形体分析了解组合体的组合方式和各组成部分的形状、相对位置，再选择适当的画图方法。一般绘制组合体轴测投影的方法有叠加法、切割法。

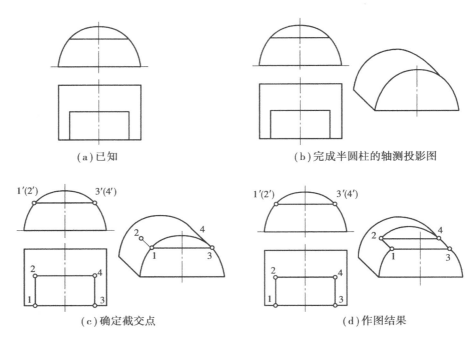

(a)已知　　　　　　　　　　　(b)完成半圆柱的轴测投影图

(c)确定截交点　　　　　　　　(d)作图结果

图2.38　绘制平面截切半圆柱的斜二轴测投影图

①叠加法。当组合体由基本体叠加而成时,先将组合体分解为若干个基本体,然后按各基本体的相对位置逐个画出各基本体的轴测图,经组合后完成整个组合体的轴测图。这种绘制组合体轴测图的方法称为叠加法。

【**例2.9**】　求作如图2.39(a)所示组合体的正等轴测投影图。

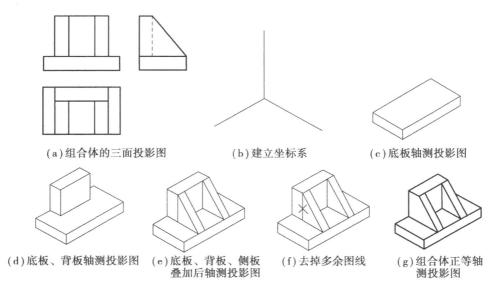

(a)组合体的三面投影图　　(b)建立坐标系　　　　(c)底板轴测投影图

(d)底板、背板轴测投影图　(e)底板、背板、侧板　　(f)去掉多余图线　　(g)组合体正等轴
　　　　　　　　　　　　　叠加后轴测投影图　　　　　　　　　　　　测投影图

图2.39　组合体轴测图的画法——叠加法

【**解**】　解题步骤如下:

①形体分析。由已知的三面投影图可知,该组合体由4个基本体叠加而成,所以,可用叠加法完成组合体的轴测投影图,如图2.39(a)所示。

②建立坐标系。根据正等轴测图轴间角的要求建立坐标系,如图 2.39(b)所示。

③绘制各基本体的正等轴测投影图,根据各基本体的相对位置组合各基本体,完成组合体的正等轴测投影图。绘制底板的轴测投影图,如图 2.39(c)所示;绘制背板的轴测投影图,并与底板组合,如图 2.39(d)所示;绘制两个侧板的轴测投影图,并与底板和背板组合,如图2.39(e)所示。

④去掉多余的图线(基本体叠加后,端面平齐不应有接缝),如图 2.39(f)所示。

⑤校核、清理图面,加深图线,如图 2.39(g)所示。

②切割法。当组合体由基本体切割而成时,先画出完整的原始基本体的轴测投影图,然后按其切平面的位置,逐个切去多余部分,从而完成组合体的轴测投影图。这种绘制组合体轴测图的方法称为切割法。

【例 2.10】　求作如图 2.40(a)所示组合体的正等轴测投影图。

【解】　解题步骤如下:

①形体分析:由已知的三面投影图可知,该组合体是在四棱柱的基础上由 8 个切平面经 3 次切割而成,所以,可用切割法完成组合体的轴测投影图。

②建立坐标系:根据正等轴测投影图的要求建立坐标系,如图 2.40(b)所示。

③画完整四棱柱的正等轴测投影图,如图 2.40(c)所示。

④按切平面的位置逐个切去被切部分,如图 2.40(d)、(e)、(f)所示。

⑤校核、清理图面,加深图线,如图 2.40(g)所示。

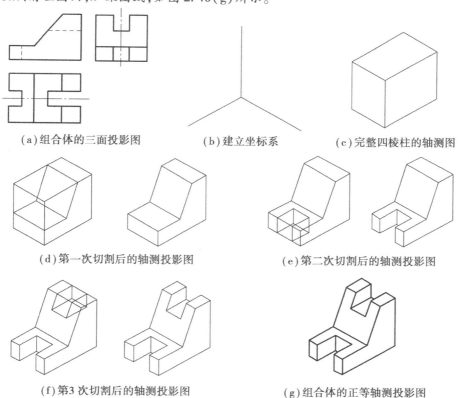

(a)组合体的三面投影图　　　(b)建立坐标系　　　(c)完整四棱柱的轴测图

(d)第一次切割后的轴测投影图　　　(e)第二次切割后的轴测投影图

(f)第3次切割后的轴测投影图　　　(g)组合体的正等轴测投影图

图 2.40　组合体轴测图的画法——切割法

有些组合体俯视时主要部分互相遮住不可见,用仰视画出组合体的轴测投影图,则直观效果较好。

【例2.11】 画出如图2.41(a)所示组合体的仰视斜二轴测投影图。

【解】 如图2.41(a)所示,组合体是由一个四棱柱和两个六棱柱叠加而成。解题步骤如图2.41(b)、(c)、(d)、(e)所示。

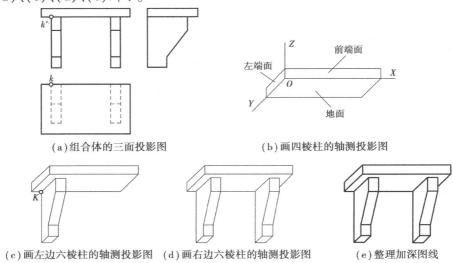

(a)组合体的三面投影图　　　　　　　(b)画四棱柱的轴测投影图

(c)画左边六棱柱的轴测投影图　　(d)画右边六棱柱的轴测投影图　　(e)整理加深图线

图2.41　组合体的仰视斜二轴测投影图画法

2.2　形体投影图的识读

画图是将具有三维空间的形体画成只具有二维平面的投影图的过程,读图则是把二维平面的投影图形想象成三维空间的立体形状。读图的目的是培养和发展读者的空间分析能力和空间想象能力。画图和读图是本章的两个重要环节,读图又是这两个重要环节中的关键环节。读者通过多读多练,达到真正掌握阅读组合体投影图的能力,为阅读工程施工图打下良好的基础。

2.2.1　基本体的识读

拉伸法是识读基本体投影图的主要方法,拉伸法读图是投影的逆向思维,即是把反映物体形状特征的投影图沿一定的投影方向从投影面拉回空间,完成物体的投影图识读。

如图2.42所示,对照棱柱的三面投影图用拉伸法阅读棱柱时,把 V 面投影中的六边形沿 Y 轴方向拉回空间(拉伸的长度是六棱柱的长),完成六棱柱的读图。

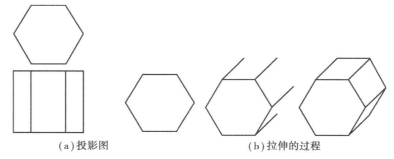

(a)投影图　　　　　　　　　　　(b)拉伸的过程

图2.42　拉伸法读棱柱

如图 2.43 所示,把 H 面的圆沿 Z 轴方向拉回空间(拉伸的高度是圆柱的高),完成圆柱的读图。

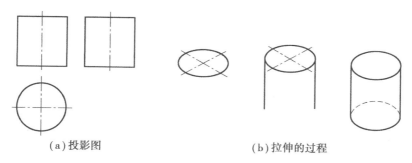

(a)投影图　　　　　　　　　　　　　　　(b)拉伸的过程

图 2.43　拉伸法读圆柱

如图 2.44、图 2.45 所示,用拉伸的方法阅读棱锥和圆锥时,是在反映底面实形的投影中,把锥顶拉回空间即可完成读图。

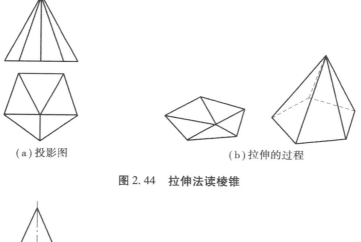

(a)投影图　　　　　　　　　　　　　　　(b)拉伸的过程

图 2.44　拉伸法读棱锥

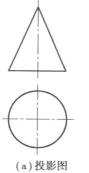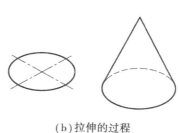

(a)投影图　　　　　　　　　　　　　　　(b)拉伸的过程

图 2.45　拉伸法读圆锥

2.2.2　截交线、相贯线的识读

1)截交线的识读

前面已经学习了截交线的形成,在此基础上识读截交线,其主要任务是识读带缺口基本立体的投影图。

【例2.12】 如图2.46(a)所示,根据已知的三面投影图,识读带缺口平面立体的投影图。

【解】 解题步骤如下:

①在三面投影图中确定截交点。因为截交点是截平面与平面立体棱线的交点,根据两个截平面在 V 面上的投影积聚,可在 V 面上判断出两个截平面与五棱柱3条棱线相交产生的3个截交点,即 1′、2′、5′三个点,如图2.46(b)所示。

在 V 面投影图中,可看出两个截平面的交线是正垂线(在 V 面投影图中积聚成一个点),它们交线上的两个端点在 V 面投影图中重合,即3′点和4′点,如图2.46(b)所示。

正垂截平面与五棱柱顶面的交线也是一条正垂线,交线上的端点在 V 面投影图中也重合,即6′点和7′点,如图2.46(b)所示。

根据长对正、宽相等、高平齐的投影规律,可确定7个截交点的 H 面、W 面投影,如图2.46(b)所示。

②用绘制轴测图的方法来识图投影图。绘制完整五棱柱的轴测投影图,如图2.46(c)所示。

根据各截交点的坐标,完成截交点的轴测投影图;也可根据截交点与五棱柱上已知点、线的相对位置来确定截交点,如图2.46(d)所示。

连截交点成截交线,如图2.46(e)所示。

去掉被截切的图线和作图线,加深最后的成图线,如图2.46(f)所示。

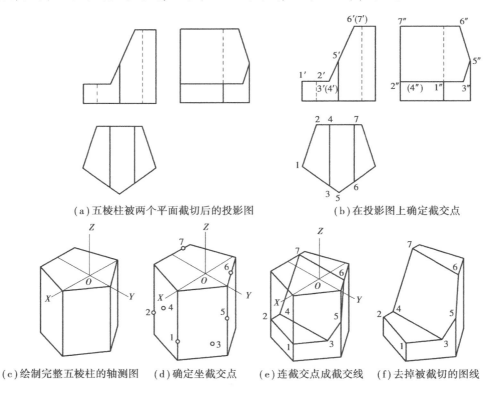

(a)五棱柱被两个平面截切后的投影图 　　(b)在投影图上确定截交点

(c)绘制完整五棱柱的轴测图　(d)确定坐截交点　(e)连截交点成截交线　(f)去掉被截切的图线

图 2.46　识读平面截切五棱柱后的投影图

【例2.13】 如图2.47(a)所示,阅读下列三面投影图。

【解】 解题步骤如下:

①从 V 面投影图可知圆柱被3个截平面截切,这3个截平面相对投影面的位置分别是水平面、侧平面、正垂面,如图2.47(a)所示。

②水平截切面与圆柱的轴线垂直,截交线是部分圆曲线,如图2.47(c)所示。

③侧面截切面与圆柱的轴线平行,截交线是直线,截断面是矩形,如图2.47(d)所示。

④正垂截切面与圆柱的轴线倾斜,截交线是部分椭圆线,如图2.47(e)所示。

⑤去掉被截切部分的图线,就可完成读图,如图2.47(f)、(g)所示。

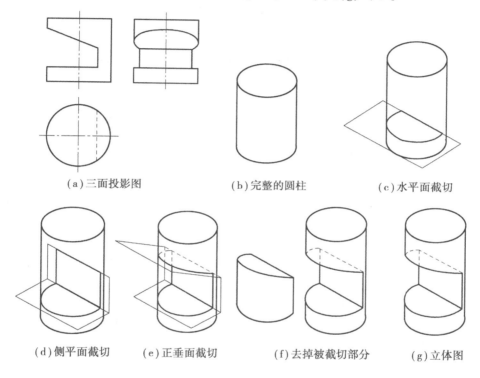

(a)三面投影图　　(b)完整的圆柱　　(c)水平面截切

(d)侧平面截切　(e)正垂面截切　(f)去掉被截切部分　(g)立体图

图2.47　平面截切圆柱其三面投影图的阅读

【例2.14】 如图2.48(a)所示,阅读下列三面投影图。

【解】 解题步骤如下:

①从 V 面投影图可知圆锥被3个截平面截切,这3个截平面相对投影面的位置分别是侧平面、水平面、正垂面,如图2.48(a)所示。

②侧平截切面与圆锥的轴线平行,截交线是抛物线,如图2.48(c)、(d)所示。

③水平面截切面与圆锥的轴线垂直,截交线部分圆曲线,如图2.48(e)、(f)所示。

④正垂截切面通过了圆锥的锥顶,截交线是直线,截断面是三角形,如图2.48(e)、(f)所示。

⑤去掉被截切部分的图线,就可完成读图,如图2.48(g)所示。

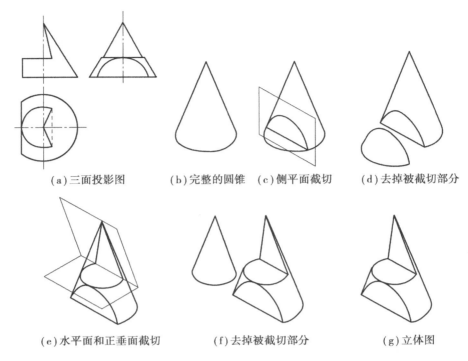

(a)三面投影图　　(b)完整的圆锥　(c)侧平面截切　　(d)去掉被截切部分

(e)水平面和正垂面截切　　　(f)去掉被截切部分　　　　(g)立体图

图 2.48　平面截切圆锥其三面投影图的阅读

2)相贯线的识读

两立体相交,称为两立体相贯。立体相贯有 3 种情况:两平面立体相贯,平面立体与曲面立体相贯,两曲面立体相贯。

(1)平面立体与平面立体相交

两平面立体相交,相贯线是直线。每一条相贯线都由两个贯穿点连接而成。贯穿点是一个平面立体上的轮廓线与另一平面立体表面的交点。

【例 2.15】　如图 2.49(a)所示,阅读下列三面投影图。

【解】　解题步骤如下:

①从已知的三面投影图可以看出,两相交的平面立体分别是三棱锥、四棱柱,如图 2.49(a)所示。

②从 V 面投影图看出,四棱柱全部贯穿三棱锥,四棱柱的 4 条棱线与三棱锥的表面产生 8 个贯穿点,如图 2.49(b)、(d)所示;三棱锥只有最前面的一条棱线与四棱柱相贯,产生两个贯穿点,如图 2.49(b)、(e)所示。

③连贯穿点成相贯线,如图 2.49(f)所示。

特别提示

连点时要注意,同一棱面上的点才能连接。

④两平面立体相交成为一个整体,在它们的内部不应该有轮廓线,所以应去掉两平面立体贯穿点之间的轮廓线,如图 2.49(g)所示。

⑤判断可见性,完成读图,如图 2.49(h)所示。

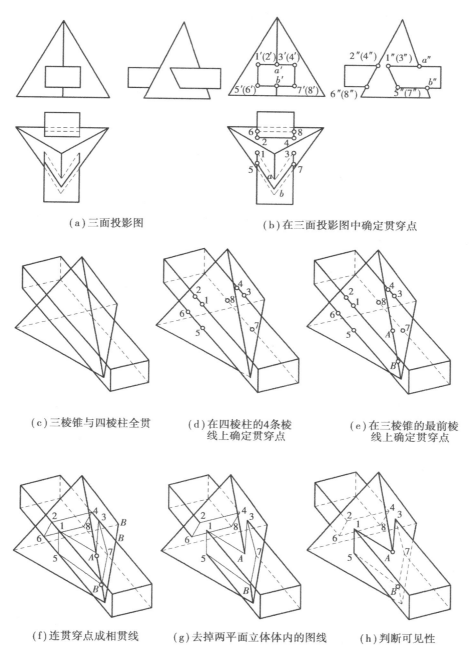

(a)三面投影图　　　　(b)在三面投影图中确定贯穿点

(c)三棱锥与四棱柱全贯　(d)在四棱柱的4条棱线上确定贯穿点　(e)在三棱锥的最前棱线上确定贯穿点

(f)连贯穿点成相贯线　(g)去掉两平面立体体内的图线　(h)判断可见性

图 2.49　两平面立体相交

（2）平面立体与曲面立体相交

平面立体与曲面立体相交,相贯一般情况下是曲线,特殊情况下可能是直线。

如图 2.50 所示,圆锥和三棱柱全贯,产生前后两组封闭的相贯线。三棱柱的 3 条棱线都参加相贯,产生 6 个贯穿点。

由于对称性,前、后两组相贯线的形状一样,都是由 3 条曲线围成。其中,三棱柱上面两个棱面与圆锥的一条素线平行,与圆锥的轴线倾斜,产生的相贯线是部分抛物线;三棱柱最下棱面与圆锥的轴线垂直,产生的相贯线是部分圆曲线。

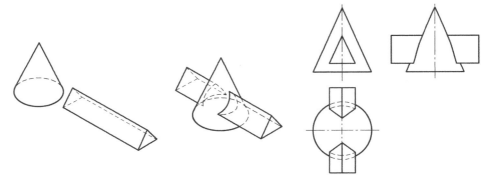

(a)圆锥和三棱柱相贯前的立体图 (b)圆锥与三棱柱全贯的立体图　(c)圆锥与三棱柱全贯的投影图

图 2.50　平面立体与曲面立体相交

(3)曲面立体与曲面立体相交

两曲面立体相交,相贯线一般是光滑的封闭的空间曲线,特殊情况下可能是直线或平面曲线。

如图 2.51 所示,两圆柱互贯,产生一组封闭的相贯线。

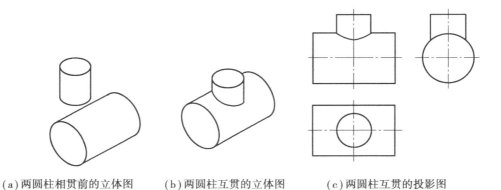

(a)两圆柱相贯前的立体图　　(b)两圆柱互贯的立体图　　(c)两圆柱互贯的投影图

图 2.51　曲面立体与曲面立体相交

2.2.3　组合体三面投影图的识读

读图是根据形体的投影图想象形体的空间形状的过程,也是培养和发展空间想象能力、空间思维能力的过程。读图的方法一般有拉伸法、形体分析法、线面分析法、轴测投影辅助读图法。阅读组合体投影图时,一般以形体分析为主。

在阅读组合体投影图时,除了熟练运用投影规律进行分析外,还应注意以下几点:

①熟悉各种位置的直线、平面、曲面以及基本体的投影特性。

②组合体的形状通常不能只根据一个投影图或两个投影图来确定。读图时必须把几个投影图联系起来思考,才能准确地确定组合体的空间形状。如图 2.52 所示,虽然图 2.52(a)、(b)的 V、H 面投影图相同,但它们的 W 面投影图不同,因此,两个组合体的空间形状不相同。

③注意投影图中线条和线框的意义。投影图中的一个线条,除表示一条线的投影外,可以

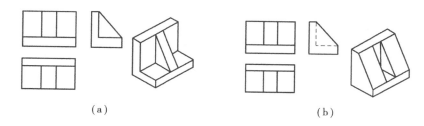

（a）　　　　　　　　　　　　　　　　（b）

图2.52　按三等关系读图

表示一个有积聚的面的投影,也可以表示两个面的相交线,还可以表示曲面的转向轮廓线,如图2.53(a)所示。

投影图中的一个线框除表示一个面的投影外,可以表示一个基本体在某一投影面上的积聚投影,如图2.53(b)所示。

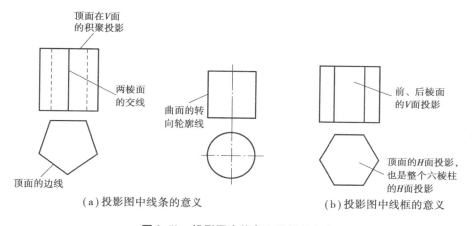

（a）投影图中线条的意义　　　　　　　　（b）投影图中线框的意义

图2.53　投影图中线条和线框的意义

1）拉伸法读图

拉伸法读图是投影的逆向思维,即是把反映物体形状特征的投影图沿一定的投影方向从投影面拉回空间,完成物体的投影图阅读。拉伸法读图一般用于柱体或由平面切割立体而成的简单体。

运用拉伸法读图时,关键是在给定投影图中找出反映立体特征的线框。一般来讲,当立体的3个投影图中有两个投影图中的大多数线条互相平行,且都是平行同一投影轴,而另一投影图是一个几何线框,该线框就是反映立体形状特征的线框。

【例2.16】　阅读如图2.54(a)所示组合体的三面投影图。

【解】　解题步骤如下:

①在三面投影图中,V面和W面投影图的大多数图线都平行Z坐标轴,而H面投影是一个几何图形,所以H面投影的几何图框就是反映立体形状特征的线框,如图2.54(b)所示。

②在读图时,用拉伸的方法把H面的图框沿Z坐标方向拉伸V面(或W面)的高度,完成组合体的阅读,如图2.54(c)、(d)所示。

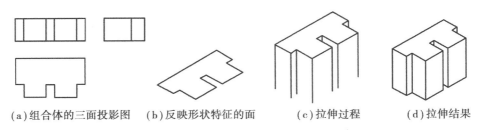

(a)组合体的三面投影图　(b)反映形状特征的面　(c)拉伸过程　(d)拉伸结果

图 2.54　拉伸法读图

2)形体分析法读图

形体分析法读图,就是先以特征比较明显的视图为主,根据视图间的投影关系,把组合体分解成一些基本体,并想象各基本体的形状,再按它们之间的相对位置,综合想象组合体的形状。此读图方法常用于叠加型组合体。

【例 2.17】　补画如图 2.55(a)所示立体的第三投影图。

【解】　解题步骤如下:

①分线框:在组合体的三投影图线框明显的视图中分线框(即从组合体中分解基本体),然后根据投影规律找出线框的对应关系。

在 V 面投影图中分出 3 个线框(即把组合体分解为 3 个基本体),如图 2.55(b)所示。

根据长对正的投影规律,找出 H 面这 3 个线框的对应图线,如图 2.55(c)所示。

②读线框:结合基本体的特征,读懂各基本体的形状,并补画其第三投影图。

读线框 1(基本体 1),补画其 W 面投影图,如图 2.55(d)所示。

读线框 2(基本体 2),补画其 W 面投影图,并与基本体 1 组合,如图 2.55(e)、(f)所示。

读线框 3(基本体 3),补画其 W 面投影图,并与基本体 1、2 组合,如图 2.55(g)、(h)所示。

③检查校核,完成读图,如图 2.55(i)所示。

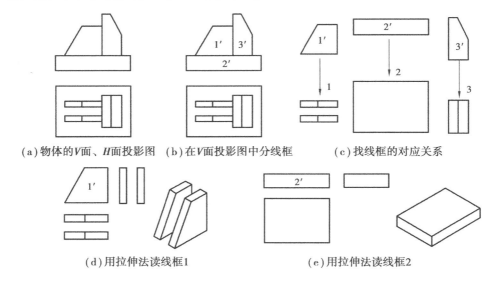

(a)物体的V面、H面投影图　(b)在V面投影图中分线框　(c)找线框的对应关系

(d)用拉伸法读线框1　　(e)用拉伸法读线框2

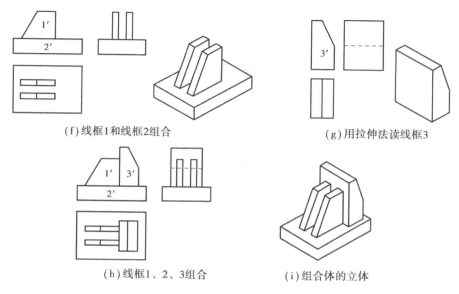

(f)线框1和线框2组合　　　　　　　(g)用拉伸法读线框3

(h)线框1、2、3组合　　　　　(i)组合体的立体

图2.55　形体分析法读图

3)线面分析法读图

由于立体的表面是由线、面等几何元素组成的,所以在读图时就可以把立体分解为线、面等几何元素。运用线、面的投影特性,识别这些几何元素的空间位置和形状,再根据线连面、面围体的方法,从而想象出立体的形状。这种方法适用于切割式的组合体。

【例2.18】　阅读如图2.56(a)所示组合体的三面投影图。

【解】　解题步骤如下:

①分析:从已知的三面投影图可看出,V面只有一个线框,所以不能用形体分析的方法阅读。由于组合体的V面投影是一个封闭的五边形线框,说明组合体是由7个平面围成,如图2.56(b)所示。

②确定各表面的形状和空间位置。

从已知的三面投影图可分析出,1平面(前端面)是侧垂面,2平面(后端面)是正平面,如图2.56(c)、(d)、(e)所示。

从已知三面投影图可知,3平面(左下侧面)是正垂面,6平面(左上侧平面)是侧平面,如图2.56(f)、(g)、(h)所示。

从已知三面投影图可知,4平面(右侧面)是正垂面,如图2.56(i)、(j)所示。

从已知三面投影图可知,5平面(下底面)是水平面,7平面(上顶面)是水平面,如图2.56(k)、(l)、(m)所示。

③综合想象组合体的空间形状,如图2.56(n)所示。

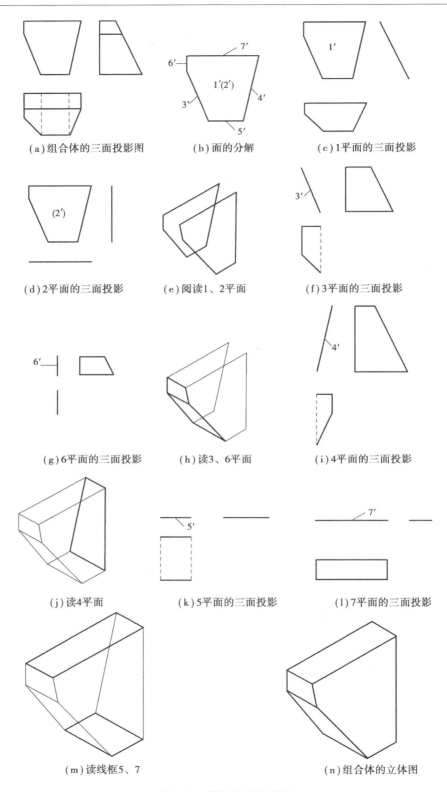

（a）组合体的三面投影图　　（b）面的分解　　（c）1平面的三面投影

（d）2平面的三面投影　　（e）阅读1、2平面　　（f）3平面的三面投影

（g）6平面的三面投影　　（h）读3、6平面　　（i）4平面的三面投影

（j）读4平面　　（k）5平面的三面投影　　（l）7平面的三面投影

（m）读线框5、7　　（n）组合体的立体图

图2.56　线面分析法读图

4)轴测投影辅助读图

轴测投影的特点是在投影图上同时反映出几何体长、宽、高3个方向的形状,所以富有立体感,直观性较好。在进行组合体投影图阅读时,可以利用轴测投影的特点帮助读图。

【例2.19】 补全如图2.57(a)所示三面投影图中所缺少的图线。

【解】 解题步骤如下:

①分析:从已知的三面投影图可以看出 W 面投影只有一个线框,即该形体是一个切割式的组合体,不能用形体分析的方法读图。如果用线、面分析的方法读图面又太多,不便分析,用拉伸的方法更不适合。所以就用画轴测图的方法来阅读该形体的空间形状。

②想象原始基本体的形状:补上投影图的外边线,就可以分析出原始基本体是一个四棱柱,如图2.57(b)所示。

③分析切割过程,画轴测图:先在有积聚的投影图上分析切平面的位置,再分析切割过程。

第一次切割:由切平面1和切平面2完成,如图2.57(c)所示。

第二次切割:由切平面3、4、5完成,如图2.57(d)所示。

④对照轴测图补画投影图中所缺少的图线,如图2.57(e)所示。

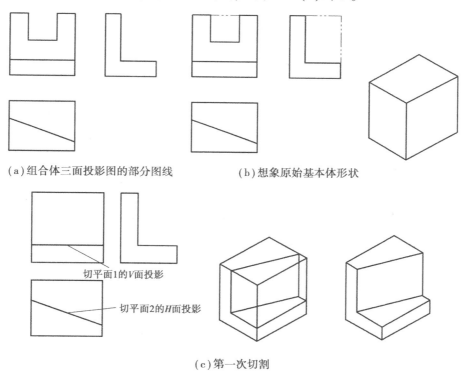

(a)组合体三面投影图的部分图线　　　　(b)想象原始基本体形状

切平面1的 V 面投影

切平面2的 H 面投影

(c)第一次切割

103

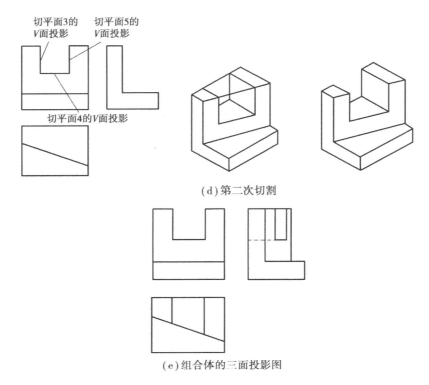

(d)第二次切割

(e)组合体的三面投影图

图 2.57　轴测投影辅助读图

由于组合体组合方式的复杂性,在实际读图时,有时很难确定它的读图方法。一般以形体分析法为主,拉伸法、线面分析法、轴测投影辅助读图法为辅,根据不同的组合体灵活应用。

【例 2.20】　如图 2.58(a)所示,已知组合体的三面投影图,阅读组合体的空间结构。

【解】　解题步骤如下:

①形体分析:在 V 面投影图中分线框,如图 2.58(b)所示。

②阅读基本体 1,如图 2.58(c)所示。

③阅读基本体 2,如图 2.58(d)所示。

④阅读基本体 3,如图 2.58(e)所示。

⑤阅读基本体 4,如图 2.58(f)所示。

⑥阅读基本体 5,如图 2.58(g)所示。

⑦根据各基本体之间的相对位置,把各基本体组合成组合体,完成读图,如图 2.58(h)所示。

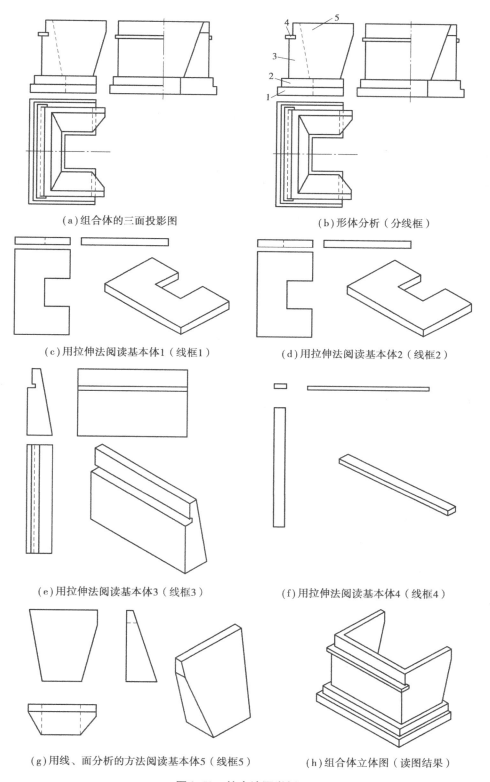

(a)组合体的三面投影图

(b)形体分析（分线框）

(c)用拉伸法阅读基本体1（线框1）

(d)用拉伸法阅读基本体2（线框2）

(e)用拉伸法阅读基本体3（线框3）

(f)用拉伸法阅读基本体4（线框4）

(g)用线、面分析的方法阅读基本体5（线框5）

(h)组合体立体图（读图结果）

图2.58　综合读图举例

本章小结

学习建筑制图的主要任务就是绘图和读图,所以本章是整本书的重点,也是后面识读建筑施工图的基础。

本章主要阐述的内容有:

①形体的投影图画法:基本体的投影;截交线、相贯线的形成;组合体的投影;形体的轴测投影图画法。

②形体的投影图识读:基本体的识读;截交线、相贯线的识读;组合体三面投影图识读。

通过本章的学习,要求掌握如下内容:

①组合体投影图的画法;

②组合体三面投影图的识读。

思考题

1. 什么是平面立体?

2. 什么是曲面立体? 什么是母线、素线、回转曲面?

3. 什么是截交线、相贯线? 它们是怎么形成的?

4. 平面与圆柱相交,产生哪几种截交线? 平面与圆锥相交,产生哪几种截交线?

5. 轴测投影图的基本分类有哪些?

6. 正等轴测投影图和斜二轴测投影图的绘制有哪些差别?

7. 组合体的组合形式分为哪 3 类?

8. 画组合体投影图的方法有哪些?

9. 组合体尺寸标注的基本要求是什么? 何为定位尺寸、定形尺寸、总体尺寸?

10. 什么是形体分析?

11. 识读组合体投影图有哪些基本方法?

3

剖面图、断面图的绘制和识读

◎ 教学目标

通过了解剖面图和断面图的基本概念、分类和绘制方法，初步具备正确识读和绘制土建工程中剖面图和断面图的能力，为后续章节的学习奠定基础。

◎ 教学要求

能力目标	知识要点	权重	自测分数
掌握剖面图的图示特点并能正确阅读	剖面图的形成	15%	
	剖面图的绘图步骤	20%	
	剖面图的读图方法	10%	
	剖面图的分类	5%	
掌握断面图的图示特点并能正确阅读	断面图的形成	15%	
	断面图的分类	20%	
	断面图的绘图和标注方法	10%	
	断面图与剖面图的区别	5%	

◎ 本章导读

通过前面章节的学习已经知道，使用正投影图能够反映空间形体的真实大小和形状，而且根据相关规定，形体上被遮挡部分的轮廓线用虚线来表示。对于比较简单的形体，这种表达方式非常直观、方便，但是对于构造比较复杂的形体，常常会因为被遮挡部分的虚线太多而感到混乱，特别是在阅读房屋建筑图时，过多的虚线会导致图形复杂、绘图烦琐、读图困难、易出差错等问题。即使是一般的形体，大量的虚线也会使阅读者感到读图困难。为此，在《房屋建筑制图统一标准》(GB/T 50001—2017)中规定了采用剖面图和断面图的表示方法。

本章所讨论的是形体的剖面图和断面图。学习中要掌握剖面图和断面图的形成、分类、绘制方法和使用过程中的差异，并联系工程实际应用去加深理解。

◎ 引例

图 3.1 某房屋施工图

在建筑施工过程中,施工图是指导工程建设的重要依据。即使是一幢简单的建筑物,为了表达清楚其内部和外部的尺寸、结构以及各部位的相互关系,也需要大量的图纸。其中,用来表达建筑物内部结构形式、分层情况、层高和各部分相互关系的剖面图非常重要。通过它可以全面清楚地了解建筑物的情况,从而为施工和概预算等提供重要依据。

在图 3.1 所示某房屋的部分施工图中,可以通过其"1—1 剖面图"读取以下信息:

(1)房屋内部的分层、分隔情况

该房屋建筑高度方向为 3 层。宽度方向分隔是①～③轴为楼梯间,③～④轴为过道和餐厅,④～⑦轴为客厅和卧室。

(2)反映屋顶坡度及屋面保温隔热情况

在建筑物中有平屋顶和坡屋顶之分。屋面坡度在 5%以内的屋顶称为平屋顶,屋面坡度大于 15%的屋顶称为坡屋顶。从图中可以看出,该房屋①～③轴为平屋顶,建筑找坡,而在③～⑦轴为坡屋顶。具体做法可在其余相应详图中表示。

(3)表示房屋高度方向的尺寸、标高以及宽度方向的尺寸

在 1—1 剖面图中,反映了每层楼地面的标高及楼梯的高度等,有的剖面图中还会根据需要标出内部门窗洞口的尺寸等。

(4)其他

在剖面图中还有阳台、台阶、散水等。凡是剖切到的或用正投影法能看到的部位,都在图中表示清楚。

(5)索引符号

在剖面图中不能直接详细表示清楚的部位,引出了索引符号,可以根据索引符号的标识,参考其他详图。

◎ 案例小结

在剖面图、断面图和平面图、立面图一样,是建筑施工图中最重要的图纸之一,用以表示建筑物的整体情况,其中剖面图用来表达建筑物的结构形式、分层情况、层高及各部位的相互关系等,是施工、概预算及备料的重要依据。

3.1 剖面图的绘制和识读

3.1.1 剖面图的形成

在正投影图中,建筑形体内部结构形状的投影一般用虚线表示。但当形体内部比较复杂时,投影图中就会出现较多的虚线,造成投影图实、虚线交错,混淆不清,甚至给绘图、读图带来一定困难。因此,在绘图时,常常会采用"剖切"的方法来解决形体内部结构形状的表达问题。

用假想的剖切平面在选定的位置将物体剖切开后,移去观察者和剖切平面之间的部分,就能看到形体的内部形状,此时将剩余部分按垂直于剖切平面方向完成正投影,并在剖切到的实体部分画上相应的剖面材料图例(或剖面线),这样所画的图形称为剖面图。如图 3.2 所示,假想用一个通过水槽前后对称面的平面 P 将其剖开[图 3.2(a)],移去观察者与平面 P 之间

的部分,得到剖切后的形体[图 3.2(b)],再将剖切后剩下的部分向 V 面完成正投影,即可得到水槽的剖面图[图 3.2(c)]。剖开水槽的平面 P 称为**剖切平面**。水槽被剖开后,其槽内孔洞可见,并且用粗实线表示,避免了画虚线,这样可以使水槽内部形状表达更清晰。

剖面图是体的投影。

剖面图的形成

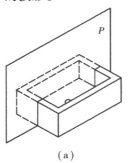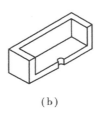

(a)   (b)   (c)

图 3.2   剖面图的形成

> 🔑 **特别提示**
>
> 　　剖切是一个假想的作图过程,因此当一个投影画成剖面图后,其他投影图仍应完整画出。

3.1.2   剖面图的剖切位置及标注

剖面图的剖切位置可以任意选定。一般来说,如果剖切对象是对称形体,剖切位置宜选择在对称位置上;如果形体上有孔、洞、槽时,剖切位置宜选择在孔、洞、槽的中心线上。剖切平面一般为投影面的平行面或投影面的垂直面,但不得采用一般位置平面。

剖面图的剖切位置决定了剖面图的形状,作图时必须用相应的符号来标明剖切位置、投影方向和编号,这些符号称为剖切符号。

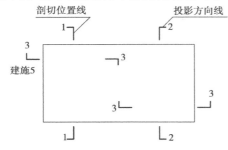

图 3.3   剖面图的剖切符号

剖面图的剖切符号是由剖切位置线和投影方向线组成的,并且均采用粗实线绘制,如图 3.3 所示。剖切位置线垂直指向被剖切物体,长度为 6~8 mm。剖切方向线垂直于剖切位置线,长度应短于剖切位置线,为 4~6 mm。绘图时,剖切符号不得与图面上的其他图线接触,并保持适当的间距。

剖切符号的编号应采用阿拉伯数字,按照从左至右,由上到下的顺序连续编排,并应注写在投影方向线的端部。需要转折的剖切位置线,在转折处如与其他图线发生混淆,影在转角的外侧加注与该符号相同的编号。

在绘图过程中,可能出现剖面图与投影图无法在同一张图纸上绘制的情况,此时,需要在相应的剖切符号下方加以注明。如图 3.3 中 3—3 剖切符号下方所注的"建施5",表明该剖切面的剖面图与投影图不在同一张图纸上,而是在"建施5"图纸上。

剖切面与形体的接触部分称为剖切区域。为了区分物体的主要轮廓与剖切区域,规定剖切区域的轮廓用粗实线表示,并在剖切区域内画上表示材料类型的图例,如图 3.4 所示。

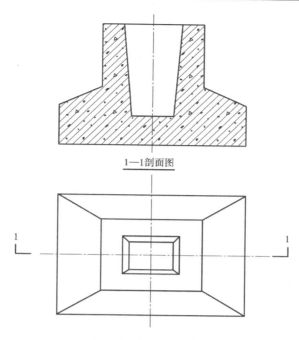

底层平面图的
识读

1—1剖面图

图 3.4 剖面图的画法

常用的建筑材料图例见表 3.1。

表 3.1 常用材料图例符号

序号	材料名称	图例	说明
1	自然土壤		包括各种自然土壤
2	夯实土壤		
3	砂、灰土		靠近轮廓线的位置点较密集一些
4	毛石		
5	天然石材		
6	混凝土		1.本图例仅适用于能承重的混凝土及钢筋混凝土 2.包括各种强度等级、骨料、添加剂的混凝土
7	钢筋混凝土		3.在剖面图上画出钢筋时,不画图例线 4.当断面图形小,不易画出图例线时,可涂黑

111

续表

序号	材料名称	图例	说明
8	普通砖	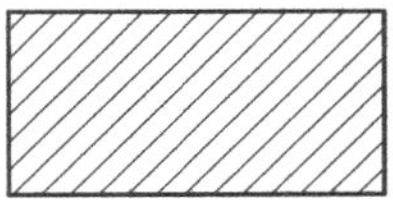	1.包括实心砖、多孔砖、砌块等砌体 2.当断面较窄,不易画出图例线时,可涂红
9	饰面砖	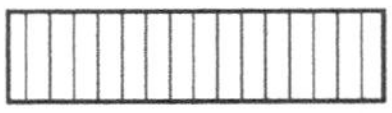	包括铺地砖、马赛克、陶瓷锦砖、人造大理石等
10	空心砖	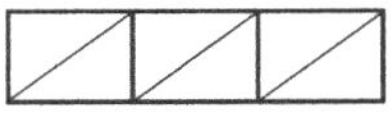	指非承重砖砌体
11	木材	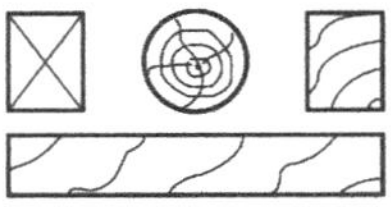	1.上图为横断面,左上图为垫木、木砖或木龙骨 2.下图为纵断面
12	金属	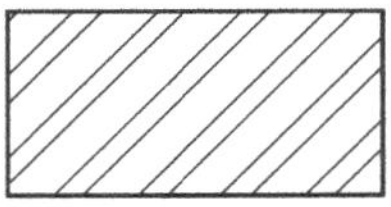	1.包括各种金属材料 2.图形小时,可涂黑
13	多孔材料	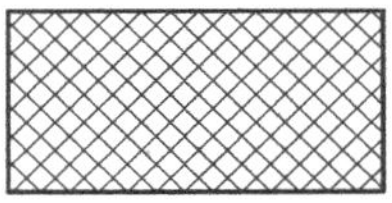	包括水泥珍珠岩、沥青珍珠岩、泡沫混凝土、非承重加气混凝土、泡沫塑料、软木等

🔑 **特别提示**

剖切面没有切到,但沿投影方向仍可以看到的物体的其他部分投影的轮廓线用中粗实线绘制。剖面图中一般不画虚线。

3.1.3 剖面图的分类与画法

根据剖面图中剖切面的数量、剖切方式以及被剖切的范围等情况,剖面图可以分为**全剖面图**、**半剖面图**、**局部剖面图**、**阶梯剖面图**、**旋转剖面图**和**展开剖面图**等。

1) 全剖面图

用一个投影面平行面作为剖切平面,把形体全部剖切开后,画出的剖面图称为全剖面图。这是一种最常用的剖切方法,适用于不对称的形体和虽然对称但外形比较简单的形体,或另有投影图,不需要表达外形的形体。图 3.5 所示为某水池采用 1—1 剖切平面剖切后得到的剖面图。

剖面图的种类1

绘制全剖面图时,应按图线要求加深图线,按采用的材料画上相应的材料图例,同时在图形的正下方标注上剖面图编号,并在剖面图编号的下边加绘一条粗实线作为图名符号,如图 3.5(c)所示。

当形体比较复杂,一次剖切不能将形体内部情况完整表达清楚时,可以选择不同的剖切位置进行多次剖切。例如,若横向剖切表示不清楚,在横向剖切的基础上还可以进行纵向剖切,但不管怎样剖切,每一次剖切时,都要将形体作为整体来看待。

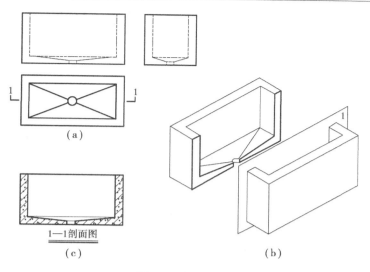

图 3.5   全剖面图

🔑特别提示

　　在绘制全剖面图时,若形体对称,且剖切平面通过对称中心平面,而全剖面图又置于基本投影位置时,标注可以省略。

2)半剖面图

　　当形体具有对称平面时,在垂直于对称平面的投影面上所得的投影,可以对称轴线为界,一半绘制为外形正投影图,另外一半绘制成剖面图,这种图形称为半剖面图,如图 3.6 所示。半剖图适用于内、外形状都比较复杂,都需要表达的对称图形。

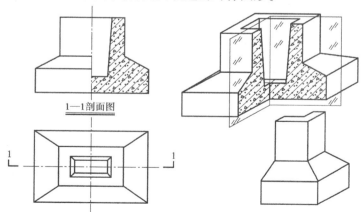

图 3.6   半剖面图

　　在半剖面图中,应注意以下几个问题:

　　①半外形图和半剖面图的分界线应画成点画线,不能当作物体的外轮廓线而画成实线,如图 3.7、图 3.8 所示。

113

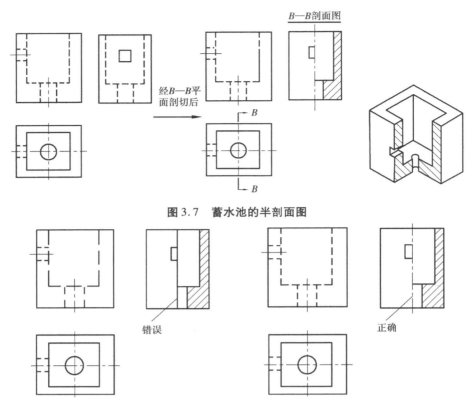

图 3.7　蓄水池的半剖面图

图 3.8　半外形图和半剖面图的分界线应画成点画线

②当物体左右或前后对称时,将外形投影图绘在中心线左边,剖面图绘在中心线右边,如图 3.9(a)所示;当物体上下对称时,将外形投影图画在中心线上方,剖面图绘在中心线下方,如图 3.9(b)所示。

③在半剖面图中,剖切平面位置的标注与全剖切一样。

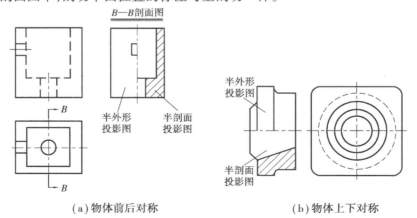

（a）物体前后对称　　　　　　　　　（b）物体上下对称

图 3.9　半剖面图中半外形投影和半剖面图的放置位置

④若形体具有两个方向的对称平面,且半剖面又置于基本投影位置时,标注可以省略。但当形体只有一个方向的对称面时,半剖面图必须标注,如图 3.10 所示。

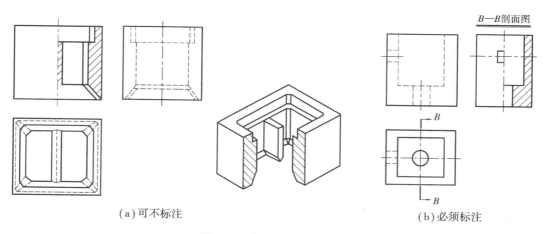

(a)可不标注   (b)必须标注

图3.10　半剖面图中的标注

🔑**特别提示**

　　绘制半剖面图时应注意,视图与剖面图的分界线应该是细点画线,不能画成粗实线。

3)局部剖面图

　　当物体外形复杂、内形简单且需保留大部分外形、只需表达局部内形时,在不影响外形表达的情况下,可以局部地剖开物体来表达结构内形。这种用剖切面局部地剖开物体所得到的剖面图,称为局部剖面图,如图3.11所示。

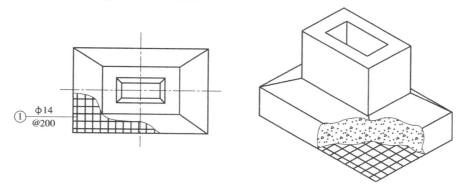

图3.11　局部剖面图

　　局部剖面图是一种灵活的表达方式,其位置、剖切范围的大小等都可以根据需要来定。当物体上有孔眼、凹槽等局部形状需要表达时,都可以采用局部剖面图。如果物体的轮廓线与对称轴线重合,不宜采用半剖切或不宜采用全剖切时,也可以采用局部剖面图。绘制局部剖面图时,剖面图与原视图用波浪线分开。

🔑**特别提示**

　　波浪线表示物体断裂的边界线的投影,因而波浪线应画在形体的实体部分,不应与任何图线重合或画在形体之外。

　　在专业图中,常用局部剖面图来表示多层结构所用的材料和构造的做法,按结构层次逐层用波浪线分开,这种剖面图又称为分层剖面图。分层剖面图常用几个互相平行的剖切平面分别将形体的局部剖开,把几个局部剖面图重叠在一个视图上。图3.12所示为某墙体各结构层的分层剖面图。分层剖面图不需要标注。

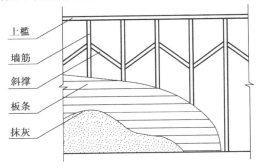

上槛
墙筋
斜撑
板条
抹灰

图3.12　分层剖切的局部剖面图

4)阶梯剖面图

当物体内部结构层次较多,采用一个剖切平面无法把物体内部结构全部表达清楚时,可以假想用两个或两个以上相互平行的剖切平面来剖切物体,所得到的剖面图称为阶梯剖面图,如图3.13所示。

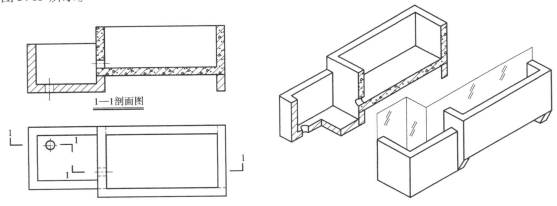

1—1剖面图

图3.13　阶梯剖面图

阶梯剖面图适合于表达内部结构(孔或槽)的中心线排列在几个相互平行的平面内的形体。

🔑→**特别提示**

在绘制阶梯剖面图时,应注意以下几个问题:

①画剖面图时,应把几个平行的剖切平面视为一个剖切平面。在剖面图中,不可画出两平行的剖切面所剖得的两个断面在转折处的分界线,同时,剖切平面转折处不应与形体的轮廓线重合。

②在剖切平面的起、讫、转折处都应画上剖切位置线,投影方向线与形体外的起、讫剖切位置线重合,每个符号处注上同样的编号,图名仍然为"×—×剖面图"。

③在同一剖切面内,如果形体采用两种或两种以上的材料完成构造,绘图时,应使用粗实线将不同材料的图例分开。如图3.13所示,左边水槽为普通砖构造,右边水槽为钢筋混凝土构造,在剖面图两种材料的图例分界处采用了粗实线绘制。

5)旋转剖面图

采用交线垂直于某一投影面的两个相交剖切面剖切形体后,将倾斜于基本投影面的剖面旋转到与基本投影面平行的位置,再进行投影,使剖面图得到实形,这样的剖面图称为旋转剖面图。如图 3.14 所示,用一个正平面和一个铅垂面分别通过检查井的两个圆柱孔轴线将其剖开,再将铅垂面部分旋转到与 V 面平行后再进行正投影,得到检查井的旋转剖面图。

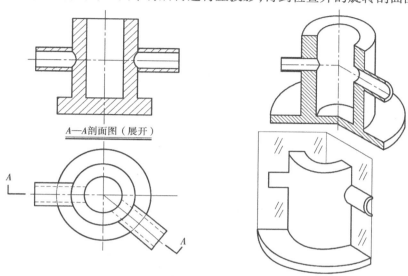

A—A剖面图(展开)

图 3.14　旋转剖面图

旋转剖面图适合于表达内部结构(孔或槽)的中心线不在同一平面上,且具有回转轴的形体。

标注旋转剖面图时,投影方向应与剖切平面垂直,编号仍应标注在投影方向线的上端,旋转后的长度应和剖切平面与被剖切形体的交线等长。两剖切平面的交线在剖面图中无须画出,

剖面图的绘制步骤

剖面图的识读

但是,在剖面图的图名后要加注"展开"二字,并将"展开"二字用括号括起来,以区别于图名。

3.2　断面图的绘制和识读

3.2.1　断面图的形成

假想用剖切平面将形体某处切断,仅画出截断面的形状,并在截断面内画上材料图例,这种图形称为断面图,又称为截面图。图 3.15 所示为立柱的不同位置的断面图。

3.2.2　断面图的剖切位置及标注

断面图的剖切位置可以任意选定,当确定了剖切位置后,在投影图上用剖切符号标明剖切位置,如图 3.15 所示。与剖面图不同,断面图中的剖切符号仅由剖切位置线表达,剖切位置线

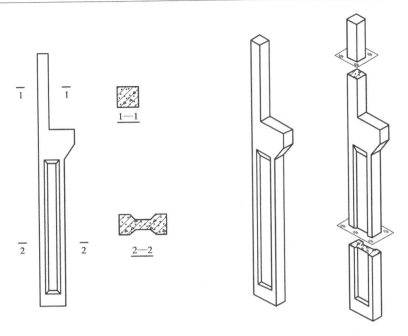

图 3.15　立柱的断面图

用粗实线绘制,长度为 6 ~ 10 mm。

　　断面图的编号采用阿拉伯数字依次编写,如图 3.15 中的 1—1 断面、2—2 断面等。编号的数字要写在投影方向的一侧,即编号数字写在哪边,就表示剖开后对哪边进行正投影。一般来说,当剖切平面为水平面时,将编号数字写在剖切位置线的下方;当剖切平面为正平面时,将编号数字写在剖切位置线的后边;当剖切平面为侧平面时,将编号数字写在剖切位置线的左边,如图 3.16 所示。

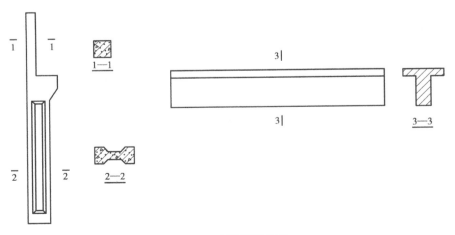

图 3.16　断面图的标注

3.2.3　断面图的分类与画法

　　根据布置的位置不同,断面图可以分为**移出断面图**、**重合断面图**和**中断断面图**。

1)移出断面图

画在投影图之外的断面图称为移出断面图,简称移出断面。移出断面宜按顺序依次排列,如图3.17所示。将图名写在断面图的正下方,并标注上图名编号。

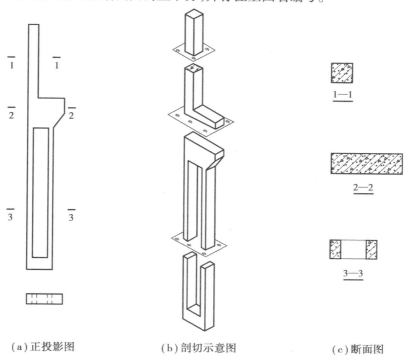

（a）正投影图　　　　（b）剖切示意图　　　　（c）断面图

图 3.17　移出断面图

移出断面图一般用来表达梁、柱等形体,这些形体有一个方向的尺寸与其他两个方向的尺寸差别比较大。例如,梁的长度一般比宽度和高度大得多,柱子的高度一般比长度和宽度大得多。凡是遇到这样的情况,可以用大于基本视图的比例画出移出断面图。图3.17中的断面图就采用了比投影图大1倍的比例来绘制。用这种方法绘制的图样就可以把需要表示的内容表达得更清楚。

在移出断面图中,一般用两种线条,即粗实线和细实线。断面轮廓线用粗实线,材料符号图例采用细实线。

特别提示

　　移出断面的轮廓线用标准实线绘制,一般只画出剖切后的断面形状,当剖切后出现完全分离的两个断面时,这些结构应按剖面图画出,如图3.17中的3—3断面。

2)重合断面图

直接将断面图按形成左侧投影或水平投影的旋转方向重合画在基本投影图的轮廓线内,称为重合断面图,又称折倒断面图。图3.18所示分别为槽钢、工字钢和角钢的重合断面图。

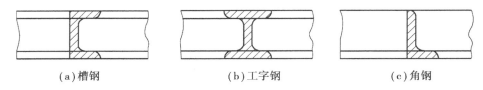

(a)槽钢　　　　　　　(b)工字钢　　　　　　　(c)角钢

图 3.18　重合断面图

在结构布置图中,梁板断面图可以直接画在结构布置图上;在建筑施工图中,墙面装修的断面图也可以直接画在投影图中。重合断面图不需要标注剖切符号。在结构布置图中,因为断面图较窄,图中表示材料的图例一般直接用涂黑的方法表示,如图 3.19(a)所示。在建筑施工图中,若不需要将断面图全部画出来,画图时可以只画一边的截交线。为了表示被剖切部分相互间的关系,一般在断面轮廓线内侧沿轮廓线加绘 45°细实线,如图 3.19(b)所示。

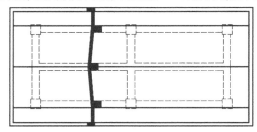

(a)在结构图中的表示方法

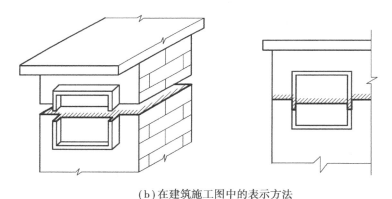

(b)在建筑施工图中的表示方法

图 3.19　重合断面图在工程实际中的应用

3)中断断面图

把长杆件的投影图断开,将断面图画在中间,这样的断面图称为中断断面图。图 3.20 所示为钢屋架中型钢杆件的中断断面图。

中断断面图不需要标注,断面轮廓线为粗实线,而且比例与基本视图一致。

3.2.4　断面图与剖面图的区别

断面图与剖面图的区别主要有以下 3 点。

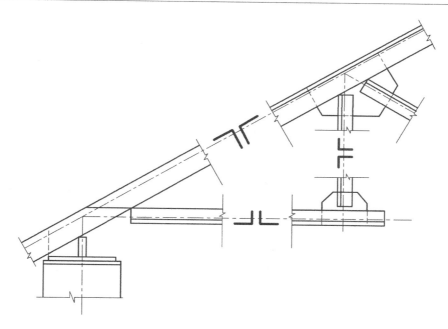

图 3.20 钢架杆件中断断面图

（1）标注符号不同

断面图标注时只有剖切位置线,而剖面图的标注不但有剖切位置线表明剖切位置,还有投影方向线表明投影的方向,如图 3.21 所示。

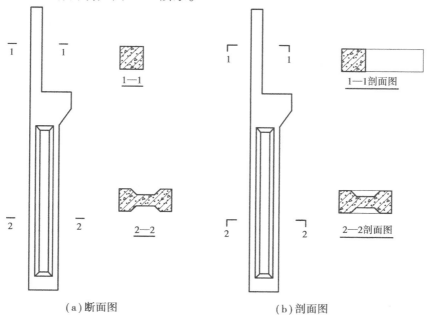

（a）断面图   （b）剖面图

图 3.21 断面图与剖面图的区别

（2）画法不同

断面图只需要画出被剖切到的切断断面,而剖面图除了需要画出被剖切到的切断断面,还要画出沿投影方向能看见的轮廓线(看不见的轮廓线一般无须绘出)。

（3）图名不同

断面图只需要按标号顺序标注上顺序号即可,如图 3.21 中的"1—1""2—2"等断面图。而剖面图除了要像断面图一样按顺序标注上顺序号,还要在顺序号后面写上"剖面图"3 个字,如图 3.21 中的"1—1 剖面图"和"2—2 剖面图"。

本章小结

本章是学习建筑制图课程必须具备的基础知识和理论,也是全书的重点内容之一。掌握和了解剖面图、断面图的形成和性质对于识读、绘制和应用建筑施工图等工程图样具有极为重要的意义。

剖面图和断面图均是假想用一个剖切平面,在选定的位置将形体剖开,移去观察者与剖切平面之间的部分,画出剩余部分按垂直于剖切平面方向的投影,并在剖切到的实体部分画上相应的剖面材料图例或剖面线。但两者有所不同,断面图在绘图时只画剖切平面切到部分的图形,而剖面图除画出断面图形外,还要画出沿投影方向可以看到的其余轮廓线。

根据剖面图中剖切面的数量、剖切方式以及被剖切的范围等情况,剖面图可以分为全剖面图、半剖面图、局部剖面图、阶梯剖面图、旋转剖面图和展开剖面图等。根据布置的位置不同,断面图可以分为移出断面图、重合断面图和中断断面图。不同类型的剖面图和断面图可以根据需要表达的形体内容和状况灵活选用,但在绘图时应注意不同类型的剖面图和断面图在绘制时的注意事项和要求。

剖面图和断面图在土建工程中的使用非常广泛。其中,剖面图和平面图、立面图一样,是建筑施工图中最重要的图纸之一,对完整表达建筑物的结构形式、各部位的相互关系等有非常重要的作用,也是施工、概预算的重要依据。

思考题

1.什么是剖面图、断面图？它们有何不同之处？

2.剖面图有哪些分类？它们所表达的形体各有什么特点？

3.断面图有哪些分类？它们在绘图时的主要区别是什么？

4

建筑工程施工图识读基础

◎ 教学目标

通过了解建筑工程施工图的作用和分类,熟悉建筑工程施工图的图示规定、内容和用途,掌握建筑工程施工图常用符号的意义及画法,为后续建筑工程图纸的识读与绘制奠定基础。

◎ 教学要求

能力目标	知识要点	权重	自测分数
掌握建筑工程施工图的作用及分类	建筑工程施工图的作用	15%	
	建筑工程施工图的分类	15%	
掌握建筑工程施工图的图示方法	图线	15%	
	比例	15%	
	构件及配件图例	15%	
掌握建筑工程施工图中常用的符号	常用符号图示方法和画法	25%	

◎ 本章导读

一个建筑工程项目,从制订计划到最终建成,必须经过一系列的过程。建筑工程施工图的产生过程,是建筑工程从计划到建成过程中的一个重要环节。

建筑工程施工图是由设计单位根据设计任务书的要求、有关的设计资料、计算数据及建筑艺术等多方面因素设计绘制而成的。根据建筑工程的复杂程度,其设计过程分两阶段设计和三阶段设计两种。一般情况都按两阶段进行设计,对于较大的或技术上较复杂、设计要求高的工程,才按三阶段进行设计。

两阶段设计包括初步设计和施工图设计两个阶段。

初步设计的主要任务是根据建设单位提出的设计任务和要求,进行调查研究、搜集资料,提出设计方案,其内容包括必要的工程图纸、设计概算和设计说明等。初步设计的工程图纸和有关文件只是作为提供方案研究和审批之用,不能作为施工的依据。

施工图设计主要任务是满足工程施工各项具体技术要求,提供一切准确可靠的施工依据,其内容包括所有专业的工程施工基本图、详图及其说明书、计算书等。此外,还应有整个工程的施工预算书。整套施工图纸是设计人员的最终成果,是施工单位进行施工的依据。所以,施工图设计图纸必须详细完整、前后统一、尺寸齐全、正确无误,符合国家建筑制图标准。

当工程项目比较复杂,许多工程技术问题和各工种之间的协调问题在初步设计阶段无法确定时,就需要在初步设计和施工图设计之间插入一个技术设计阶段,形成三阶段设计。技术设计的主要任务是在初步设计的基础上,进一步确定各专业间的具体技术问题,使各专业之间取得统一,达到相互配合协调。在技术设计阶段,各专业均需绘制出相应的技术图纸,写出有关设计说明和初步计算等,为第三阶段施工图设计提供比较详细的资料。

◎ 引例

房屋建筑施工图是按建筑设计要求绘制的,用以指导施工的图纸,是建造房屋的依据。工程技术人员必须看懂整套施工图,按图施工,这样才能体现出房屋的功能用途、外形规模及质量安全。因此,识读和绘制房屋施工图是从事建筑专业的工程技术人员的基本技能。

4.1　建筑工程施工图的分类和排序

4.1.1　房屋的类型及组成

1)房屋的类型(按使用功能分)

①民用建筑(居住建筑、公共建筑),如住宅、宿舍、办公楼、旅馆、图书馆等(图4.1)。
②工业建筑,如纺织厂、钢铁厂、化工厂等(图4.2)。

图4.1　民用建筑　　　　　　　　　　图4.2　工业建筑

③农业建筑,如拖拉机站、谷仓等(图4.3)。

图 4.3　农业建筑

2)房屋的组成

建筑物虽然名目繁多,但一般都是由基础、墙(或柱)、楼(地)面、屋顶、楼梯、门窗等组成的,如图 4.4 所示。

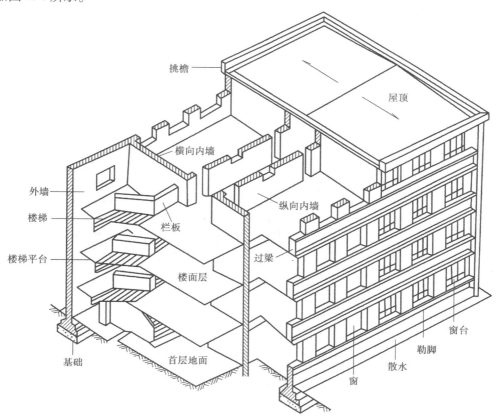

图 4.4　房屋的组成

（1）基础

基础位于墙或柱的下部，属于承重构件，起承重作用，并将全部荷载传递给地基，如图4.5所示。

图4.5　条形基础

（2）墙或柱

墙或柱都是将荷载传递给基础的承重构件，如图4.6、图4.7所示。墙还起围成房屋空间和内部水平分隔的作用。墙按受力情况分为承重墙和非承重墙，按位置可分为内墙和外墙，按方向可分为纵墙和横墙。两端的横墙通常称为山墙。

图4.6　柱子

图4.7　墙体

（3）地面楼面

楼面又称为楼板层，是划分房屋内部空间的水平构件，具有承重、竖向分隔和水平支撑的作用，并将楼板层以上的荷载传递给墙（梁）或柱，如图4.8所示。

（4）屋面

屋面一般指屋顶部分。屋面是建筑物顶部承重构件，主要作用是承重、保温隔热和防水排水。它承受着房屋顶部包括自重在内的全部荷载，并将这些荷载传递给墙（梁）或柱，如图4.9所示。

图 4.8　楼地面

图 4.9　屋面

（5）楼梯

楼梯是各楼层之间垂直交通设施,为上下楼层用,如图 4.10 所示。

（6）门窗

门和窗均为非承重的建筑配件。门的主要功能是交通和分隔房间,窗的主要功能是通风和采光,同时还具有分隔和围护的作用,如图 4.11 所示。

图 4.10　楼梯

图 4.11　门窗

房屋的组成,除了以上六大组成部分外,根据使用功能不同,还设有阳台、雨篷、勒脚、散水、明沟等,如图 4.12 至图 4.15 所示。

图 4.12　阳台

图 4.13　雨篷

图4.14　勒脚

图4.15　散水和明沟

4.1.2　建筑工程施工图的分类

房屋建筑图按专业分工的不同,通常分为3类:

①建筑施工图(简称建施):反映建筑施工设计的内容,用以表达建筑物的总体布局、外部造型、内部布置、细部构造、内外装饰以及一些固定设施和施工要求,包括施工总说明、总平面图,以及建筑平面图、立面图、剖视图和详图等。

②结构施工图(简称结施):反映建筑结构设计的内容,用以表达建筑物各承重构件(如基础、承重墙、柱、梁、板等),包括结构施工说明、结构布置平面图、基础图和构件详图等。

③设备施工图(简称设施):反映各种设备、管道和线路的布置、走向、安装等内容,包括给排水、采暖通风和空调、电气等设备的布置平面图、系统图及详图。

一栋房屋的全套施工图的编排顺序是:图纸目录、建筑设计总说明、总平面图、建施、结施、水施、暖施、电施。各专业施工图的编排顺序是全局性的在前,局部性的在后;先施工的在前,后施工的在后;重要的在前,次要的在后。

1)图纸首页

在施工图的编排中,将图纸目录、建筑设计说明、总平面图及门窗表等编排在整套施工图的前面,常称为图纸首页。

2)图纸目录

以本章所附的一套建筑施工图为例,其图纸目录如表5.1所示。

读图时,首先要查看图纸目录。图纸目录是查阅图纸的主要依据,包括图纸的类别、编号、图名以及备注等栏目。图纸目录一般包括整套图纸的目录,应有建筑施工图目录、结构施工图目录、给水排水施工图目录、采暖通风施工图目录和建筑电气施工图目录。从图纸目录中可以读出以下资料:

①设计单位——某建筑设计事务所。

②建设单位——某房地产开发公司。

③工程名称——某生态住宅小区 E 型工程住宅楼。

④工程编号——设计单位为便于存档和查阅而采取的一种管理方法。

⑤图纸编号和名称——每一项工程会有很多张图纸,在同一张图纸上往往画有若干个图形。因此,设计人员为了表达清楚,便于使用时查阅,就必须针对每张图纸所表示的建筑物的部位,给图纸起一个名称,另外用数字编号,确定图纸的顺序。

⑥图纸目录各列、各行表示的意义。图纸目录第 2 列为图别,填有"建筑"字样,表示图纸种类为建筑施工图;第 3 列为图号,填有"01、02、…"字样,表示为建筑施工图的第 1 张、第 2 张图纸;第 4 列为图纸名称,填有"总平面图、建筑设计说明……"字样,表示每张图纸具体的名称;第 5、6、7 列为张数,填写新设计、利用旧图或标准图集的张数;第 8 列为图纸规格,填有"A3、A2、A2 + …"字样,表示图纸的图幅大小分别为 A3 图幅、A2 图幅、A2 加长图幅。图纸目录的最后几行,填有建筑施工图设计中所选用的标准图集代号、项目负责人、工种负责人、归档接收人、审定人、制表人、归档日期等基本信息。

> 🔑 **特别提示**
>
> 目前,图纸目录的形式由各设计单位自行规定,尚无统一的格式,但总体上包括上述内容。

3)建筑设计说明

建筑设计说明的内容根据建筑物的复杂程度有多有少,是施工图样的必要补充,主要是对图样中未能表达清楚的内容加以详细的说明,必须说明设计依据、建筑规模、建筑物标高、装修做法和对施工的要求等。下面以"建筑设计说明"为例,介绍读图方法。

(1)设计依据

设计依据包括政府的有关批文。这些批文主要有两个方面的内容:一是立项,二是规划许可证等。

(2)建筑规模

建筑规模主要包括占地面积(规划用地及净用地面积)和建筑面积。这是设计出来的图纸是否满足规划部门要求的依据。

占地面积是建筑物底层外墙皮以内所有面积之和。建筑面积是建筑物外墙皮以内各层面积之和。

（3）标高

在房屋建筑中，规定用标高表示建筑物的高度。标高分为相对标高和绝对标高两种。

以建筑物底层室内地面为零点的标高称为相对标高；以青岛黄海平均海平面的高度为零点的标高称为绝对标高。建筑设计说明中要说明相对标高和绝对标高的关系。例如，附图建施-01 中"相对标高 ±0.000 相对于绝对标高 1 891.15 m"，这就说明该建筑物底层室内地面比黄海平均海平面高 1 891.15 m。

（4）装修做法

装修做法的内容比较多，包括地面、楼面、墙面等做法。我们需要读懂说明中的各种数字、符号的含义。例如，说明中的第四条："一般地面：素土夯实基层，70 厚 C10 混凝土垫层……"，这是说明地面的做法：先将室内地基土夯实作为基层，在基层上做厚度为 70 的 C10 混凝土为垫层（结构层），在垫层上再做面层。

（5）施工要求

施工要求包含两个方面的内容，一是要严格执行施工验收规范中的规定，二是对图纸中不详之处的补充说明。

4）门窗统计表

分楼层统计门窗的类型及数量，如表 4.1 所示。

表 4.1　门窗表

代号	框外围尺寸（宽×高）/mm	洞口尺寸（宽×高）/mm	门窗类型
M1	1 780×2 390	1 800×2 400	松木带亮自由门
M2	1 180×2 390	1 200×2 400	镶板门
C1	1 470×1 770	1 500×1 800	塑钢双玻平开门
C2	2 970×1 770	3 000×1 800	塑钢双玻平开门
C3	2 370×1 470	2 400×1 500	塑钢双玻平开门

4.2　建筑工程施工图的图示方法

建筑工程施工图的识读与绘制，应遵循画法几何的投影原理、《房屋建筑制图统一标准》（GB/T 50001—2017）和《房屋建筑 CAD 制图统一规则》（GB/T 18112—2000）。总平面图的识读与绘制，还应遵循《总图制图标准》（GB/T 50103—2010）。建筑平面图、建筑立面图、建筑剖面图和建筑详图的识读与绘制，还应遵循《建筑制图标准》（GB/T 50104—2010）。下面简要说明建筑制图标准中常见的基本规定。

4.2.1 图线

图线的宽度 b 应根据图样的复杂程度和比例,按《房屋建筑制图统一标准》(GB/T 50001—2017)中(图线)的规定选用,如图 4.16 至图 4.18 所示。绘制较简单的图样时,可采用两种线宽的线宽组,其线宽比最好为 $b:0.25b$。

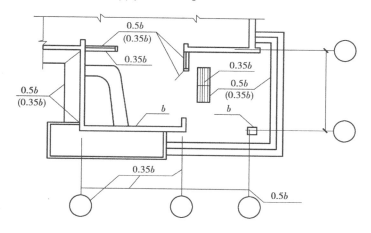

图 4.16　平面图图线宽度选用示例

图 4.17　墙身剖面图图线宽度选用示例　　图 4.18　详图图线宽度选用示例

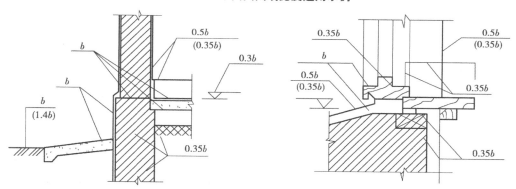

建筑专业、室内设计专业制图采用的各种图线,应符合表 4.2 的规定。

表 4.2　线型

名称	线型	线宽	用途
粗实线	——————	b	1.平、剖面图中被剖切的主要建筑构造(包括构配件)的轮廓线 2.建筑立面图或室内立面图的外轮廓线 3.建筑构造详图中的外轮廓线 4.建筑构配件详图中的外轮廓线 5.平、立、剖面图的剖切符号

续表

名称	线型	线宽	用途
中实线	——————	0.5b	1. 平、剖面图中被剖切的次要建筑构造（包括构配件）的轮廓线 2. 建筑平、立、剖面图中建筑构配件的轮廓线 3. 建筑构造详图及建筑构配件详图中的一般轮廓线
细实线	——————	0.25b	小于0.5b图形线、尺寸线、尺寸界线、图例线、索引符号、标高符号、详图材料做法引出线等
中虚线	– – – – –	0.5b	1. 建筑构造详图及建筑构配件不可见的轮廓线 2. 平面图中的起重机（吊车）轮廓线 3. 拟扩建的建筑物轮廓线
细虚线	– – – – –	0.25b	图例线，小于0.5b的不可见轮廓线
粗单点长划线	—— · —— · ——	b	起重机（吊车）轨道线
细单点长划线	— · — · — · —	0.25b	中心线、对称线、定位轴线
折断线	——∿——	0.25b	不需画全的断开界线
波浪线	～～～	0.25b	不需画全的断开界线、构造层次的断开界线

4.2.2 比例

建筑专业、室内设计专业制图选用的比例，应符合表4.3的规定。

表4.3 比例

图名	比例
建筑物或构筑物的平面图、立面图、剖面图	1：50,1：100,1：150,1：200,1：300
建筑物或构筑物的局部放大图	1：10,1：20,1：25,1：30,1：50
配件及构造详图	1：1,1：2,1：5,1：10,1：15,1：20,1：25,1：30,1：50

4.2.3 构件及配件图例

由于建筑平、立、剖面图常用比例1：100、1：200 或1：50 等较小比例，图样中的一些构配件，不可能也没必要按实际投影画出，只需用规定的图例表示即可，如表4.4 所示。

表4.4 构造及配件图例

序号	名称	图例	说明
1	土墙	————	包括土筑墙、土坯墙、三合土墙等
2	隔断	————	1. 包括板条抹灰、木制、石膏板、金属材料等隔断 2. 适用于到顶与不到顶隔断
3	栏杆	═══════	上图为非金属扶手 下图为金属扶手

序号	名称	图例	说明
4	楼梯	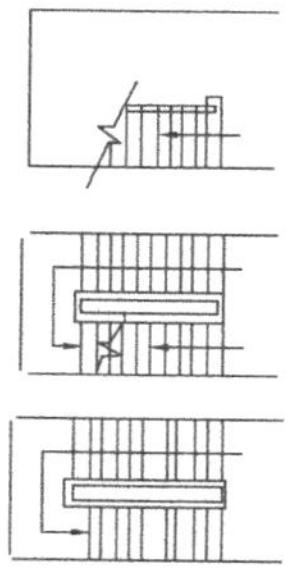	1. 上图为底层楼梯平面,中图为中间层楼梯平面,下图为顶层楼梯平面 2. 楼梯的形式及步数应按实际情况绘制
5	坡道	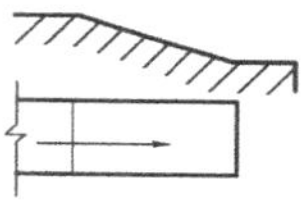	
6	检查孔		左图为可见检查孔 右图为不可见检查孔
7	孔洞		
8	坑槽		
9	墙顶留洞	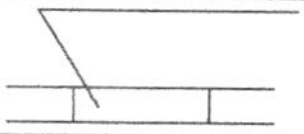	
10	墙顶留槽	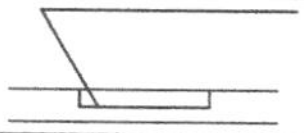	
11	烟道	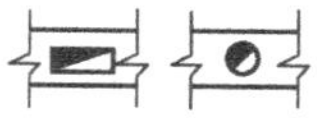	
12	通风道	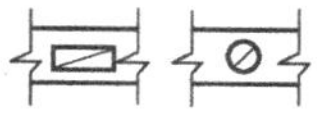	
13	新建的墙和窗	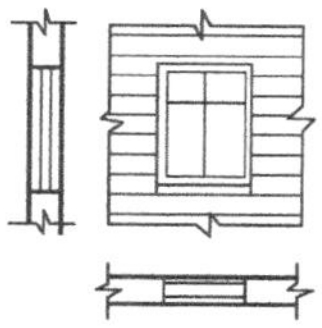	本图为砖墙图例,若用其他材料,应按所有材料的图例绘制
14	改建时保留的原有墙和窗	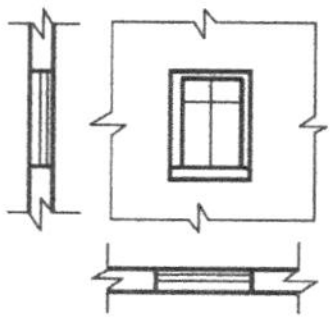	
15	应拆除的墙	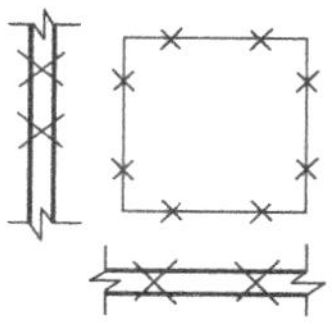	

续表

序号	名称	图例	说明
16	在原有墙和楼板上新开的洞		
17	在原有洞旁放大的洞		
18	在原有墙或楼板上全部填塞的洞		
19	在原有墙或楼板上局部填塞的洞		
20	空门洞		
21	单扇门（包括平开或单面弹簧）		1.门的名称代号用 M 表示 2.剖面图上左为外、右为内,平面图上下为外、上为内 3.立面图上,开启方向线交角的一侧为安装合页的一侧,实线为外开,虚线为内开 4.平面图上的开启弧线及立面图上的开启方向线,在一般设计图上不需表示,仅在制作图上表示 5.立面形式应按实际情况绘制
22	双扇门（包括平开或单面弹簧）		
23	对开折叠门		

序号	名称	图例	说明
24	墙外单扇推拉门		同序号 21 说明中的 1
25	墙外双扇推拉门		同序号 24
26	墙内单扇推拉门		同序号 24
27	墙内双扇推拉门		同序号 24
28	单扇双面弹簧门		同序号 21
29	双扇双面弹簧门		同序号 21
30	单扇内外开双层门（包括平开或单面弹簧）		同序号 21

续表

序号	名称	图例	说明
31	双扇内外开双层门（包括平开或单面弹簧）		同序号 21
32	转门		同序号 21 中的 1、2、4、5
33	折叠上翻门		同序号 21
34	单层内开下悬窗		同序号 21
35	单层外开平开窗		同序号 21
36	立转窗		同序号 21
37	单层内开平开窗		同序号 21

序号	名称	图例	说明
38	双层内外开平开窗	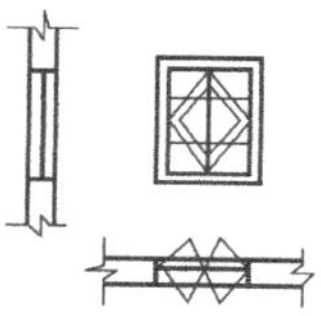	同序号21
39	左右推拉窗	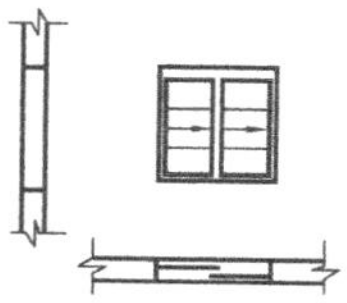	同序号21说明中1、3、5
40	上推窗	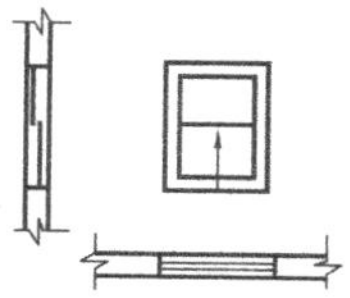	同序号21说明中的1、3、5
41	百叶窗	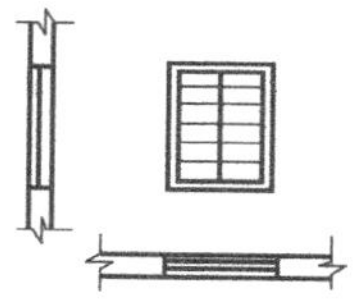	同序号21

4.3　建筑工程施工图中常用的符号

4.3.1　常用符号的图示方法和画法

1）定位轴线

在施工时要用定位轴线定位放样,因此,凡承重墙、柱、大梁或屋架等主要承重构件都应画出轴线以确定其位置。对于非承重的隔断墙及其他次要承重构件等,一般不画轴线,而注明它们与附近轴线的相关尺寸以确定其位置。

定位轴线用细点画线表示,末端画细实线圆,圆的直径为8 mm,圆心应在定位轴线的延长线上或延长线的折线上,并在圆内注明编号。水平方向编号采用阿拉伯数字从左至右顺序编写;竖向编号应用大写拉丁字母从下至上顺序编写。拉丁字母中的I、O、Z不得用为轴线编号,以免与数字0、1、2混淆。如字母数量不够使用,可增用比字母或单字母加数字注脚,如AA、BB、…、YY或A1、B1、…、Y1。

定位轴线也可采用分区编号,编号的注写形式应为分区号——该区轴线号。

在两轴线之间,有的需要用附加轴线表示,附加轴线用分数编号(图4.19)。如图4.19(a)中的①/②,表示2号轴线后附加的第一根轴线。当在1号轴线或A号轴线之前附加轴线时,分母就应用01或0A表示[图4.19(b)、(d)]。

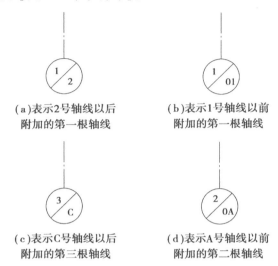

(a)表示2号轴线以后 　　　(b)表示1号轴线以前
　附加的第一根轴线 　　　　　附加的第一根轴线

(c)表示C号轴线以后 　　　(d)表示A号轴线以前
　附加的第三根轴线 　　　　　附加的第二根轴线

图4.19　附加轴线的表达方法

一个详图适用于几根定位轴线时,应同时注明有关轴线的编号,如图4.20所示。

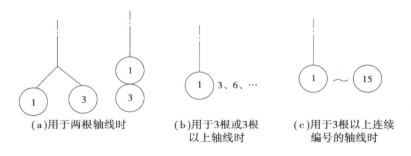

(a)用于两根轴线时 　　(b)用于3根或3根 　　(c)用于3根以上连续
　　　　　　　　　　　以上轴线时 　　　　　编号的轴线时

图4.20　详图的轴线编号

2)标高

标高有绝对标高和相对标高两种。

绝对标高:把青岛附近黄海的平均海平面定为绝对标高的零点,其他各地标高都以它作为基准,如在总平面图中的室外整平标高▼$^{2.75}$即为绝对标高。

相对标高:在建筑物的施工图上要注明许多标高,如果全用绝对标高,不但数字烦琐,而且不容易直接得出各部分的高差。因此除总平面图外,一般都采用相对标高,即把底层室内主要的地坪标高定为相对标高的零点,标注为$\frac{\pm 0.000}{}$。而在建筑工程图的总说明中,说明相对标高和绝对标高的关系,再根据当地附近的水准点(绝对标高)测定拟建工程的底层地面标高。

标高用来表示建筑物各部位的高度。标高符号为▽‾‾‾、△‾‾‾,用细实线画出,短横线是需注高度的界线,长横线之上或之下注出标高数字,例如▽$^{2.900}$、△$_{-0.300}$。小三角形高约3 mm,

是等腰直角三角形,标高符号的尖端,应指至被注的高度。在同一图纸上的标高符号,应上下对正,大小相等。

总平面图上的标高符号,宜用涂黑的三角形表示,标高数字可注明在黑三角形的右上方,如▼^{2.75},也可注写在黑三角形的上方或右面。

标高数字以 m 为单位,注写到小数点以后第三位(在总平面图中,可注写到小数点后第二位)。零点标高应注写成 ±0.000,正数标高不注"+",负数标高应注"-",如 3.000、-0.600。

3)索引符号与详图符号

施工图中某一部位或某一构件如另有详图,则可画在同一张图纸内,也可画在其他有关的图纸上。为了便于查找,可通过索引符号和详图符号来反映该部位或构件与详图及有关专业图纸之间的关系。

(1)索引符号

索引符号如图 4.21 所示,是用细实线画出来的,圆的直径为 10 mm。当索引出的详图与被索引的图在同一张图纸内时,在上半圆中用阿拉伯数字注出该详图的编号,在下半圆中间画一段水平细实线;当索引出的详图与被索引的图不在同一张图纸内时,在下半圆中用阿拉伯数字注出该详图所在图纸的编号。当索引出的详图采用标准图时,在圆的水平直径延长线上加注标准图册编号。

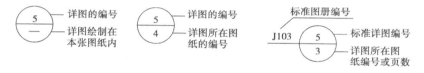

图 4.21 索引符号

索引的详图是局部剖视(或断面)详图时,索引符号在引出线的一侧加画一剖切位置线,引出线在剖切位置线的哪一侧,就表示向该侧投影射(图 4.22)。

图 4.22 索引剖视详图的索引符号

(2)详图符号

详图符号如图 4.23 所示,是用粗实线画出来的,圆的直径为 14 mm。当圆内只用阿拉伯数字注明详图的编号时,说明该详图与被索引图样在同一张图纸内;若详图与被索引的图样不在同一张图纸内,可用细实线在详图符号内画一水平直径,在上半圆内注明详图编号,在下半圆中注明被索引图样的图纸编号。

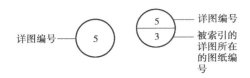

图 4.23　详图符号

要注意的是,图中需要另画详图的部位应编上索引号,并把另画的详图编上详图号,两者之间须对应一致,以便查找。

4)其他符号

(1)引出线

建筑物的某些部位需要用文字或详图加以说明时,可用引出线(细实线)从该部位引出。引出线用水平方向的直线,或与水平方向成 30°、45°、60°、90°的直线,或经上述角度再折为水平的折线。文字说明可注写在横线的上方[图 4.24(a)],也可注写在横线的端部[图 4.24(b)],索引详图的引出线,应对准索引符号的圆心[图 4.24(c)]。

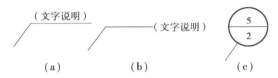

图 4.24　引出线

同时,引出几个相同部分的引出线可画成平行线[图 4.25(a)],也可画成集中于一点的放射线[图 4.25(b)]。

图 4.25　共用引出线

用于多层构造的共同引出线,应通过被引出的多层构造,文字说明可注写在横线的上方,也可注写在横线的端部。说明的顺序自上至下,与被说明的各层要相互一致。若层次为横向排列,则由上至下的说明顺序要与由左至右的各层相互一致(图 4.26)。

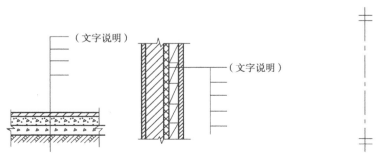

图 4.26　多层构造引出线　　　　　图 4.27　对称符号

（2）对称符号

如构配件的图形为对称图形,绘图时可画对称图形的一半,并用细点画线画出对称符号,如图4.27所示。符号中平行线的长度为6～10 mm,平行线的间距宜为2～3 mm,平行线在对称线两侧的长度应相等。

（3）连接符号与指北针

一个构配件,如绘制位置不够,可分成几个部分绘制,并用连接符号表示。连接符号以折断线表示需要连接的部位,并在折断线两端靠图样一侧,用大写拉丁字母表示连接编号,两个被连接的图样,必须用相同的字母编号,如图4.28所示。

指北针符号的形状如图4.29所示,圆用细实线绘制,其直径为24 mm,指北针尾部的宽度宜为3 mm。

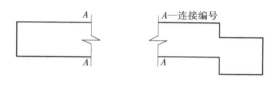

图4.28　连接符号

图4.29　指北针

本章小结

本章是学习建筑工程图识读与绘制课程应具备的基础知识和理论,也是全书的重点内容之一。掌握和了解这些基本规定对于识读、绘制和应用建筑工程施工图极为重要。

建筑工程施工图按专业分为建筑施工图、结构施工图、设备施工图三大类。一栋房屋的全套施工图的编排顺序是:图纸目录、建筑设计总说明、总平面图、建施、结施、水施、暖施、电施。

建筑工程施工图的图线、比例、构件及配件图例等内容的识读与绘制,应遵循画法几何的投影原理、《房屋建筑制图统一标准》(GB/T 50001—2017)和《房屋建筑CAD制图统一规则》(GB/T 18112—2000)。

建筑工程施工图中常用的符号,如索引符号、详图符号、引出线、定位轴线、标高等,其用途、含义及画法都应掌握,为后续建筑工程施工图的识读与绘制做好铺垫。

思考题

1.建筑工程施工图有什么作用? 包括哪些内容?

2.规范中对图线的线型、宽度是怎样规定的? 主要用在何处?

3.熟悉建筑构造和配件的图例。

4.索引符号和详图符号是如何规定的? 试举例说明如何使用。

5.定位轴线用什么图线表示? 如何编写轴线编号?

6. 标高的符号是如何规定的?

7. 什么是绝对标高? 什么是相对标高? 各用在何处?

8. 对称符号、指北针怎么表示?

5

建筑施工图

◎ **教学目标**

通过了解建筑图的内容和相关的表达方法,掌握建筑总平面图的图示内容及作用,掌握建筑平面图、建筑立面图、建筑剖面图、详图的图示内容、画法与识读方法,为后续专业课程的学习奠定良好的基础。

◎ **教学要求**

能力目标	知识要点	权重	自测分数
了解建筑图识读的基本知识	建筑施工图的分类	10%	
	建筑施工图构件及配件图例	5%	
	图线和比例	5%	
掌握建筑平面图的图示内容及作用	识读并绘制建筑总平面图	10%	
	识读并绘制建筑平面图	10%	
掌握建筑立面图的图示内容及作用	识读建筑立面图	10%	
	绘制建筑立面图	10%	
掌握建筑剖面图的图示内容及作用	识读建筑剖面图	10%	
	绘制建筑剖面图	10%	
掌握建筑详图的图示内容及作用	识读建筑详图	10%	
	绘制建筑详图	10%	

◎ **本章导读**

房屋施工图是用来表达建筑物构配件的组成、外形轮廓、平面布置、建筑构造以及装饰、尺寸、材料做法等的工程图纸,是组织施工和编制预、决算的依据。

建造一幢房屋从设计到施工,要由许多专业和不同工种工程共同配合来完成。按专业分工不同,可分为建筑施工图(简称建施)、结构施工图(简称结施)、电气施工图(简称电施)、给排水施工图(简称水施)、采暖通风与空气调节(简称空施)及装饰施工图(简称装施)。

本章讨论的是建筑施工图的基本知识和如何识读并绘制主要的建筑施工图纸,以任务驱动的方式,让读者在学习情境中更好地理解本章的内容,培养正确识读建筑施工图的能力。

◎ 引例

建筑施工图主要用来表达建筑设计的内容,即表示建筑物的总体布局、外部造型、内部布置、内外装饰、细部构造及施工要求。它包括首页图、总平面图、建筑平面图、立面图、剖面图和建筑详图等。本章主要介绍建筑施工图的内容,通过本章的学习,为以后进一步的学习打下良好的基础。

5.1 建筑施工图概述

5.1.1 建筑施工图的分类和内容

(1)建筑施工图的分类

建筑施工图主要包括建筑施工图的图纸目录、建筑施工说明、总平面图、立面图、剖面图、建筑构件详图等。

(2)建筑施工图的内容

建筑施工图主要用来表达建筑设计的内容,即表示建筑物的总体布局、外部造型、内部布置、内外装饰、细部构造及施工要求。它包括首页图、总平面图、建筑平面图、立面图、剖面图和建筑详图等。

🔑 特别提示

建筑施工图是房屋施工图重要的组成部分之一,正确识读建筑施工图,对编制施工组织计划和编制工程预算具有重要的作用。

5.1.2 施工图首页

施工图首页一般由图纸目录、设计总说明、构造做法表及门窗表组成。

(1)图纸目录

图纸目录放在一套图纸的最前面,说明本工程的图纸类别、图号编排、图纸名称和备注等,以方便图纸的查阅。表 5.1 是某住宅楼的施工图图纸目录。该住宅楼共有 11 张建筑施工图,5 张结构施工图,2 张电气施工图。

(2)设计总说明

设计总说明主要说明工程的概况和总的要求,内容包括工程设计依据(如工程地质、水文、气象资料),设计标准(建筑标准、结构荷载等级、抗震要求、耐火等级、防水等级),建设规模(占地面积、建筑面积),工程做法(墙体、地面、楼面、屋面等的做法)及材料要求。

下面以某住宅楼设计说明举例。

①本建筑为某房地产公司经典生活住宅小区工程9栋,共6层,住宅楼底层为车库,总建筑面积为3 263.36 m²,基底面积为538.33 m²。

表5.1　某住宅施工图图纸目录

图别	图号	图纸名称	备注	图别	图号	图纸名称	备注
建筑	01	设计总说明、门窗表		建施	10	1—1 剖面图	
建施	02	车库平面图		建施	11	大样图一	
建施	03	一～五层平面图		建施	12	大样图二	
建施	04	六层平面图		结施	01	基础结构平面布置图	
建施	05	阁楼层平面图		结施	02	标准层结构平面布置图	
建施	06	屋顶平面图		结施	03	屋顶结构平面布置图	
建施	07	①～⑩轴立面图		结施	05	柱配筋图	
建施	08	⑩～①轴立面图		电施	01	一层电气平面布置图	
建施	09	侧立面图		电施	02	二层电气平面布置图	

②本工程为二类建筑,耐火等级二级,抗震设防烈度6度。

③本建筑定位见总平面图,相对标高±0.000相对于绝对标高值见总平面图。

④本工程合理使用50年,屋面防水等级为Ⅱ级。

⑤本设计各图除注明外,标高以m计,平面尺寸以mm计。

⑥本图未尽事宜,请按现行有关规范规程施工。

⑦墙体材料及做法:砌体结构选用材料除满足本设计外,还必须满足当地建设行政部门政策要求。地面以下或防潮层以下的砌体、潮湿房间的墙采用MU10黏土多孔砖和M7.5水泥砂浆砌筑,其余按要求选用。

骨架结构中的填充砌体均不作承重用,其材料选用如表5.2所示。所用混合砂浆均为石灰水泥混合砂浆。

表5.2　填充墙材料选用表

砌体部分	适用砌块名称	墙厚	砌块强度等级	砂浆强度等级	备注
外围护墙	黏土多孔砖	240	MU10	M5	砌块容重小于16 kN/m³
卫生间墙	黏土多孔砖	120	MU10	M5	砌块容重小于16 kN/m³
楼梯间墙	混凝土空心砌块	240	MU5	M5	砌块容重小于10 kN/m³

外墙做法:烧结多孔砖墙面,40厚聚苯颗粒保温砂浆,5.0厚耐碱玻纤网布抗裂砂浆,外墙涂料见立面图。

（3）构造做法表

构造做法表是以表格的形式对建筑物各部位构造、做法、层次、选材、尺寸、施工要求等的详细说明。某住宅楼工程做法见表5.3。

表5.3 构造做法表

名称	构造做法	施工范围
水泥砂浆地面	素土夯实	一层地面
	30厚C10混凝土垫层,随捣随抹	
	干铺一层塑料膜	
	20厚1:2水泥砂浆面层	
卫生间楼地面	钢筋混凝土结构板上15厚1:2水泥砂浆找平	卫生间
	刷基层处理剂一遍,上做2厚布四涂氯丁沥青防水涂料,四周沿墙上翻150 mm高	
	15厚1:3水泥砂浆保护层	
	1:6水泥炉渣填充层,最薄处20厚C20细石混凝土找坡1%	
	15厚1:3水泥砂浆抹平	

（4）门窗表

门窗表反映门窗的类型、编号、数量、尺寸规格、所在标准图集等相应内容,以备工程施工、结算所需。表5.4所示为某住宅楼门窗表。

表5.4 门窗表

类别	门窗编号	标准图号	图集编号	洞口尺寸/mm 宽	高	数量	备注
门	M1	98ZJ681	GJM301	900	2 100	78	木门
	M2	98ZJ681	GJM301	800	2 100	52	铝合金推拉门
	MC1	见大样图	无	3 000	2 100	6	铝合金推拉门
	JM1	甲方自定	无	3 000	2 000	20	铝合金推拉门
窗	C1	见大样图	无	4 260	1 500	6	断桥铝合金中空玻璃窗
	C2	见大样图	无	1 800	1 500	24	断桥铝合金中空玻璃窗
	C3	98ZJ721	PLC70—44	1 800	1 500	7	断桥铝合金中空玻璃窗
	C4	98ZJ721	PLC70—44	1 500	1 500	10	断桥铝合金中空玻璃窗
	C5	98ZJ721	PLC70—44	1 500	1 500	20	断桥铝合金中空玻璃窗
	C6	98ZJ721	PLC70—44	1 200	1 500	24	断桥铝合金中空玻璃窗
	C7	98ZJ721	PLC70—44	900	1 500	48	断桥铝合金中空玻璃窗

🔑特别提示

识读建筑施工图时应注意读图的顺序,先把握整体,再熟悉局部,完整地读懂一幅建筑施工图的内容。

5.2 建筑总平面图

5.2.1 总平面图的形成和用途

总平面图是将拟建工程附近一定范围内的建筑物、构筑物及其自然状况,用水平投影方法和相应的图例画出的图样,主要是表示新建房屋的位置、朝向,与原有建筑物的关系,周围道路、绿化布置及地形地貌等内容,是新建房屋施工定位、土方施工以及绘制水、暖、电等管线总平面图和施工总平面图的依据。

总平面图的比例一般为 1:500、1:1000、1:2000 等。

5.2.2 总平面图的图示内容

①拟建建筑的定位。拟建建筑的定位有 3 种方式:一种是利用新建筑与原有建筑或道路中心线的距离确定新建筑的位置;第二种是利用施工坐标确定新建建筑的位置;第三种是利用大地测量坐标确定新建建筑的位置。

②拟建建筑、原有建筑物的位置、形状。在总平面图上将建筑物分成 5 种情况,即新建建筑物、原有建筑物、计划扩建的预留地或建筑物、拆除的建筑物和新建的地下建筑物或构筑物。阅读总平面图时,要区分哪些是新建建筑物、哪些是原有建筑物。设计中,为了清楚表示建筑物的总体情况,一般还在总平面图中建筑物的右上角以点数或数字表示楼房层数。

③附近的地形情况。一般用等高线表示,由等高线可以分析出地形的高低起伏情况。

④道路:主要表示道路位置、走向以及与新建建筑的联系等。

⑤风向频率玫瑰图。风玫瑰用于反映建筑场地范围内常年主导风向和 6、7、8 月的主导风向(虚线表示),共有 16 个方向,图中实线表示全年的风向频率,虚线表示夏季(6、7、8 月)的风向频率。风由外面吹过建设区域中心的方向称为风向。风向频率是在一定的时间内某一方向出现风向的次数占总观察次数的百分比。

⑥树木、花草等的布置情况。

⑦喷泉、凉亭、雕塑等的布置情况。

5.2.3 建筑总平面图图例符号

要能熟练识读建筑总平面图,必须熟悉常用的建筑总平面图图例符号,常用建筑总平面图图例符号如图 5.1 所示。

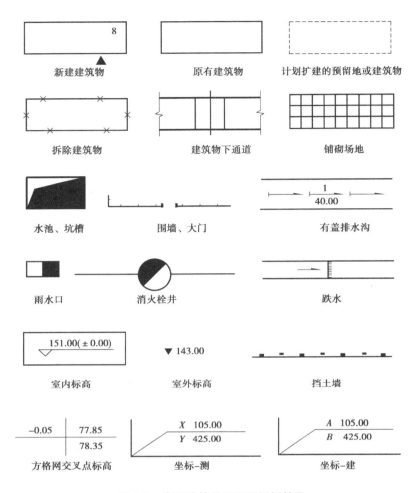

图 5.1　常用建筑总平面图图例符号

5.2.4　总平面图的识图示例

如图 5.2 所示,某企业拟建科研综合楼及生产车间均坐东朝西,拟建筑于比较平坦的某山脚下,科研综合楼为 4 层,室内地坪绝对标高为 67.45 m,相对标高为 ±0.000;生产车间为两层,室内地坪绝对标高为 67.45 m,相对标高为 ±0.000;科研综合楼有一个朝西主出入口,生产车间有一个朝西主出入口,一个朝南次要出入口及一个朝北次要出入口。建筑物的西侧有一条 7 m 宽的主干道,主干道两侧分别是 2.5 m 宽的绿化带,生产车间的北面设有一水池,7 道生态停车位及一座高低压配电室,一道山体护坡。该场地常年主导风向为西北风。

建筑总平
面图识读

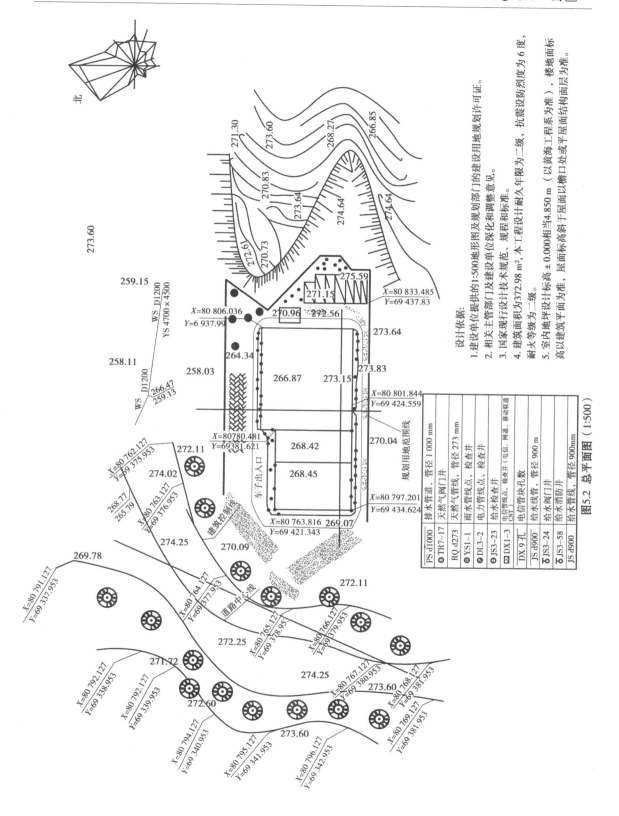

北

设计依据：

1. 建设单位提供的1:500地形图及规划部门的建设用地规划许可证。

2. 相关主管部门及建设单位深化和调整意见。

3. 国家现行设计技术规范、规程和标准。

4. 建筑面积为372.98 m²，本工程设计耐火年限为二级，抗震设防烈度为6度，耐火等级为二级。

5. 室内地坪设计标高±0.000相当4.850 m（以黄海工程系为准），楼地面标高以建筑平面图为准，屋面高斜于屋面平面图处或平屋面结构面层为准。

图5.2 总平面图（1:500）

PS d1000	排水管道，管径1 000 mm	
⊖ TR7-17	天然气管线，管径273 mm	
RQ d273		
⊕ YS1-1	雨水管线，检查井	
⊙ DL3-2	电力管线点，检查井	
⊙ JS3-23	给水检查井	
▣ DX1-3	电信管线点、检查井（电信、网通、移动联通）	
DX 9孔	电信管块孔数	
JS d900	给水线管，管径900 m	
ð JS3-24	给水阀门井	
ð JS3-58	给水消防井	
JS d900	给水管线，管径900mm	

5.3 建筑平面图

5.3.1 建筑平面图的形成和用途

建筑平面图,简称平面图,它是假想用一水平剖切平面将房屋沿窗台以上适当部位剖切开来,对剖切平面以下部分所作的水平投影图。平面图通常用1:50、1:100、1:200的比例绘制,它反映出房屋的平面形状、大小,房间的布置,墙(或柱)的位置、厚度、材料,门窗的位置、大小、开启方向等情况,作为施工时放线、砌墙、安装门窗、室内外装修及编制预算等的重要依据,如图5.3所示。

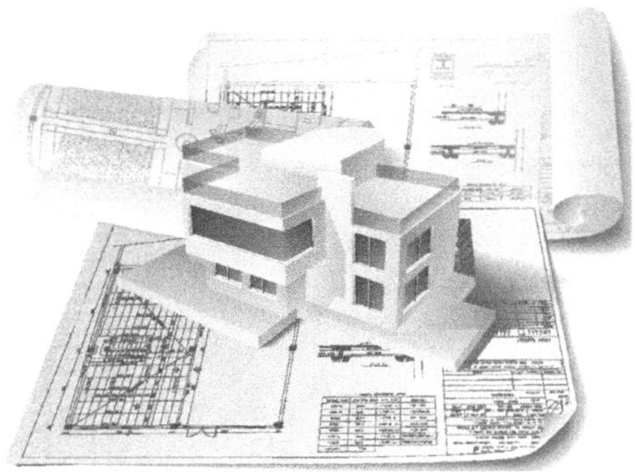

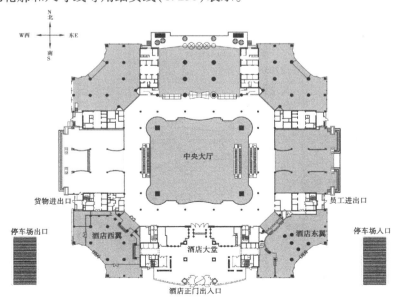

图5.3 建筑平面图的形成

5.3.2 建筑平面图的图示方法

当建筑物各层的房间布置不同时,应分别画出各层平面图;若建筑物的各层布置相同,则可以用两个或3个平面图表达,即只画底层平面图和楼层平面图(或顶层平面图)。此时,楼层平面图代表了中间各层相同的平面,故称标准层平面图,如图5.4所示。

因建筑平面图是水平剖面图,故在绘制时,应按剖面图的方法绘制,被剖切到的墙、柱轮廓用粗实线(b)表示,门的开启方向线可用中粗实线($0.5b$)或细实线($0.25b$)表示,窗的轮廓线以及其他可见轮廓和尺寸线等用细实线($0.25b$)表示。

图5.4 标准层平面图

5.3.3　建筑平面图的图示内容

1)底层平面图的图示内容

①表示建筑物的墙、柱位置并对其轴线编号。

②表示建筑物的门、窗位置及编号。

③注明各房间名称及室内外楼地面标高。

④表示楼梯的位置及楼梯上下行方向及级数、楼梯平台标高。

⑤表示阳台、雨篷、台阶、雨水管、散水、明沟、花池等的位置及尺寸。

⑥表示室内设备(如卫生器具、水池等)的形状、位置。

⑦画出剖面图的剖切符号及编号。

⑧标注墙厚、墙段、门、窗、房屋开间、进深等各项尺寸。

⑨标注详图索引符号。

（1）索引符号

《房屋建筑制图统一标准》(GB/T 50001—2017)规定:图样中的某一局部或构件,如需另见详图,应以索引符号索引。索引符号由直径为 10 mm 的圆和水平直径组成,圆和水平直径均应以细实线绘制。

索引符号按下列规定编写:

①索引出的详图,如与被索引的详图同在一张图纸内,应在索引符号的上半圆中用阿拉伯数字注明该详图的编号,并在下半圆中间画一段水平细实线,如图5.5(a)所示。

②索引出的详图,如与被索引的详图不同在一张图纸内,应在索引符号的上半圆中用阿拉伯数字注明该详图的编号,在索引符号的下半圆中用阿拉伯数字注明该详图所在图纸的编号。数字较多时,可加文字标注,如图5.5(b)所示。

③索引出的详图如采用标准图,应在索引符号水平直径的延长线上加注该标准图册的编号,如图5.5(c)所示。

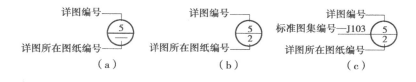

图5.5　详图索引符号

（2）详图符号

详图的位置和编号,应以详图符号表示。详图符号的圆应以直径为 14 mm 粗实线绘制。

详图应按下列规定编号:

①图与被索引的图样同在一张图纸内时,应在详图符号内用阿拉伯数字注明详图的编号,如图5.6(a)所示。

②详图与被索引的图样不在同一张图纸内时,应用细实线在详图符号内画一水平直径,在

图 5.6 详图符号

上半圆中注明详图编号,在下半圆中注明被索引图纸的编号,如图 5.6(b)所示。

(3)画出指北针

指北针常用来表示建筑物的朝向。指北针外圆直径为 24 mm,采用细实线绘制,指北针尾部宽度为 3 mm,指北针头部应注明"北"或"N"字。

2)标准层平面图的图示内容

①表示建筑物的门、窗位置及编号。

②注明各房间名称、各项尺寸及楼地面标高。

③表示建筑物的墙、柱位置并对其轴线编号。

④表示楼梯的位置及楼梯上下行方向、级数及平台标高。

⑤表示阳台、雨篷、雨水管的位置及尺寸。

⑥表示室内设备(如卫生器具、水池等)的形状、位置。

⑦标注详图索引符号。

3)屋顶平面图的图示内容

主要包括屋顶檐口、檐沟、屋顶坡度、分水线与落水口的投影,出屋顶水箱间、上人孔、消防梯及其他构筑物、索引符号等。

5.3.4 建筑平面图的图例符号

阅读建筑平面图应熟悉常用图例符号,图 5.7 所示为从规范中摘录的部分图例符号,读者可参见《房屋建筑制图统一标准》(GB/T 50001—2017)。

5.3.5 建筑平面图的识读举例

本建筑平面图分为底层平面图(图 5.8)、标准层平面图(图 5.9)及屋顶平面图(图5.10)。从图中可知比例均为 1∶100,从图名可知是哪一层平面图。从底层平面图的指北针可知,该建筑物朝向为坐北朝南,同时可以看出,该建筑为一字形对称布置,主要房间为卧室,内墙厚 240 mm,外墙厚 370 mm。本建筑设有一间门厅,一个楼梯间,中间有1.8 m 宽的内走廊,每层有一间厕所,一间盥洗室。有两种门,3 种类型的窗。房屋开间为 3.6 m,进深为 5.1 m。从屋顶平面图可知,本建筑屋顶是坡度为 3%的平屋顶,两坡排水,南、北向设有宽为 600 mm 的外檐沟,分别布置有 3 根落水管,非上人屋面。剖面图的剖切位置在楼梯间处。

底层平面图的识读

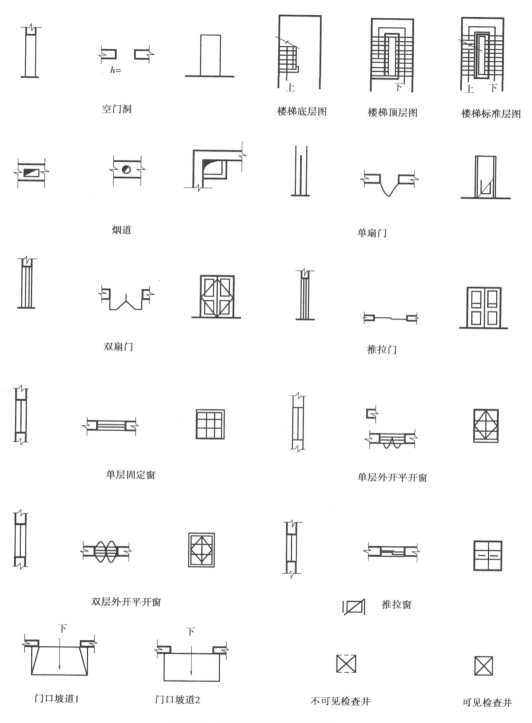

空门洞   楼梯底层图   楼梯顶层图   楼梯标准层图

烟道   单扇门

双扇门   推拉门

单层固定窗   单层外开平开窗

双层外开平开窗   推拉窗

门口坡道1   门口坡道2   不可见检查井   可见检查井

图5.7　建筑平面图常用图例符号

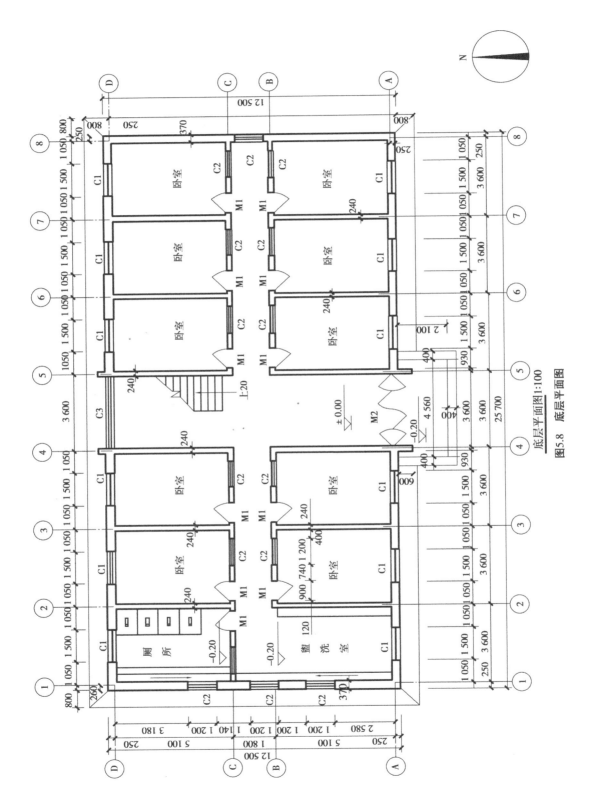

底层平面图1:100

图5.8 底层平面图

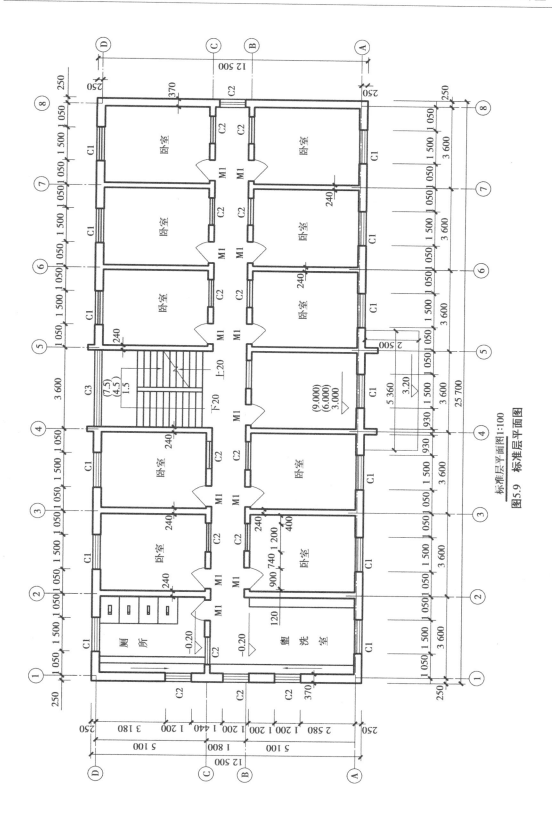

标准层平面图1:100

图5.9 标准层平面图

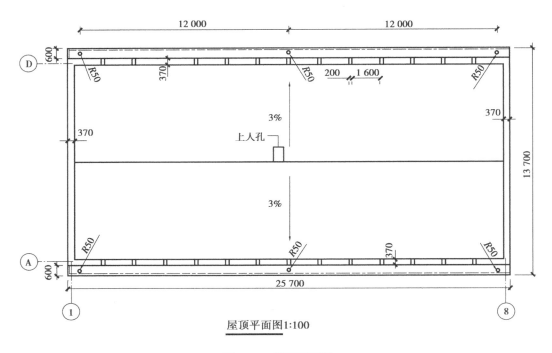

屋顶平面图1:100

图 5.10　屋顶平面图

5.3.6　建筑平面图的绘制方法和步骤

如图 5.11 所示,建筑平面图的绘制方法和步骤如下:

①绘制墙身定位轴线及柱网,如图 5.11(a)所示。

②绘制墙身轮廓线、柱子、门窗洞口等各种建筑构配件,如图 5.11(b)所示。

③绘制楼梯、台阶、散水等细部,如图 5.11(c)所示。

④检查全图无误后,擦去多余线条,按建筑平面图的要求加深加粗,并进行门窗编号,画出剖面图剖切位置线等,如图 5.11(d)所示。

⑤尺寸标注。一般应标注 3 道尺寸,第一道尺寸为细部尺寸,第二道为轴线尺寸,第三道为总尺寸。

⑥图名、比例及其他文字内容。汉字写长仿宋字,图名字高一般为 7~10 号,图内说明字一般为 5 号,尺寸数字字高通常用 3.5 号,字形要工整、清晰、不潦草。

建筑平面图的绘制步骤

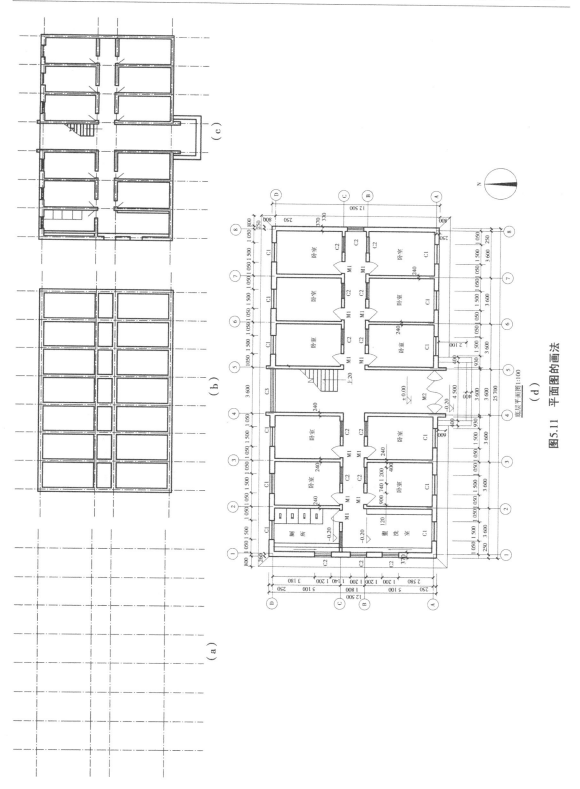

图5.11 平面图的画法

建筑立面图
的相关规定

5.4　建筑立面图

5.4.1　建筑立面图的形成与作用

　　建筑立面图,简称立面图,它是在与房屋立面平行的投影面上所作的房屋正投影图。它主要反映房屋的长度、高度、层数等外貌和外墙装修构造,如图 5.12 所示。它的主要作用是确定门窗、檐口、雨篷、阳台等的形状和位置,以及指导房屋外部装修施工和计算有关预算工程量。

图 5.12　建筑立面效果

5.4.2　建筑立面图的图示方法及其命名

　　(1)建筑立面图的图示方法

　　为使建筑立面图主次分明、图面美观,通常将建筑物不同部位采用粗细的线型来表示。最外轮廓线用粗实线(b)表示,室外地坪线用加粗实线($1.4b$)表示,所有突出部位如阳台、雨篷、线脚、门窗洞等用中实线($0.5b$)表示,其余部分用细实线($0.35b$)表示。

　　(2)立面图的命名

　　立面图的命名方式有 3 种:

　　①用房屋的朝向命名,如南立面图、北立面图等。

　　②根据主要出入口命名,如正立面图、背立面图、侧立面图。

　　③用立面图上首尾轴线命名,如①~⑧立面图和⑧~①立面图。

　　立面图的比例一般与平面图相同。

5.4.3 建筑立面图的图示内容

①室外地坪线及房屋的勒脚、台阶、花池、门窗、雨篷、阳台、室外楼梯、墙、柱、檐口、屋顶、雨水管等内容。

②尺寸标注。用标高标注出各主要部位的相对高度,如室外地坪、窗台、阳台、雨篷、女儿墙顶、屋顶水箱间及楼梯间屋顶等的标高,同时用尺寸标注的方法标注立面图上的细部尺寸、层高及总高。

③建筑物两端的定位轴线及其编号。

④外墙面装修。有的用文字说明,有的用详图索引符号表示。

5.4.4 建筑立面图的识读举例

如图 5.13 所示,本建筑立面图的图名为①~⑧立面图,比例为 1:100,两端的定位轴线编号分别为①、⑧;室内外高差为 0.3 m,层高 3 m,共有 4 层,窗台高 0.9 m;在建筑的主要出入口处设有一悬挑雨篷,有一个二级台阶;该立面外形规则,立面造型简单,外墙采用 100×100 黄色釉面瓷砖饰面,窗台线条用 100×100 白色釉面瓷砖点缀,金黄色琉璃瓦檐口;中间用墙垛形成竖向线条划分,使建筑给人一种高耸的感觉。

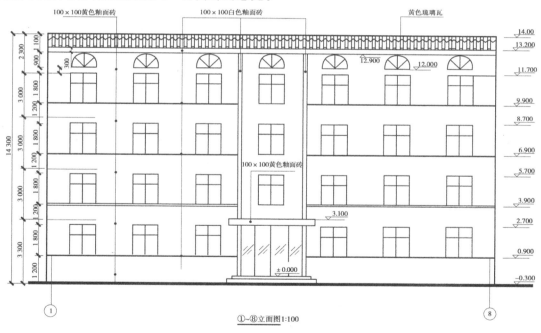

图 5.13　①~⑧立面图

5.4.5 建筑立面图的绘图方法和步骤

如图 5.14 所示,建筑立面图的绘图方法和步骤如下:

①绘制室外地坪线、定位轴线、各层楼面线、外墙边线和屋檐线,如图 5.14(a)所示。

建筑立面图的
绘制方法

②画各种建筑构配件的可见轮廓线,如门窗洞、楼梯间、墙身及其暴露在外墙外的柱子,如图 5.14(b)所示。

③画门窗、雨水管、外墙分割线等建筑物细部,如图 5.14(c)所示。

④画尺寸界线、标高数字、索引符号和相关注释文字。

⑤进行尺寸标注。

⑥检查无误后,按建筑立面图所要求的图线加深、加粗,并标注标高、首尾轴线号、墙面装修说明文字、图名和比例,说明文字用 5 号字,如图 5.14(d)所示。

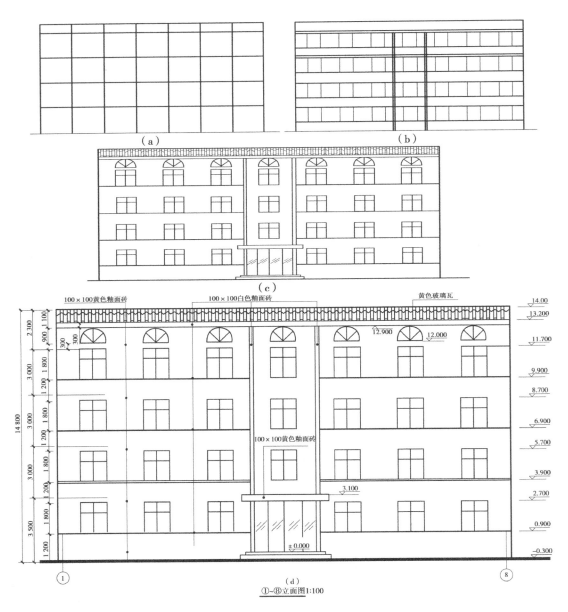

图 5.14　立面图的画法

5.5 建筑剖面图

5.5.1 建筑剖面图的形成与作用

建筑剖面图,简称剖面图,它是假想用一铅垂剖切面将房屋剖切开后移去靠近观察者的部分,作出剩下部分的投影图。

剖面图用以表示房屋内部的结构或构造方式,如屋面(楼、地面)形式、分层情况、材料、做法、高度尺寸及各部位的联系等。它与平、立面图互相配合用于计算工程量,指导各层楼板和屋面施工、门窗安装和内部装修等,如图 5.15 所示。

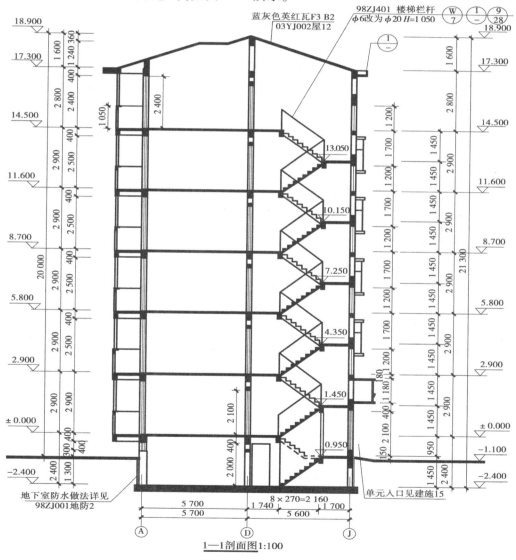

图 5.15　建筑剖面图

剖面图的数量根据房屋的复杂情况和施工实际需要决定。剖切面的位置要选择在房屋内部构造比较复杂、有代表性的部位(如门窗洞口和楼梯间等位置),并应通过门窗洞口。剖面图的图名符号应与底层平面图上的剖切符号相对应。

5.5.2 建筑剖面图的图示内容

①必要的定位轴线及轴线编号。
②剖切到的屋面、楼面、墙体、梁等的轮廓线及材料做法。
③建筑物内部分层情况以及竖向、水平方向的分隔。
④即使没被剖切到,但在剖视方向可以看到的建筑物构配件。
⑤屋顶的形式及排水坡度。
⑥标高及必须标注的局部尺寸。
⑦必要的文字注释。

5.5.3 建筑剖面图的识读方法

①结合底层平面图阅读,对应剖面图与平面图的相互关系,建立起建筑内部的空间概念。
②结合建筑设计说明或材料做法表,查阅地面、墙面、楼面、顶棚等装修做法。
③根据剖面图尺寸及标高,了解建筑层高、总高、层数及房屋室内外地面高差。如图 5.16 所示,本建筑层高 3 m,总高 14 m,共 4 层,房屋室内外地面高差 0.3 m。

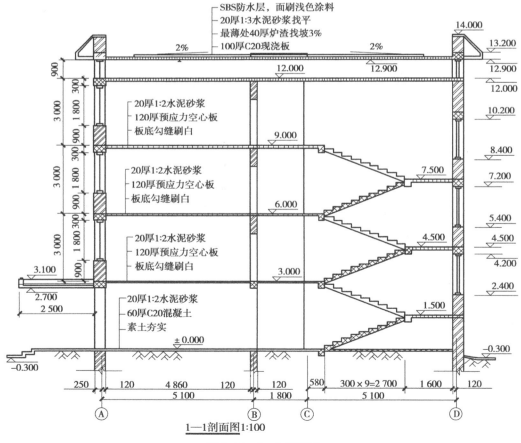

图 5.16　1—1 剖面图

④了解建筑构配件之间的搭接关系。

⑤了解建筑屋面的构造及屋面坡度的形成。该建筑屋面为架空通风隔热、保温屋面，材料找坡，屋顶坡度为2%，设有外伸600 mm天沟，属有组织排水。

⑥了解墙体、梁等承重构件的竖向定位关系，如轴线是否偏心。该建筑外墙厚370 mm，向内偏心90 mm，内墙厚240 mm，无偏心。

5.5.4 建筑剖面图的绘制方法和步骤

剖面图的绘制步骤

建筑剖面图的绘制方法和步骤如下：

①画地坪线、定位轴线、各层的楼面线、楼面，如图5.17(a)所示。

②画剖面图门窗洞口位置、楼梯平台、女儿墙、檐口及其他可见轮廓线，如图5.17(b)所示。

③画各种梁的轮廓线以及断面。

④画楼梯、台阶及其他可见的细节构件，并绘出楼梯的材质。

⑤画尺寸界线、标高数字和相关注释文字。

⑥画索引符号及尺寸标注，如图5.17(c)所示。

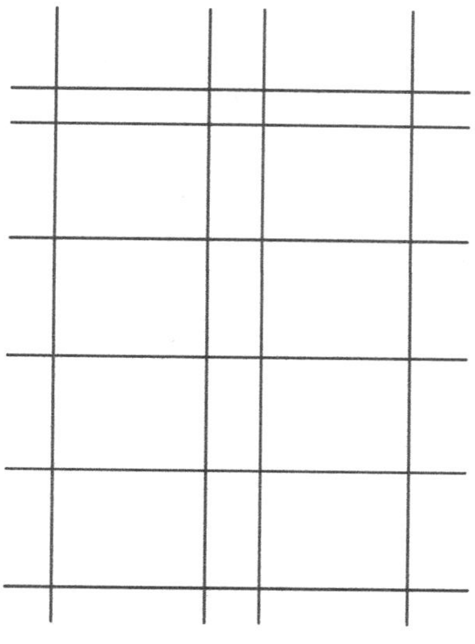

(a)

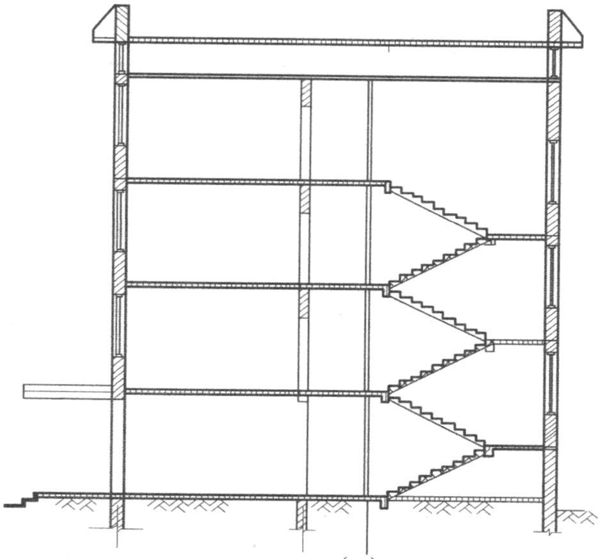

(b)

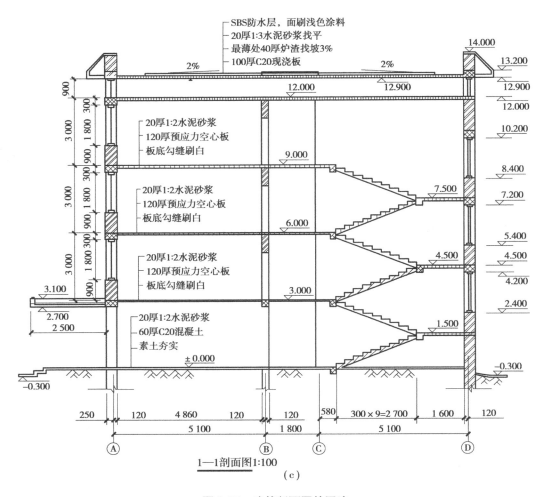

1—1剖面图1:100

(c)

图5.17 建筑剖面图的画法

5.6 建筑详图

5.6.1 外墙身详图

墙身详图也称为墙身大样图,实际上是建筑剖面图的有关部位的局部放大图。它主要表达墙身与地面、楼面、屋面的构造连接情况以及檐口、门窗顶、窗台、勒脚、防潮层、散水、明沟的尺寸、材料、做法等构造情况,是砌墙、室内外装修、门窗安装、编制施工预算以及材料估算等的重要依据。有时,在外墙详图上引出分层构造,注明楼地面、屋顶等的构造情况,而在建筑剖面图中省略不标。

外墙剖面详图往往在窗洞口断开,因此在门窗洞口处出现双折断线(该部位图形高度变小,但标注的窗洞竖向尺寸不变),成为几个节点详图的组合。在多层房屋中,若各层的构造情况一样,可只画墙脚、檐口和中间层(含门窗洞口)3个节点,按上下位置整体排列。有时,墙身详图不以整体形式布置,而把各个节点详图分别单独绘制,也称为墙身节点详图。

（1）墙身详图的图示内容

墙身节点详图

如图 5.32 所示,墙身详图的图示内容如下:

①墙身的定位轴线及编号,墙体的厚度、材料及其本身与轴线的关系。

②勒脚、散水节点构造:主要反映墙身防潮做法、首层地面构造、室内外高差、散水做法、一层窗台标高等,如图 5.18 至图 5.20 所示。

图 5.18　建筑室外散水

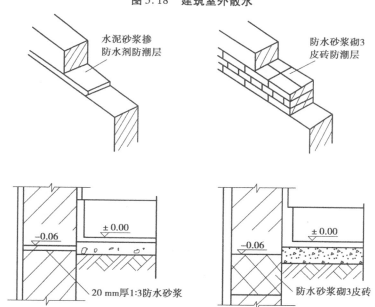

图 5.19　墙身防潮层

③标准层楼层节点构造:主要反映标准层梁、板等构件的位置及其与墙体的联系,以及构件表面抹灰、装饰等内容,如图 5.21 至图 5.24 所示。

④檐口部位节点构造:主要反映檐口部位包括封檐构造(如女儿墙或挑檐)、圈梁、过梁、屋顶泛水构造、屋面保温层、防水做法和屋面板等结构构件,如图 5.25 至图 5.31 所示。

⑤图中的详图索引符号等。

图 5.20　室内外高差(台阶)

图 5.21　标准层梁

图 5.22　楼板结构

图 5.23　墙面抹灰

（a）装修吊顶工程

（b）装修隔墙工程

（c）装修地面工程

图 5.24　装修工程

图 5.25 屋顶檐口

图 5.26 女儿墙

图 5.27 圈梁

图 5.28 过梁

图 5.29 屋顶泛水

图 5.30 屋面保温层

图 5.31 屋面防水

(2)墙身详图的阅读举例

①如图 5.32 所示,该墙体为Ⓐ轴外墙、厚 370 mm。

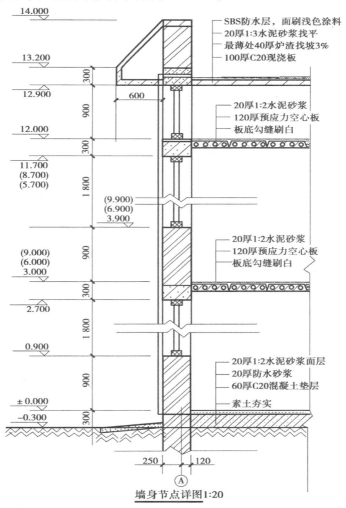

墙身节点详图1:20

图 5.32 墙身节点详图

②室内外高差为 0.3 m,墙身防潮采用 20 mm 防水砂浆,设置于首层地面垫层与面层交接

169

处,一层窗台标高为 0.9 m,首层地面做法从上至下依次为 20 厚 1:2 水泥砂浆面层,20 厚防水砂浆一道,60 厚混凝土垫层,素土夯实。

③标准层楼层构造为 20 厚 1:2 水泥砂浆面层,120 厚预应力空心楼板,板底勾缝刷白;120 厚预应力空心楼板搁置于横墙上;标准层楼层标高分别为 3 m、6 m、9 m。

④屋顶采用架空 900 mm 高的通风屋面,下层板为 120 厚预应力空心楼板,上层板为 100 厚 C20 现浇钢筋混凝土板;采用 SBS 柔性防水,刷浅色涂料保护层;檐口采用外天沟,挑出 600 mm;为了使立面美观,外天沟用斜向板封闭,并外贴金黄色琉璃瓦。

5.6.2 楼梯详图

楼梯详图主要表示楼梯的类型和结构形式。楼梯是由楼梯段、休息平台、栏杆或栏板组成。楼梯详图主要表示楼梯的类型、结构形式、各部位的尺寸及装修做法等,是楼梯施工放样的主要依据。

楼梯详图一般分为建筑详图与结构详图,应分别绘制并编入建筑施工图和结构施工图中。对于一些构造和装修较简单的现浇钢筋混凝土楼梯,其建筑详图与结构详图可合并绘制,编入建筑施工图或结构施工图。

楼梯的建筑详图一般有楼梯平面图、楼梯剖面图以及踏步和栏杆等节点详图。

1)楼梯平面图

楼梯平面图实际上是在建筑平面图中楼梯间部分的局部放大图,如图 5.33 所示。

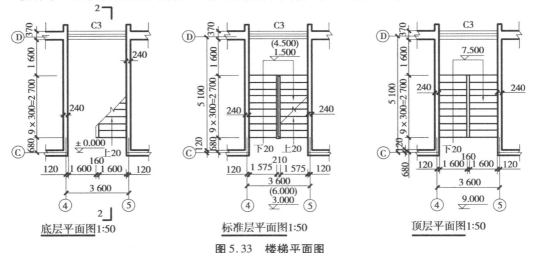

图 5.33 楼梯平面图

楼梯平面图通常要分别画出底层楼梯平面图、顶层楼梯平面图及中间各层的楼梯平面图。如果中间各层的楼梯位置、楼梯数量、踏步数、梯段长度都完全相同时,可以只画一个中间层楼梯平面图,这种相同的中间层的楼梯平面图称为标准层楼梯平面图。在标准层楼梯平面图中,楼层地面和休息平台上应标注出各层楼面及平台面相应的标高,其次序应由下而上逐一注写。

楼梯平面图主要表明梯段的长度和宽度、上行或下行的方向、踏步数和踏面宽度、楼梯休息平台的宽度、栏杆扶手的位置以及其他一些平面形状。

在楼梯平面图中,楼梯段被水平剖切后,其剖切线是水平线,而各级踏步也是水平线。为了避免混淆,剖切处规定画 45°折断符号。首层楼梯平面图中的 45°折断符号应以楼梯平台板与梯段的分界处为起始点画出,使第一梯段的长度保持完整。

在楼梯平面图中,梯段的上行或下行方向是以各层楼地面为基准标注的。向上者称为上行,向下者称为下行,并用长线箭头和文字在梯段上注明上行、下行的方向及踏步总数。

在楼梯平面图中,除注明楼梯间的开间和进深尺寸、楼地面和平台面的尺寸及标高外,还需注出各细部的详细尺寸。通常用踏步数与踏步宽度的乘积来表示梯段的长度。通常3个平面图画在同一张图纸内,且互相对齐,这样既便于阅读,又可省略标注一些重复的尺寸。

(1)楼梯平面图的读图方法

①了解楼梯或楼梯间在房屋中的平面位置。如图5.33所示,楼梯间位于(ⓒ～Ⓓ轴)×(④～⑤轴)。

②熟悉楼梯段、楼梯井和休息平台的平面形式、位置、踏步的宽度和踏步的数量。本建筑楼梯为等分双跑楼梯,楼梯井宽160 mm,梯段长2 700 mm、宽1 600 mm,平台宽1 600 mm,每层20级踏步。

③了解楼梯间处的墙、柱、门窗平面位置及尺寸。本建筑楼梯间处承重墙宽240 mm,外墙宽370 mm,外墙窗宽3 240 mm。

④弄清楼梯的走向以及楼梯段起步的位置。楼梯的走向用箭头表示。

⑤了解各层平台的标高。本建筑一、二、三层平台的标高分别为1.5 m、4.5 m、7.5 m。

⑥在楼梯平面图中了解楼梯剖面图的剖切位置。

(2)楼梯平面图的画法

①根据楼梯间的开间、进深尺寸,画楼梯间定位轴线、墙身以及楼梯段、楼梯平台的投影位置,如图5.34(a)所示。

②用平行线等分楼梯段,画出各踏面的投影,如图5.34(b)所示。

③画出栏杆、楼梯折断线、门窗等细部内容,并画出定位轴线,标出尺寸、标高和楼梯剖切符号等。

④写出图名、比例、说明文字等,如图5.34(c)所示。

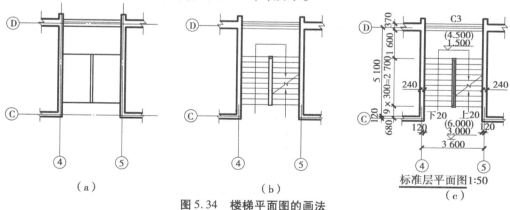

图5.34　楼梯平面图的画法

2)楼梯剖面图

楼梯剖面图实际上是在建筑剖面图中楼梯间部分的局部放大图,如图5.35所示。

楼梯剖面图能清楚地注明各层楼(地)面的标高,楼梯段的高度、踏步的宽度和高度、级数及楼地面、楼梯平台、墙身、栏杆、栏板等的构造做法及其相对位置。

表示楼梯剖面图的剖切位置的剖切符号应在底层楼梯平面图中画出。剖切平面一般应通过第一跑,并位于能剖到门窗洞口的位置上,剖切后向未剖到的梯段进行投影。

在多层建筑中,若中间层楼梯完全相同时,楼梯剖面图可只画出底层、中间层、顶层的楼梯剖面,在中间层处用折断线符号分开,并在中间层的楼面和楼梯平台面上注写适用于其他中间层楼面的标高。若楼梯间的屋面构造做法没有特殊之处,一般不再画出。

在楼梯剖面图中,应标注楼梯间的进深尺寸及轴线编号,各梯段和栏杆、栏板的高度尺寸,楼地面的标高以及楼梯间外墙上门窗洞口的高度尺寸和标高。梯段的高度尺寸可用级数与踢面高度的乘积来表示,应注意的是级数与踏面数相差为1,即踏面数 = 级数 − 1。

(1)楼梯剖面图的读图方法

①了解楼梯的构造形式。如图5.35所示,该楼梯为双跑楼梯,现浇钢筋混凝土制作。

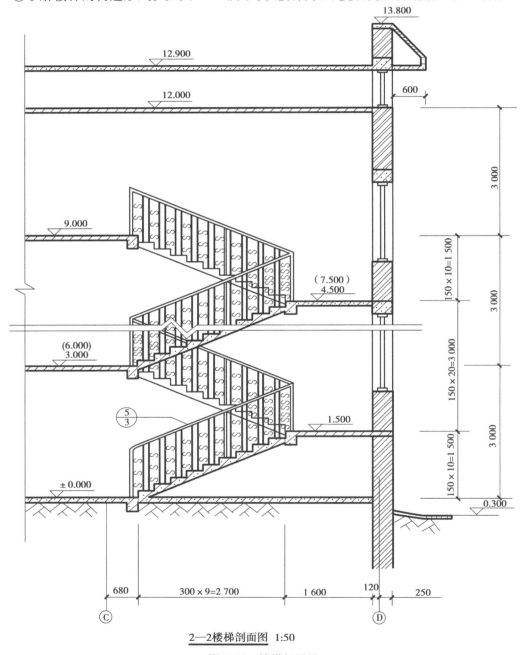

2—2楼梯剖面图 1:50

图5.35 楼梯剖面图

②熟悉楼梯在竖向和进深方向的有关标高、尺寸和详图索引符号。该楼梯为等跑楼梯,楼

梯平台标高分别为1.5 m、4.5 m、7.5 m。

③了解楼梯段、平台、栏杆、扶手等相互间的连接构造。

④明确踏步的宽度、高度及栏杆的高度。该楼梯踏步宽300 mm,踢面高150 mm,栏杆的高度为1 100 mm。

（2）楼梯剖面图的画法

①画定位轴线及各楼面、休息平台、墙身线,如图5.36(a)所示。

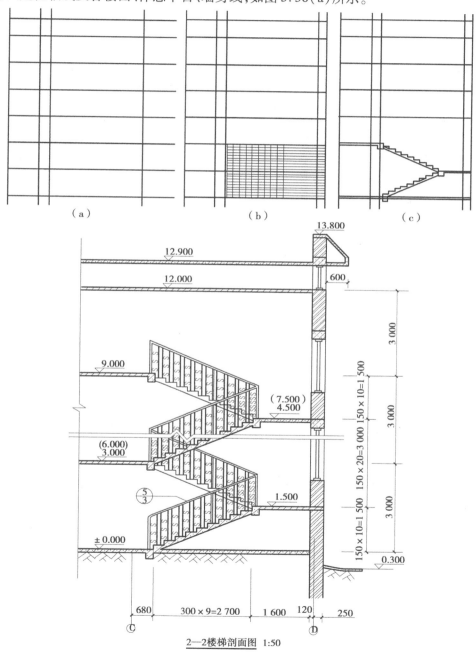

（a）　　　　　　　　（b）　　　　　　　　（c）

2—2楼梯剖面图 1:50

图5.36　楼梯剖面图的画法

②确定楼梯踏步的起点,用平行线等分的方法画出楼梯剖面图上各踏步的投影,如图 5.36(b)所示。

③擦去多余线条,画楼地面、楼梯休息平台、踏步板的厚度以及楼层梁、平台梁等其他细部内容,如图 5.36(c)所示。

④检查无误后,加深、加粗并画详图索引符号,最后标注尺寸、图名等,如图 5.36(d)所示。

3)楼梯节点详图

楼梯节点详图主要是指栏杆详图、扶手详图以及踏步详图。它们分别用索引符号与楼梯平面图或楼梯剖面图联系。

踏步详图表明踏步的截面尺寸、大小、材料及面层的做法。如图 5.37 所示,楼梯踏步的踏面宽 300 mm,踢面高 150 mm;现浇钢筋混凝土楼梯,面层为 1:3 水泥砂浆找平。

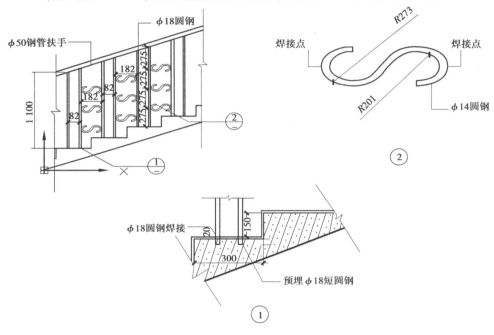

图 5.37 楼梯详图

栏板与扶手详图主要表明栏板及扶手的形式、大小、所用材料及其与踏步的连接等情况。如图 5.37 所示,楼梯扶手采用 φ50 无缝钢管,面刷黑色调和漆;栏杆用 φ18 圆钢制成,与踏步用预埋钢筋通过焊接连接。楼梯构造详图如图 5.38 至图 5.40 所示。

4)其他详图

在建筑、结构设计中,对大量重复出现的构配件如门窗、台阶、面层做法等,通常采用标准设计,即由国家或地方编制的一般建筑常用的构配件详图,供设计人员选用,以减少不必要的重复劳动,如图 5.41、图 5.42 所示。在读图时要学会查阅这些标准图集。

图5.38 楼梯栏杆

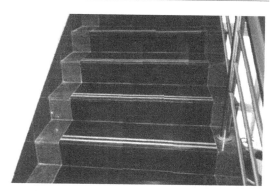

图5.39 楼梯踏步及防滑条

图5.40 楼梯结构

图5.41 安装门窗

图5.42 台阶

本章小结

本章主要介绍了建筑总平面图、平面图、立面图、剖面图、详图的作用、图示内容及画法与识读方法。房屋施工图是用来表达建筑物构配件的组成、外形轮廓、平面布置、结构构造以及装饰、尺寸、材料做法等的工程图纸,是组织施工和编制预、决算的依据。要求掌握的内容如下:

①掌握建筑施工图的分类。

②掌握施工图首页的构成及作用。

③掌握建筑总平面图的图示内容及作用。

④掌握建筑平面图、建筑立面图、建筑剖面图的作用、图示内容及画法与识读方法。

⑤掌握建筑详图的作用、图示内容及画法与识读方法。

思考题

1. 简述建筑施工图的分类和内容。

2. 了解各种图线的用途。

3. 建筑总平面图、平面图主要表达什么内容? 标注需要注意什么?

4. 建筑立面图、剖面图的作用是什么? 包括哪些内容? 如何表示?

5. 如何通过平面图、立面图绘制建筑剖面图的方法?

6. 简述建筑卫生间详图的作用、内容和图示方法。

7. 简述楼梯详图的作用、内容和图示方法。

6

结构施工图

◎ 教学目标

通过了解结构图的内容和相关的表达方法,初步具备识读基础结构图、楼层和屋面结构图及构件详图的能力,为后续专业课程的学习奠定良好的基础。

◎ 教学要求

能力目标	知识要点	权重	自测分数
了解结构图识读的基本知识	结构图的分类	5%	
	结构图的内容	5%	
	钢筋混凝土结构的内容	10%	
	图线和比例	5%	
掌握基础平面结构图和详图的识读	识读基础平面图	15%	
	识读基础详图	15%	
掌握楼层和屋面结构图的识读	识读楼层结构图	15%	
	识读屋面结构图	10%	
掌握楼梯结构详图的识读	识读楼梯结构平面图	10%	
	识读楼梯结构剖面图	10%	

◎ 章节导读

结构施工图主要表示建筑物各承重构件的布置、形状、大小、材料及构造,并反映其他专业对结构设计的要求,为建造房屋时开挖地基、制作构件、绑扎钢筋、设置预埋件,以及安装梁、板、柱等构件服务,同时也是编制建造房屋的工程预算和施工组织计划等的依据。

本章讨论的是结构施工图的基本知识和如何识读主要的结构施工图纸,以任务驱动的方式,让读者在学习情境中更好地理解本章的内容,培养正确识读结构施工图的能力。

 引例

通过建筑施工图可以了解一个建筑的平面布局、立面造型、内外装修和具体的建筑构造等内容,但是要实现建筑的施工,这些还远远不够。结构构件的选型、布置、构造是另一个十分重要的问题,主要根据力学计算和各种规范加以确定,工程中将结构构件的设计结构绘制成图样表示出来,即结构施工图。本章主要介绍结构施工图的内容,通过本章的学习,为以后进一步的学习打下良好的基础。

6.1 结构施工图概述

6.1.1 结构施工图的分类和内容

(1)结构施工图的分类

结构施工图主要包括结构施工图的图纸目录、结构施工说明、基础图、上层结构的布置图、结构构件详图等。

(2)结构施工图的内容

结构施工图主要表示建筑物各承重构件(如基础、承重墙、柱、梁、板等)的布置、形状、大小、材料、构造,并反映其他专业(如建筑、给水排水、采暖通风、电气等)对结构设计的要求,为建造房屋时开挖地基、制作构件、绑扎钢筋、设置预埋件,以及安装梁、板、柱等构件服务,也是编制建造房屋的工程预算和施工组织计划等的依据。

> 🔑 特别提示
>
> 结构施工图是房屋施工图重要的组成部分之一,正确识读结构施工图,对编制施工组织计划和编制工程预算具有重要的作用。

6.1.2 钢筋混凝土结构简介

1)钢筋混凝土构件及混凝土的强度等级

土木建筑中,起承重和支撑作用的基本构件有柱、梁、楼板、基础等,如图6.1至图6.4所示。

图6.1 钢筋混凝土柱

图6.2 钢筋混凝土梁

图 6.3 钢筋混凝土楼板

图 6.4 钢筋混凝土基础

钢筋混凝土构件由钢筋和混凝土两种材料组合而成,混凝土由水、水泥、砂、石子按一定比例拌和而成。混凝土抗压强度高,其抗压强度分为 C7.5、C10、C15、C20、C25、C30、C35、C40、C45、C50、C55、C60 共 12 个等级,数字越大,表示混凝土抗压强度越高。混凝土的抗拉强度比抗压强度低得多,而钢筋不但具有良好的抗拉强度,且能与混凝土有良好的黏结力,其热膨胀系数与混凝土相近,因此,两者结合组成钢筋混凝土构件。

如图 6.5 所示,两端搁置在砖墙上的一根钢筋混凝土梁,在外力作用下产生弯曲变形,上部为受压区,由混凝土或混凝土与钢筋承受压力;下部为受拉区,由钢筋承受拉力。为了提高构件的抗拉和抗裂性能,有的构件在制作过程中,通过张拉钢筋对混凝土预加一定压力,称为预应力钢筋混凝土构件。没有钢筋的混凝土构件称为混凝土构件或素混凝土构件。

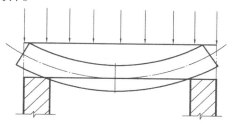

图 6.5 钢筋混凝土梁受力情况示意图

钢筋混凝土构件按施工方法的不同,可以分为现浇和预制两种。现浇构件是在建筑工地现场浇捣制作的构件;预制构件是在混凝土制品厂先预制,然后运到工地进行吊装,或者在工地上预制后吊装。

2)钢筋

(1)钢筋的级别和符号

钢筋按其强度和品种的不同,可分为不同等级,见表 6.1。

表 6.1 钢筋级别和直径符号

级别	符号	表面形状
HPB300	φ	热轧光圆钢筋
HRB335	Φ	热轧带肋钢筋
HRBF335	Φ^F	细晶粒带肋钢筋

续表

级别	符号	表面形状
HRB400	Φ	热轧带肋钢筋
HRBF400	Φ^F	细晶粒带肋钢筋
RRB400	Φ^R	余热带肋钢筋
HRB500	Φ	热轧带肋钢筋
HRBF500	Φ^F	细晶粒带肋钢筋

(2)钢筋的分类和作用

如图 6.6 所示,钢筋按其在构件中所起的作用可分为以下 5 种:

①受力筋:承受拉力或压力的钢筋,在梁、板、柱等各种钢筋混凝土构件中应配置。在梁中支座附近弯起的受力筋,也称为弯起钢筋。

②架立筋:不考虑受力作用的钢筋,一般只在梁中使用,与受力筋、箍筋一起形成钢筋骨架,用以固定钢筋位置。

③箍筋:一般用于梁和柱内,用以固定受力筋的位置,并承受一部分斜拉应力。

④分布筋:一般用于板内,用以固定受力筋的位置,与受力筋一起构成钢筋网。

⑤构造筋:因构件在构造上的要求或施工安装需要配置的钢筋。

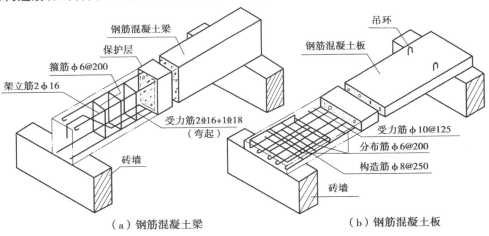

（a）钢筋混凝土梁　　　　　　　　　（b）钢筋混凝土板

图 6.6　钢筋名称及保护层示意图

为了保护钢筋能防锈、防火、防腐蚀,钢筋混凝土构件中的钢筋不能外露,在钢筋的外边缘与构件表面之间应留有一定厚度的混凝土保护层,见表 6.2。

表6.2　钢筋混凝土构件的保护层

钢筋	构件种类		保护层厚度/mm
受力筋	板	断面厚度≤100 mm	10
		断面厚度>100 mm	15
	梁和柱		25
	基础	有垫层	35
		无垫层	70
箍筋	梁和柱		15
分布筋	板		10

（3）钢筋弯钩

为了使钢筋和混凝土具有良好的黏结力,应在光圆钢筋两端做成半圆形的弯钩或直钩,统称为弯钩;带肋钢筋与混凝土的黏结力较强,钢筋两端可以不做弯钩。光圆钢筋两端在交接处也要做成弯钩,弯钩的常用形式和画法如图6.7所示,一般施工图上都按简化画法。箍筋弯钩的长度,一般分别在箍筋两端各伸长50 mm左右。

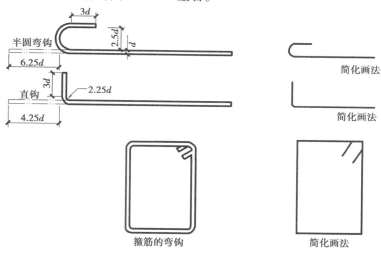

图6.7　钢筋及钢筋的弯钩

（4）钢筋的表示方法和标注

一般钢筋的表示方法见表6.3,表中序号2、6为用45°短线表示钢筋投影重叠时无弯钩钢筋的末端。

表6.3　一般钢筋的表示方法

序号	名称	图例
1	钢筋断面	●
2	无弯钩的钢筋端部	————

续表

序号	名称	图例
3	带半圆形弯钩的钢筋端部	
4	带直钩的钢筋端部	
5	带丝扣的钢筋端部	
6	无弯钩的钢筋搭接	
7	带半圆弯钩的钢筋搭接	
8	带直钩的钢筋搭接	
9	套管接头（花篮螺丝）	

为了区分各种类型、不同直径和数量的钢筋,要求对所表示的各种钢筋加以标注,采用引出线的方法,一般有下列两种标注方法,如图 6.8、图 6.9 所示。

图 6.8 标注钢筋的根数、直径和等级

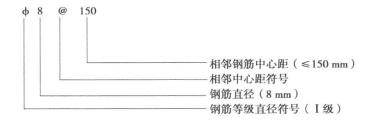

图 6.9 标注钢筋的等级、直径和相邻钢筋中心距

钢筋的长度一般列入构件的钢筋材料表中,该表通常由施工单位编制。

（5）常用构件代号

为了简明扼要地表示基础、梁、板、柱等构件,构件名称可用代号表示,常用的构件代号如表 6.4 所示。代号后面应用阿拉伯数字标注该构件的型号或编号,例如 J-1,其中 J 为基础的代号,代号后面的数字为 1,表示该基础的编号为 1。

182

表6.4 常用构件代号

序号	名称	代号	序号	名称	代号	序号	名称	代号
1	板	B	15	吊车梁	DL	29	基础	J
2	屋面板	WB	16	圈梁	QL	30	设备基础	SJ
3	空心板	KB	17	过梁	GL	31	桩	ZH
4	槽形板	CB	18	连系梁	LL	32	柱间支撑	ZC
5	折板	ZB	19	基础梁	JL	33	垂直支撑	CC
6	密肋板	MB	20	楼梯梁	TL	34	水平支撑	SC
7	楼梯板	TB	21	檩条	LT	35	梯	T
8	盖板或沟盖板	GB	22	屋架	WJ	36	雨篷	YP
9	挡雨板或檐口板	YB	23	托架	TJ	37	阳台	YT
10	吊车安全走道板	DB	24	天窗架	CJ	38	梁垫	LD
11	墙板	QB	25	框架	KJ	39	预埋件	M
12	天沟板	TGB	26	钢架	GJ	40	天窗端壁	TD
13	梁	L	27	支架	ZJ	41	钢筋网	W
14	屋面梁	WL	28	柱	Z	42	钢筋骨架	G

预制钢筋混凝土构件、现浇钢筋混凝土构件、钢构件、木构件,一般可直接采用表6.4中的代号。在设计中,当需要区别上述构件种类时,应在图纸中加以说明。

预应力钢筋混凝土构件代号,应在构件代号前加注"Y-",如Y-DL表示预应力钢筋混凝土吊车梁。

当选用标准图集或通用图集中的定型构件时,其代号或型号应按图集规定注写,并说明采用图集的名称和编号,以便查阅。

结构布置图表示结构中各种构件(包括承重构件、支撑和连系构件)的总体布置,如基础平面布置图、楼层结构平面布置图、柱网平面布置图、连系梁或墙梁立面布置图。

构件详图表示各个构件的形状、大小、材料和构造,如基础、柱、梁等构件的详图。

节点详图表示构件的细部节点、构件间连接点等的详细构造,如屋架节点详图小时屋架与柱、屋面板等构件间的连接情况。

节点详图实际上是构件详图中没有表达清楚的细部和连接构造的补充,因此可以把构件详图和节点详图合并成一类,称为结构详图。

6.1.3 图线和比例

(1)图线

钢筋混凝土构件要有适合于表达结构构件的特殊的图示方法。因此,绘图时,除了要遵守《房屋建筑制图统一标准》(GB/T 50001—2017)之外,还应遵守《建筑结构制图标准》(GB/T

50105—2010)以及国家现行的相关标准、规范的规定。结构施工图中采用的各种线型应符合表 6.5 的规定。

表 6.5　线型

名称	线型	线宽	一般用途
粗实线	——————————	b	螺栓、钢筋线、结构平面布置图中单线结构构件线及钢、木支撑线
中实线	——————————	$0.5b$	结构平面图中及详图中剖到或可见墙身轮廓线、钢木结构轮廓线
细实线	——————————	$0.35b$	钢筋混凝土构件的轮廓线、尺寸线,基础平面图中的基础轮廓线
粗虚线	— — — — —	b	不可见的钢筋、螺栓线,结构平面布置图中不可见的钢、木支撑线及单线结构构件线
中虚线	— — — — —	$0.5b$	结构平面图中不可见的墙身轮廓线及钢、木构件轮廓线
细虚线	— — — — —	$0.35b$	基础平面图中管沟轮廓线、不可见的钢筋混凝土构件轮廓线
粗点画线	—·—·—·—·	b	垂直支撑、柱间支撑线
细点画线	—·—·—·—·	$0.35b$	中心线、对称线、定位轴线
粗双点画线	—··—··—	b	预应力钢筋线

（2）比例

图样的比例是图形与实物相对应的线形尺寸之比。比例的大小,是指比值的大小,如 1∶50 大于 1∶100。比例宜注写在图名的右侧,字的底线应取平;比例的字高,应比图名的字高小一号或二号;绘图所用的比例,应根据图样的用途与被绘对象的复杂程度进行选用。

> 🔑 特别提示
> 　　了解结构施工图的分类、内容及常用构件的表示方法,为掌握正确的读图方法打下良好的基础。

6.2 基础结构平面图和基础详图

6.2.1 识读基础结构平面图

1)基础平面图的形成、内容及画法

（1）基础概述

基础是建筑物的重要组成部分,作为建筑物最下部的承重构件埋于地下,承受建筑物的全部荷载并传递至地基。

基础图表示建筑物室内地面以下基础部分的平面布置及详细构造。通常用基础平面图和基础详图来表示。建筑物上部的结构形式相应地决定基础的形式,如住宅上部结构为砖墙承重,因而采用墙下条形基础,还常用独立基础作为柱子的基础,此外,还可以按需采用筏形基础和箱形基础等。

（2）基础平面图的形成

假想在建筑物底层室内地面下方作一水平剖切面,将剖切面下方的构件向下作水平投影,即得基础平面图。为了便于读图和施工,基础平面图表示基坑未回填土时的情况,图 6.10 所示为某住宅的基础平面图。

（3）基础平面图的内容

基础平面图中只需画出基础墙、基础底面轮廓线（表示基坑开挖的最小宽度）。基础的可见轮廓线可省略不画,基础的细部形状等用基础详图表示。

在基础平面图中,用中实线表示剖切到的基础墙身线,用细实线表示基础底面的轮廓线。粗实线（单线）表示可见的基础梁,不可见的基础梁用粗虚线（单线）表示。

在基础平面图中,当被剖切到的部分断面较窄,材料图例不易画出时,可以进行简化,如基础砖墙的材料图例可省略不画,用涂红表示。钢筋混凝土柱的材料图例用涂黑表示。

由于上部结构荷载的不同,基础底面的宽度和配筋也不同。为了便于区分不同宽度和配筋的基础,可用后面标注编号的代号标注,如 J-1、J-2 等,其中 J 为基础的代号,横线后面的数字是基础的编号,用阿拉伯数字顺序编号。带有编号的基础代号注写在基础断面的剖切符号的一侧,兼作基础断面剖切符号的编号,以便与基础详图相对应。为便于施工,也可用基础的宽度作为基础的编号,如用 J180 表示宽度为 1 800 mm 的基础,这种形式常见于条形基础的基础平面图中。

当建筑物底层有较大的洞口时,在条形基础中常设置基础梁,一般在基础平面图中用粗虚线表示基础梁的位置,并写明基础梁的代号及编号,如 JL-1、JL-2 等,以便在基础详图中查明基础梁的具体做法。

在基础平面图的基础墙中间所画的粗虚线,还表示基础圈梁（JQL）的平面位置,涂黑的矩形断面是构造柱（GZ）的断面,这是因抗震的构造需要而设置的。

（4）基础平面图的画法

基础平面图的常用比例是 1∶50、1∶100、1∶200 等,通常采用与建筑平面图相同的比例。根

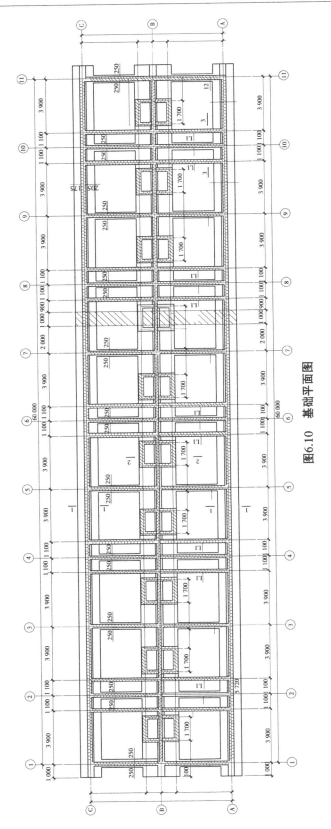

图6.10 基础平面图

据建筑平面图的定位轴线,确定基础的定位轴线,然后画出基础墙、基础宽度轮廓线等。在基础平面图中,应标出基础的定形尺寸和定位尺寸。定形尺寸包括基础墙宽、基础底面宽度、柱外形尺寸和独立基础的外形尺寸等。这些尺寸可直接标注在基础平面图上,也可用文字加以说明和用基础代号等形式标注。定位尺寸也就是基础梁、柱等的轴线尺寸,必须与建筑平面图的定位轴线及编号一致。

2)基础平面图识读

①首先看图名、比例,了解当前的图纸是否是基础平面图,绘图的比例是多大。
②接着看基础平面中采用了哪种形式的基础或者是两种或两种以上的基础。
③看基础墙线是否用中实线表示,墙体的厚度是多少。
④看基础底面是否用细实线表示,通过基础平面中的剖切符号,了解基础有哪些宽度。
⑤看用粗实线或粗虚线表示的基础梁的位置以及基础圈梁在平面图中的位置。
⑥看涂黑的部分在基础平面图中表示什么。
⑦看基础平面图中的定位轴线和尺寸的位置,并结合该建筑物的平面图进行对应。

6.2.2 识读基础详图

1)基础详图的内容

基础详图主要表明基础各组成部分的具体形状、大小、材料及基础埋深等。

(1)图示内容

基础详图通常采用垂直剖视图或断面图表示,应与基础平面图中被剖切的相应代号及剖切符号一致。

基础详图中一般包括基础的垫层、基础、基础墙(包括大放脚)、基础梁、防潮层等所用的材料、尺寸及配筋。为使基础墙逐步放宽,而将基础墙做成阶梯形的砌体,称为大放脚。防潮层则是为了防止地下水沿墙体上升而设置的,位于室内地坪之下、室外地面之上。设置基础圈梁时,可用基础圈梁代替防潮层。

基础详图用断面图或剖视图表示,为了突出表示基础钢筋的配置,轮廓线全部用细实线表示,不再画出钢筋混凝土的材料图例,用粗实线表示钢筋。

图6.11所示基础平面图中的各个基础的基础详图,因为各条形基础的断面形状和配筋形式较类似,就采用通用详图的形式。240 mm 墙下的基础(J-1、J-2、J-6)归成一个基础详图,370 mm 墙下的基础(J-3、J-4、J-5)归成另一个基础详图。基础的宽度尺寸 B 以及基础中的受力钢筋,都可以在表6.6中查出。

因为在楼梯间门洞下的基础 J-3 处,有基础梁 JL-1,且 J-3 和 JL-1 的高度相等,所以将 JL-1 合并画在 J-3、J-4、J-5 的通用详图中。对照基础平面图可知,只有 J-3 在门洞口有 JL-1、J-5,其他部位的 J-3 各处都没有 JL-1。用双点画线画出的 JL-1 假想的轮廓线,由于 JL-1 是直接浇筑在 J-3 内,所以实际上是不存在的。用假想投影线画出其宽度为 400 mm 的断面,这样可以在 J-3、JL-1 详图中显示 JL-1 的钢筋骨架形状、大小和位置。通用详图在轴线符号的圆圈内不注明具体编号,用基础注明各基础的宽度和受力筋的配置。

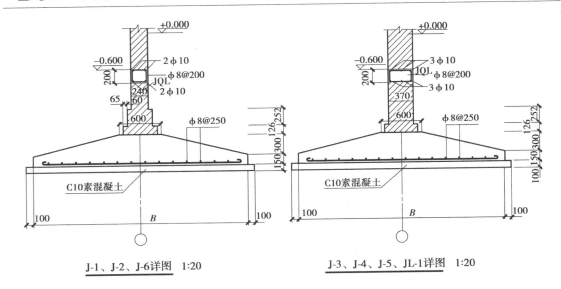

J-1、J-2、J-6详图 1:20   J-3、J-4、J-5、JL-1详图 1:20

图6.11 通用基础详图

表6.6 基础表

基础编号	基础宽度/mm	配筋	备注
J-1	700	素混凝土	
J-2	900	φ10@180	
J-3	1 800	φ12@200	
J-4	2 000	φ12@160	
J-5	3 000	φ14@125	
J-6	3 100	φ14@120	

（2）基础详图的画法

基础详图通常采用1:10、1:20、1:50等比例绘制,先定出基础的轴线位置,基础和基础圈梁的轮廓画细实线,基础砖墙的轮廓线画中实线,但在与钢筋混凝土构件交接处,仍按钢筋混凝土构件画细实线,钢筋画粗实线或小圆点断面。基础墙断面上应画砖的材料图例,但为了清楚地表示钢筋混凝土基础钢筋,不再用材料图例表示,垫层的材料已用文字标明,也可不用材料图例表示。

基础详图中须标注基础各部分的详细尺寸及室内、室外、基础底面标高等。当尺寸数字与图线重叠时,则图线应断开,保证尺寸数字清晰、完整。

2）基础详图识读

①首先看图名、比例,了解当前图纸是哪个基础的详图,绘图的比例是多大。

②接着看基础详图画的是哪种基础形式。

③看基础详图中基础由哪几部分组成。

④看基础墙线是否用中实线表示,基础墙宽是多少。

⑤看大放脚的形式和尺寸是多少。

⑥通过标高判断室内外高差是多少,基础防潮层的位置在哪里及内部的配筋情况。

⑦看大放脚的配筋情况,区分受力筋和分布筋。

⑧看基础详图各部分尺寸,了解基础埋深。

⑨通过基础表,查阅基础的宽度。

6.2.3 识读基础详图举例

以 J-3、J-4、J-5、JL-1 详图为例,首先从图名和比例进行识读,明确该基础详图采用了 1:20 的比例。接着识读基础详图所表示的内容,从图 6.11 中可以看出基础由基础墙、大放脚和基础的垫层组成。

然后重点识读防潮层的位置和配筋情况,从图 6.11 中可以看出基础防潮层的标高为 −0.600,截面尺寸为 200 mm×370 mm;防潮层内主要配置了受力筋和箍筋,其中受力筋共 6 根,采用一级钢筋,直径为 10 mm,箍筋为一级钢筋,直径为 8 mm,间距为 200 mm。

按照同样的方法,可以分析该基础大放脚的尺寸和配筋情况。

最后,可以看到该基础的垫层采用 C10 素混凝土。

由于图 6.11 实际上表示了 J-3、J-4、J-5、JL-1 4 种钢筋,所以要结合表 6.6 基础表来分析不同基础的具体尺寸。

各种类型基础的施工现场如图 6.12 至图 6.21 所示。

图 6.12 条形基础

图 6.13 独立基础

图 6.14 筏板基础

图 6.15 箱形基础

图 6.16　桩基础

图 6.17　基础垫层

图 6.18　基础承台

图 6.19　基础施工

图 6.20　基础梁施工

图 6.21　基础配筋

6.3 楼层、屋面结构平面图

6.3.1 识读楼层结构平面图

1)楼层平面图的内容

结构平面图也称为结构平面布置图,用于表示墙、梁、板、柱等承重构件在平面图中的位置,是施工中布置各层承重构件的依据。

（1）楼层结构平面图的形成

楼层结构平面图是假想用一个紧贴楼面的水平面剖切楼层后所得到的水平剖视图,如图6.22 所示是一张结构平面图,楼面上的荷载通过楼板传给横墙或梁。

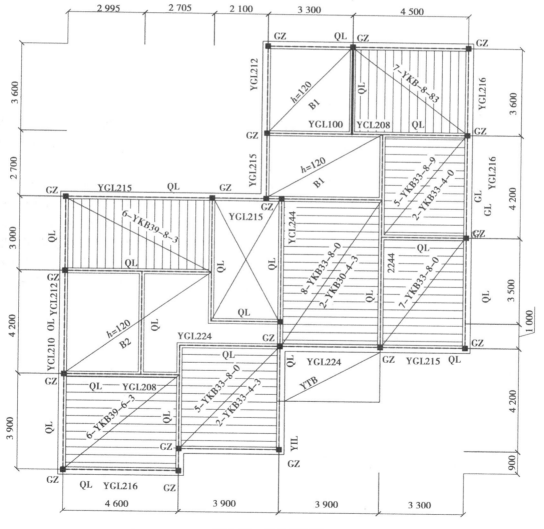

图6.22　结构平面图

（2）楼层结构平面图的内容

一部分楼面的平面分隔比较规则,采用预应力钢筋混凝土多孔板,厨房、卫生间因需要安装管道,预留管道孔洞,防漏水,就与相邻的布置得不规则的部分一起采用现浇楼板。现浇楼板用规定的代号 B 表示。如图 6.22 所示,代号分别为 B1 和 B2,板的厚度 $h = 120$ mm,标注在现浇板部分对角线一侧。

预应力多孔板由于各个房间的开间和进深不同,布置了不同数量和不同型号的多孔板,如图 6.23 所示,分别以对角线表示铺设各片楼板的总范围,对角线的一侧注明了预应力多孔板的块数和型号。

下面以 6-YKB-39-6-3 为例讲解预应力多孔板代号及数字的含义。

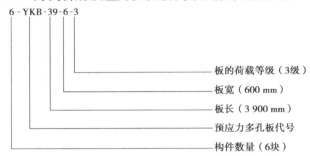

图 6.23　预应力的孔板代号及数字的含义

图中的阳台板（YTB）都是现浇的。在结构平面图上,构件可用其投影轮廓线表示,若能用单线表示清楚的,也可以用单线表示。楼梯间的结构布置一般用较大比例单独绘制表示,所以在图中楼梯间部分用细实线画出其对角线,通过另外的详图进行绘制。

图中涂黑处表示钢筋混凝土柱的断面,其代号为 Z,GZ 为构造柱,是为抗震要求而设置的。

过梁是为门、窗等洞口而设置的,可以现浇,也可以预制。若是预制过梁,习惯上用 YGL 表示。由于门、窗洞口的大小不同,过梁的断面尺寸、配筋和长度也不同,因此可编制过梁表,标注各种过梁的受力筋、箍筋、断面尺寸和梁长,以便于对照断面图,将不同编号的过梁完整地表达清楚。预制过梁代号 YGL 后面的数字是过梁的编号,习惯上编号与过梁的断面及过梁所在门窗洞口的宽度有关,如表 6.7 所示。例如 YGL209,其中 2 代表过梁断面大小的分段编号,09 表示洞口的宽度为 900 mm,以此类推。

表 6.7　YGL 表

编号	梁长 L/mm	梁宽 B/mm	钢筋	
			①	②
YGL109	1 400	120	2 Φ 10	φ8@200
YGL209	1 400	240	2 Φ 10	φ8@200
YGL212	1 700	240	2 Φ 10	φ8@200
YGL215	2 000	240	2 Φ 10	φ8@200
YGL218	2 300	240	2 Φ 12	φ8@200
YGL324	2 900	240	2 Φ 20	φ10@200

圈梁是为了增强建筑物的整体性而设置的,通常沿建筑物墙体和楼板下同一标高处现浇而成。圈梁习惯上也采用断面图的方式表达,代号为 QL,断面图中标注出圈梁的断面尺寸和钢筋配置。圈梁通过门、窗洞口时,可与过梁浇筑在一起。圈梁与其他梁(如雨篷梁、阳台梁等)的平面位置重叠时,它们应互相拉通。

构造柱是房屋抗震的一项重要措施。在多层混合结构房屋中,构造柱与基础、墙体及圈梁等其他构件可靠连接,提高了房屋的整体性和砌体的抗剪强度。在有关的建筑抗震设计规程中,对构造柱的位置、最小截面、钢筋配置以及与墙体的连接、与圈梁的连接等都有具体的规定。

(3)楼层结构平面图的画法

楼层结构平面图一般采用 1:50、1:100、1:200 的比例绘制,通常与建筑平面图采用相同的比例。

为了清晰地表达结构构件的布置情况,结构平面图中可见的钢筋混凝土楼板的轮廓线用细实线表示,剖切到的墙体轮廓线用中实线表示,楼板下面不可见的墙体轮廓线用中虚线表示(包括下层门窗洞口的位置),剖切到的钢筋混凝土柱的断面用涂黑表示。对于楼板下的梁,在平面图中若用单线表示时,则用单虚线表示梁的中心线位置。

在结构平面图中,当若干房间的预制板的布置相同时(即型号和数量都相同),则可在一处用直接正投影法详细画出,标注出并在圆圈中书写代号。在其他布置相同处,只要用细实线画出铺设这一片楼板的范围,并标注出由甲、乙、丙等相对应文字的代号圆圈。

2)楼层结构平面图识读

①首先看图名、比例,了解当前图纸是哪个楼层的平面图,绘图的比例是多大。
②通过识读楼层结构平面图,了解楼板是现浇还是预制以及它们的分布情况。
③了解当前的平面图中有哪些构件,分别用什么符号表示。
④识读预应力过梁表,了解当前楼层平面图中过梁的分布情况。
⑤理解圈梁和构造柱的作用。
⑥识读圈梁和过梁的断面图,了解它们的配筋情况。

6.3.2　识读屋面结构平面图

(1)屋面结构平面图的内容

一个房屋如果与若干层楼面的结构布置情况相同,则可合用一个结构平面图,但应注明合用各层的层数。不同结构布置的楼面应有各自的结构平面图。屋顶由于结构布置要适应排水、隔热等特殊要求,如需要设置天沟、屋面板需按坡度方向布置。所以,屋面的结构布置通常需要另用屋面结构平面图表示,它的图示内容和图示形式与楼层结构平面图类似。

(2)识读屋面结构平面图

识读屋面结构平面图的方法同识读楼层结构平面图的方法。

6.3.3　识读结构平面图举例

下面以图 6.22 结构平面图为例,介绍识读结构平面图的方法。

首先看图名和比例,此图为楼层的结构平面图,比例同建筑平面图一样,采用 1:100 的比例。接着分析该结构平面图中钢筋混凝土楼板的分布情况和具体含义,能正确识读任一空间楼板的分布表示。以左下角为例,该空间的开间为 4 500 mm,进深为 3 900 mm,图中用6-YKB-39-6-3 来表示钢筋混凝土楼板的分布,其中 6 表示该空间有 6 块板,YKB 表示该板为预应力空心板,39 表示板长为 3 900 mm,6 表示板宽为 600 mm,3 表示该板能承受的荷载等级为 3 级。然后需要理解 QL 表示该空间上的圈梁,GZ 表示构造柱,YGL 表示预制过梁。通过前面的学习,要明确圈梁、构造柱和预制过梁在结构图上的作用。按照同样的方法,可以分析该结构平面图中其他部分楼板的分布情况。

各种类型墙、梁、板、柱等承重构件的施工现场如图 6.24 至图 6.36 所示。

图 6.24　混凝土墙

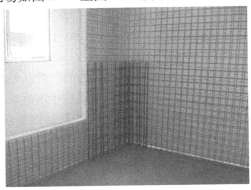

图 6.25　混凝土墙配筋

图 6.26　钢筋混凝土梁钢筋

图 6.27　钢筋混凝土梁

图 6.28　悬挑梁

图 6.29　钢筋混凝土主次梁结构

图 6.30 井字梁

图 6.31 预制混凝土楼板

图 6.32 槽形板

图 6.33 现浇板

图 6.34 现浇板配筋

图 6.35 钢筋混凝土柱

图 6.36　钢筋混凝土柱配筋

6.4　楼梯结构详图

6.4.1　识读楼梯结构平面图

（1）楼梯结构平面图的组成

楼梯结构平面图用于表示楼梯段、楼梯梁和平台板的平面布置、代号、尺寸及结构标高。多层房屋应分别表示出底层、中间层和顶层楼梯结构平面图。

（2）楼梯结构平面图的内容

结构平面图中，轴线编号应和建筑平面图一致，楼梯的剖视图的剖切符号通常在底层楼梯结构平面图中表示。

为了表示楼梯梁、楼梯板（即梯段板）和平台板的布置情况，楼梯结构平面图的剖切位置通常放在层间楼梯平台的上方。例如，底层楼梯结构平面图的剖切位置在一、二层之间楼梯平台的上方，与建筑平面图的剖切位置略有不同。如图 6.37 所示的底层平面图，投影上得到的是上行第一段楼梯、楼梯平台以及上行第二梯段的一部分。图 6.38 所示为楼梯中间层平面图。在楼梯结构平面图中，除了要标注出平面尺寸，通常还应标注出各梁底的结构标高和板的厚度。

楼梯结构平面图通常采用 1∶50 绘制，也可以用 1∶40、1∶30 绘制。钢筋混凝土楼梯的可见轮廓线用细实线表示，不可见的轮廓线用细虚线表示，剖切到的砖墙轮廓线用中实线表示。钢筋混凝土楼梯的楼梯梁、梯段板、楼板和平台板的重合断面，可直接画在平面图上。

（3）楼梯结构平面图识读

①首先看图名、比例，了解当前图纸是哪层楼梯的平面图，绘图的比例是多大。

②通过识读楼梯平面图，了解梯段、楼梯平台的分布情况。

③通过识读，了解楼梯结构平面图中梯段的断面形式、尺寸和配筋。

④理解 TB 表示梯段，TL 表示楼梯梁。

⑤通过识读楼梯平面图，区分不同线宽表示的内容。

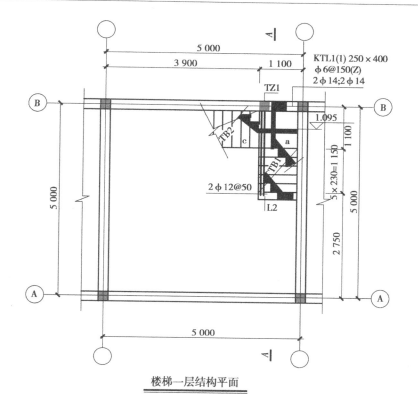

楼梯一层结构平面

图 6.37 楼梯底层结构平面图

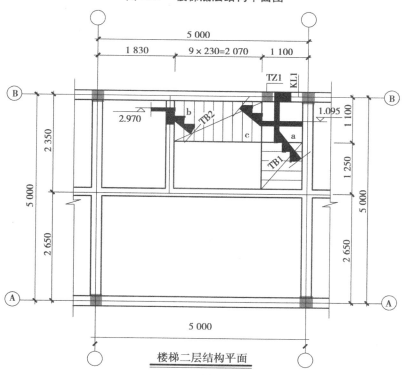

楼梯二层结构平面

图 6.38 楼梯中间层结构平面图

6.4.2 识读楼梯结构剖面图

(1)楼梯结构剖面图的形成

楼梯结构剖面图表示楼梯的承重构件的竖向布置、构造和连接情况。楼梯结构剖面图也可以作为配筋图。在楼梯结构剖面图中不能详细表示楼梯板和楼梯梁的配筋时,可用较大比例另画出配筋图。

(2)楼梯结构剖面图的内容

图6.39所示为楼梯A—A剖面图和楼梯的配筋图。

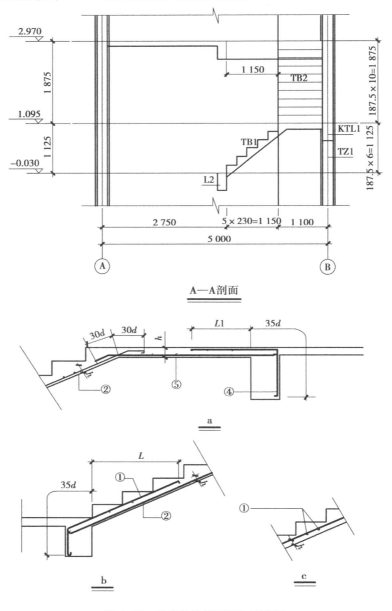

图 6.39　楼梯结构剖面图和配筋图

表6.8所示为楼梯板表,对照梯板表和上面的梯剖面图及配筋图,可以知道TB1的板厚为120 mm,里面配置的受力筋是二级钢筋,直径为12 mm,间距为150 mm;TB2的板厚为100 mm,其中配置的受力筋为一级钢筋,直径为10 mm,间距为120 mm。

表6.8　梯板表

编号	类型	板厚/mm	钢筋 ①②③④⑤	L1/mm
TB1	aB	120	φ12@150	600
TB2	bA	100	φ10@120	600

注:TB2底筋应置于TB1底筋之上。

楼梯结构剖面图一般采用与楼梯结构平面图相同的比例,配筋图可采用较大的比例画出。剖面图中应标注出楼梯平台板底标高和楼梯梁的梁底标高,用结构标高标注,梯段板的尺寸标注方式与建筑施工图相同。

为了清楚地表达钢筋的配置,楼梯配筋图中的钢筋采用粗实线表示,可见的轮廓线用细实线表示。

(3)楼梯结构剖面图识读

①首先看图名、比例,结合楼梯结构平面图对照,判断楼梯剖面图所在的位置。

②通过识读楼梯剖面图和配筋图,了解梯段的厚度和配筋情况。

③对照梯板表,进一步识读楼梯结构剖面图和配筋图。

④识读楼梯柱配筋图,了解其内部结构。

⑤通过识读楼梯剖面图,区分不同线宽表示的内容。

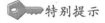特别提示

识读结构施工图时应注意读图的顺序,先把握整体,再熟悉局部,完整地读懂一幅结构施工图的内容。

6.4.3　识读楼梯结构详图举例

下面以图6.37楼层底层结构平面图为例,分析楼梯结构详图的识读方法。

首先要识读该图的名称和比例,明确画图的内容和画图的大小。接着要识读该平面图中楼梯段和平台在空间的位置,从图中可以看到,该楼梯位于空间的右上角,是一个直行转折楼梯。通过识读该楼梯的断面,可以确定该楼梯采用钢筋混凝土材料,其中TB表示楼梯段,图中共有TB1和TB2两段楼梯。通过标注的尺寸,可以确定TB1楼梯的踏步宽为230 mm,踏步的高度为两平台的标高差除以踏步数,通过计算,得到踏步的高度为182 mm。

对于TL楼梯梁所表示的内容,需按照梁的平法图示方法进行识读,其中KTL表示楼梯框

架梁,1 表示 1 跨,250×400 为梁的截面尺寸,其中 b 为 250 mm,h 为 400 mm;φ6@150(2)表示箍筋采用 1 级钢筋,直径为 6 mm,间距为 150 mm,两肢箍;2φ14;2φ14 表示梁的上部纵筋和下部纵筋。

按照同样的方法可以识读楼梯的其他结构详图。

楼梯的施工现场如图 6.40 至图 6.44 所示。

图 6.40　钢筋混凝土楼梯

图 6.41　楼梯踏步

图 6.42　楼梯施工图

图 6.43　旋转楼梯

图6.44 楼梯栏杆和扶手

6.5 混凝土结构施工图平面整体表示方法

6.5.1 概述

混凝土结构施工图平面整体表示方法(简称平法)出现于1991年,最新修订的时间是2016年。平法的表达形式,归纳起来就是把结构构件的尺寸和配筋等相关内容,按照平面整体表示的方法制图规则,整体直接表达在各类构件的结构平面布置图上,再与标准构造详图相配合,即形成一套新型完整的结构设计。这种方法改变了传统那种直接将结构平面布置图中索引出来,再逐个绘制配筋详图的烦琐方法。平法使结构设计方便,表达准确、全面、数值唯一。一方面可以通过平法比较容易地对数据进行修正,提高了结构设计师的设计效率;另一方面可以使施工看图、记忆和查找方便,表达顺序与施工一致,有利于施工质量和检查。

混凝土结构平面整体表示方法的内容包括现浇混凝土框架、剪力墙、梁、板、板式楼梯、独立基础、条形基础、筏形基础和桩基承台的平法制图规则和构造详图。

6.5.2 柱平法施工图制图规则

柱平法施工图是在柱平面布置图上采用列表注写方式或截面注写方式表达。

(1)列表注写方式

列表注写方式是在柱平面布置图上(一般只需要采用适当比例绘制一张柱平面布置图,包括框架柱、框支柱、梁上柱和剪力墙上柱),分别在同一编号的柱中选择一个(有时需要选择几个)截面标注其几何参数代号;在柱表中注写柱编号、柱段起止标高、几何尺寸(含柱截面对轴线的偏心情况)与配筋的具体数值,并配以各种柱截面形状及其箍筋类型图的方式来表达柱平法施工图,如图6.45所示。

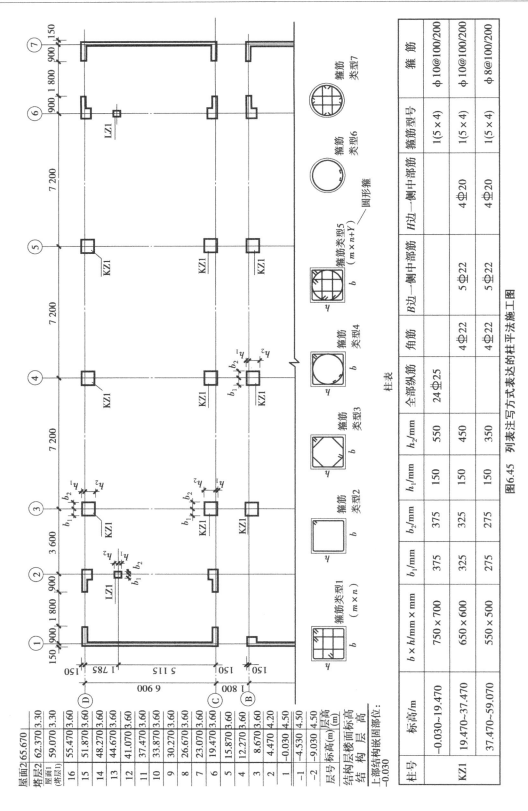

图6.45 列表注写方式表达的柱平法施工图

柱表

柱号	标高/m	$b \times h$/mm × mm	b_1/mm	b_2/mm	h_1/mm	h_2/mm	全部纵筋	角筋	B边一侧中部筋	H边一侧中部筋	箍筋型号	箍筋
KZ1	−0.030~19.470	750×700	375	375	150	550	24Φ25				1(5×4)	φ10@100/200
	19.470~37.470	650×600	325	325	150	450		4Φ22	5Φ22	4Φ20	1(5×4)	φ10@100/200
	37.470~59.070	550×500	275	275	150	350		4Φ22	5Φ22	4Φ20	1(5×4)	φ8@100/200

其中柱的编号由类型代号和序号组成,柱的编号见表 6.9。

表 6.9 柱编号

柱类型	代号	序号
框架柱	KZ	××
框支柱	KZZ	××
芯 柱	XZ	××
梁上柱	LZ	××
剪力墙上柱	QZ	××

注:编号时,当柱的总高、分段截面尺寸和配筋均对应相同,仅截面与轴线的关系不同时,仍可将其编为同一柱号,但应在图中注明截面与轴线的关系。

(2)截面注写方式

截面注写方式是在分标准层绘制的柱平面布置图的柱截面上,分别在同一编号的柱中选择一个截面,以直接注写截面尺寸和配筋具体数值的方式来表达柱平法施工图。图中可用双比例法画柱平面配筋图。各柱断面在柱所在平面位置经放大后,在两个方向上注明同轴线的关系。

柱箍筋加密区与非加密区间距值用"/"分开。多层框架柱的柱断面尺寸和配筋值变化不大时,可将断面尺寸和配筋值直接注写在断面上,如图 6.46 所示。

6.5.3 梁平法施工图制图规则

梁平法施工图是在梁平面布置图上采用平面注写方式或截面注写方式表达。梁平面布置图,应分别按梁的不同结构层(标准层),将全部梁和与其相关联的柱、墙、板一起采用适当的比例绘制。在梁平法施工图中,应当用表格或其他方式注明各层的结构层楼(地)面标高、结构层高及相应的结构层号。

(1)平面注写方式

平面注写方式是在梁平面布置图上,分别在不同编号的梁中各选一根梁,在其上注写截面尺寸和配筋具体数值来表达梁平法施工图。平面注写包括集中标注与原位标注,集中标注表达梁的通用数值,原位标注表达梁的特殊数值。当集中标注中的某项数值不适用于梁的某部位时,则将该项数值原位标注,平面注写方式如图 6.47 所示。

梁集中标注时,梁编号、梁截面尺寸(断面宽×断面高,用 $b \times h$ 表示)、梁箍筋、梁上部通长筋或架立筋配置、梁侧面纵向构造钢筋或受扭钢筋配置等 5 项为必注值,梁顶面标高高差值为选注值。

注写时,当梁上部或下部受力筋多于一排时,各排筋值从上往下用"/"分开,"6 ϕ25 2/4"表示上一排为 2 ϕ25,下一排为 4 ϕ25;同排钢筋为两种直径时,用"+"号相连,如图 6.47 所示。箍筋加密区与非加密区的不同间距及肢数需用斜线"/"分隔,箍筋肢数应注写在括号内,如图 6.47 所示的 ϕ8@100/200(2)表示箍筋为一级钢筋,直径为 8 mm,加密区的间距为 100 mm,非加密区的间距为 200 mm,均为两肢箍。梁侧面纵向构造钢筋注写值以大写字母 G 打

203

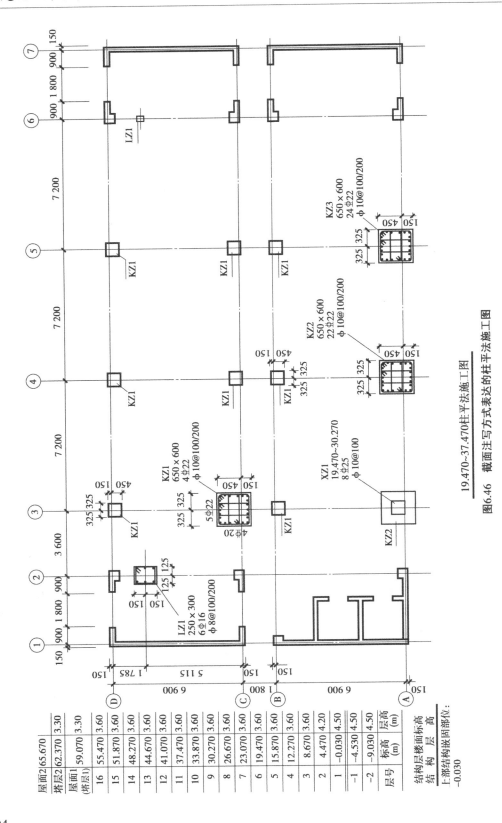

图6.46 截面注写方式表达的柱平法施工图

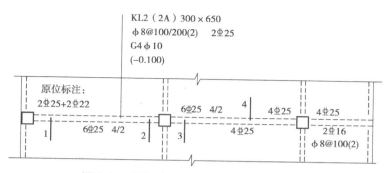

图6.47 平面注写方式表达的梁平法施工图

头,注写设置在梁两个侧面的总配筋值,且对称配置。图6.47中的G4φ10表示梁的两个侧面共配置4φ10的纵向构造钢筋,每侧各配置2φ10。梁侧面需配置受扭纵向钢筋时,注写值以大写字母N打头,且不再重复配置纵向构造钢筋。例如,N6φ22表示梁的两个侧面共配置6φ22受扭纵向钢筋,每侧各配置3φ22。

(2)截面注写方式

截面注写方式是在分标准层绘制的梁平面布置图上,分别在不同编号的梁中各选择一根梁用剖面号引出配筋图,并在其上注写截面尺寸和配筋具体数值来表达梁平法施工图。截面注写方式既可以单独使用,也可与平面注写方式结合使用,如图6.48所示。

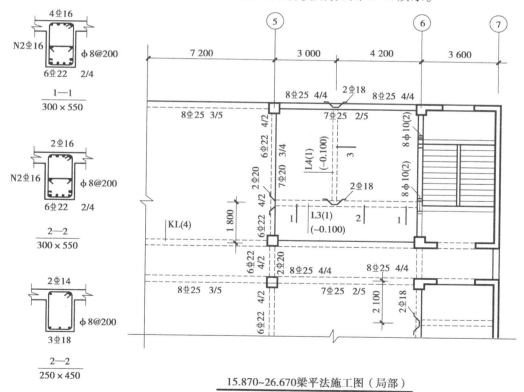

15.870~26.670梁平法施工图(局部)

图6.48 截面注写方式表达的梁平法施工图

6.5.4　板平法施工图制图规则

板平法施工图是在板平面布置图上采用平面注写方式。板的平面注写方式包括板块集中标注和板支座原位标注。

（1）板块集中标注

板块集中标注的内容为板块编号、板厚、贯通纵筋以及当板面标高不同时的标高高差。板块的编号如表 6.10 所示。

表 6.10　板块编号

板类型	代号	序号
楼面板	LB	××
屋面板	WB	××
悬挑板	XB	××

板厚注写为 $h=$ xxx（为垂直于板面的厚度）。当悬挑板的端部改编截面厚度时，用斜线分隔根部与端部的高度值，注写为 $h=$ xxx/xxx；当设计已在图注中统一注明板厚时，此项可不注。

贯通纵筋按板块的下部和上部分别注写（当板块上部不设贯通纵筋时则不注），并以 B 代表下部，以 T 代表上部，B&T 代表下部与上部，X 向贯通纵筋以 X 打头，Y 向贯通纵筋以 Y 打头，两向贯通纵筋配置相同时则以 X&Y 打头。

当为单项板时，分布筋可不必注写，而在图中统一注明。

当在某些板内（如在悬挑板 XB 的下部）配置有构造钢筋时，则 X 向以 Xc，Y 向以 Yc 打头注写。

当 Y 向采用放射配筋时（切向为 X 向，径向为 Y 向），设计者应注明配筋间距的定位尺寸。

当贯通筋采用两种规格钢筋"隔一布一"方式时，表达为 φxx/yy@ xxx，表示直径为 xx 的钢筋和直径为 yy 的钢筋二者之间间距为 xxx，直径 xx 的钢筋的间距为 xxx 的 2 倍，直径 yy 的钢筋的间距为 xxx 的 2 倍。

板面标高高差是指相对于结构层楼面标高的高差，应将其注写在括号内，且有高差则注，无高差不注。

板块集中标注如图 6.49 所示。

（2）板支座原位标注

板支座原位标注的内容有板支座上部非贯通纵筋和悬挑板上部受力钢筋。

板支座原位标注的钢筋，应在配置相同跨的第一跨表达（当在梁悬挑部位单独配置时，则在原位表达）。

在配置相同跨的第一跨（或梁悬挑部位），垂直于板支座（梁或墙）则绘制一段适宜长度的中粗实线，以该线段代表支座上部非贯通纵筋，并在线段上注写钢筋编号（如①、②等）、配筋值、横向连续布置的跨数（注写在括号内，且当为一跨时可不注），以及是否横向布置到梁的悬挑端。

板支座非贯穿纵筋自支座中线向跨内的伸出长度，注写在线段的下部位置。当中间支座上部非贯通纵筋向支座两侧对称伸出时，可仅在支座一侧线段下方标注伸出长度，另一侧不标注。

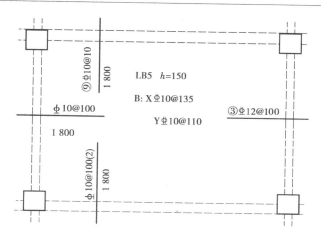

图 6.49　板块集中标注

当向支座两侧非对称伸出时,应分别在支座两侧线段下方注写伸出长度,如图 6.50 所示。

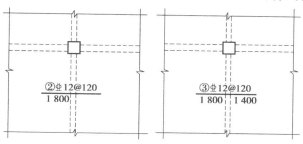

图 6.50　板块原位标注

本章小结

结构施工图主要表示建筑物各承重构件的布置、形状、大小、材料及构造,并反映其他专业对结构设计的要求,为建造房屋时开挖地基、制作构件、绑扎钢筋、设置预埋件以及安装梁、板、柱等构件服务,同时也是编制建造房屋的工程预算和施工组织计划等的依据。要求掌握的内容如下:

①结构施工图的主要内容。

②识读基础结构平面图和基础详图的主要内容。

③识读楼层结构施工图和屋面结构施工图的主要内容。

④识读楼梯结构详图的主要内容。

⑤理解混凝土结构施工图平面整体表示方法。

思考题

1.简述结构施工图的分类和内容。

2. 钢筋的分类和作用是什么？钢筋代号的含义是什么？

3. 钢筋的保护层有什么作用？一般保护层的厚度是多少？

4. 简述各种图线的用途。

5. 基础平面图和基础详图的作用是什么？它包括哪些内容？如何表示？

6. 简述楼层结构平面图的作用、内容和图示方法。

7. 简述楼梯结构平面图的作用、内容和图示方法。

7

建筑构造

◎ 教学目标

通过本章的学习,首先要了解民用建筑的基本知识,掌握民用建筑的各个组成部分的构造及材料做法;其次应能读懂各部分的构造详图,进而能根据房屋的功能、自然环境因素、建筑材料及施工技术的实际情况选择合理的构造方案。

◎ 教学要求

能力目标	知识要点	权重	自测分数
了解民用建筑的基本知识	建筑的构造组成	5%	
	建筑的分类	5%	
	建筑模数制	5%	
	影响建筑构造的因素	2%	
掌握民用建筑的各个组成部分的构造及材料做法,并能读懂各部分的构造详图;能根据房屋的功能、自然环境因素、建筑材料及施工技术的实际情况选择合理的构造方案	地基与基础	15%	
	墙体	20%	
	楼板与地面	15%	
	屋顶	15%	
	楼梯	15%	
	门与窗	3%	

◎ 本章导读

建筑物是指供人们居住、生活以及从事生产和文化活动的房屋。建筑构造是建筑设计的组成部分,建筑设计不仅必须考虑建筑物与外部环境的协调、内部空间合理安排以及外部和内部的艺术效果,同时必须提供切实可行的构造措施。

建筑构造是专门研究建筑物各组成部分以及各部分之间的构造方法和组合原理的科学。建筑物构造组合原理是研究如何使建筑物的构件或配件最大限度地满足使用功能的要求,并根据使用的要求进行构造方案设计的理论。构造方法则是在构造组合原理的指导下,运用不同的建筑材料有机地组成各种构配件以及使构配件牢固结合的具体方法。

建筑构造具有综合性、实践性强的特点,它涉及建筑材料、建筑结构、建筑物理、建筑设备和建筑施工等有关知识。只有全面、综合地运用好这些知识,掌握构造组合原理、充分考虑影响建筑构造的各种因素,才能在设计中提出合理的构造方案和构造措施,满足适用、安全、经济、美观的要求。

◎ 引例

建筑构造涉及的内容是建筑类专业学生必须掌握的,它是学习建筑类专业课程的基础。它主要研究民用建筑和工业建筑构造与设计的基本原理和应用知识。通过学习民用建筑和工业建筑构造及设计的基本原理,了解建筑构造的基本内容、方法;了解建筑设计中的功能、结构、经济和美观的问题;了解建筑物各构造组成的构造要求。建筑类专业均需通过该部分的学习,为后续专业知识和课程提供必要的房屋构造知识。通过本部分的学习,学生应掌握各种建筑的构造知识、熟悉各种构造的应用及特点,具有初步判断建筑设计合理性的能力。建筑构造部分应通过学习建筑构造的理论知识、建筑构造认识训练以及现场建筑构造认识实习来掌握好。

◎ 案例小结

建筑构造是研究建筑物的构造组成、形式、各个组成部分的细部构造做法以及各构成部分的组合原理与构造方法的学科。其主要任务是,根据建筑物的使用功能的要求,综合考虑建筑物的物质技术条件,根据建筑材料、建筑结构、建筑经济、建筑施工和建筑艺术形象方面因素的影响,选择合理的构造方案,确定出安全适用、经济美观的构造做法。

7.1 建筑构造基本知识

7.1.1 建筑的类型

通常所说的"建筑",是建筑物和构筑物的统称。建筑物是指供人们生活、工作、学习、居住以及从事社会文化活动和生产等的房屋或场所,如住宅、学校、办公楼、体育馆、生产车间等,而构筑物则是指人们一般不直接在其中进行生产或生活的建筑,如水塔、烟囱等。

建筑的类型在宏观上习惯分为民用建筑、工业建筑和农业建筑。民用建筑按照使用功能、修建数量和规模大小、层数多少、耐火等级、耐久年限有不同的分类方法。不同类型的建筑又有不同的构造设计特点和要求。

(1)按建筑的使用功能分类

①居住建筑:提供家庭或集体生活起居用的建筑物,如住宅、公寓、宿舍等。

②公共建筑:提供人们进行社会活动的建筑物,如行政办公建筑、文教建筑、托幼建筑、医疗建筑、商业建筑、观演建筑、体育建筑、展览建筑、旅馆建筑、交通建筑、通信建筑、园林建筑、

纪念性建筑等。

（2）按建筑的修建量和规模大小分类

①大量性建筑：量大面广，与人们生活密切相关的建筑，如住宅、学校、商店、医院等。这些建筑在大中小城市和村镇都是必不可少的，修建量大，故称为大量性建筑。

②大型性建筑：规模宏大的建筑，如大型办公楼、大型体育馆、大型剧院、大型火车站和航空港、大型博览馆等。这些建筑规模大、耗资大，与大量性建筑比起来，其修建量是有限的，但这类建筑对城市面貌影响较大。

（3）按建筑的层数分类或总高度分类

①对于住宅建筑，1～3层为低层，4～6层为多层，7～9层为中高层，10层及以上为高层。

②对于公共建筑及综合性建筑，建筑总高度超过24 m者为高层建筑（不包括高度超过24 m的单层主体建筑）。根据使用性质、火灾危险性、疏散和扑救难度等，高层建筑又分为一类高层建筑、二类高层建筑和超高层建筑。

（4）按民用建筑的耐火等级分类

在建筑设计中，应该对建筑的防火安全给予足够的重视，满足相关规范要求。在选择结构材料和构造做法上，应根据其性质分别对待。

建筑物的耐火等级是按组成房屋构件的耐火极限和燃烧性能两个因素来确定的。按材料的燃烧性能把材料分为燃烧体（如木材、纤维板等）、难燃烧体（石棉板、沥青混凝土等）和非燃烧体（钢筋混凝土、砖石等）。耐火极限是指按照规定的火灾升温曲线，对建筑构件进行耐火试验，从受到火作用起，到失去支承能力或发生穿透裂缝或背火一面温度升高到220 ℃时为止的时间，通常用小时表示。现行《建筑设计防火规范》（GB 50016—2014）把建筑物的耐火等级划分为4级。一级的耐火性能最好，四级最差。性质重要的或规模宏大的或具有代表性的建筑，通常按一、二级耐火等级进行设计；大量性的或一般的建筑按二、三级耐火等级设计；很次要的或临时建筑按四级耐火等级设计。

（5）按建筑的耐久年限分类

民用建筑的耐久等级指标是耐久年限，在《民用建筑设计通则》（GB 50352—2005）中对建筑物的耐久年限规定见表7.1。

表7.1　建筑物的耐久年限规定

类型	设计使用年限	适用范围
一级建筑	100 年及以上	重要的建筑和高层建筑
二级建筑	50～100 年	一般性建筑
三级建筑	25～50 年	次要的建筑
四级建筑	5 年及以下	临时性建筑

（6）按照主要承重结构的材料分类

①木结构：如一些古建筑和旅游性建筑。

②混合结构：主要结构材料有两种及以上，如砖木结构、砖混结构等，通常适用于6层及以下的建筑物。

③钢筋混凝土结构:主要结构材料是钢筋混凝土,建筑物超过6层时多采用此结构,是目前使用最广泛的结构形式。

④钢结构:主要承重构件由钢材制作,一般用于大跨度、大空间的公共建筑和高层建筑中,是21世纪的"绿色建筑"。

⑤其他结构:如塑料建筑、充气建筑、生土建筑等。

7.1.2 民用建筑的构造组成及模数协调

1)建筑的构造组成

建筑一般由承重结构、围护结构、饰面装修及附属部件组成。承重结构可分为基础、承重墙体(在框架结构建筑中,承重墙体则由柱、梁代替)、楼板、屋面板等。围护结构可分为外围护墙、内墙(在框架结构建筑中为框架填充墙和轻质隔墙)等。饰面装修一般按其部位分为内外墙面、楼地面、屋面、顶棚等饰面装修。附属部件一般包括楼梯、电梯、自动扶梯、门窗、遮阳、阳台、栏杆、隔断、花池、台阶、坡道、雨篷等。房屋的基本组成如图7.1所示。

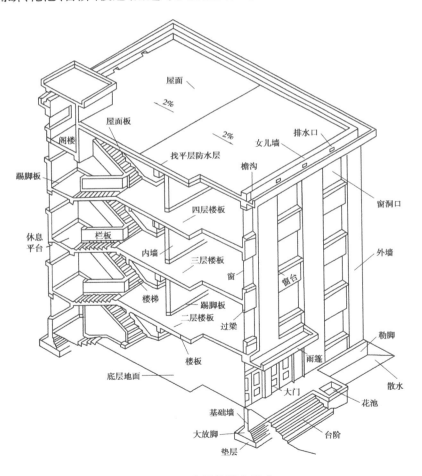

图7.1 房屋的基本组成

各种民用建筑一般都由基础、墙和柱、楼盖层和地坪层、饰面装修、楼梯和电梯、屋盖、门窗等几大部分组成,它们所处的位置不同,所起的作用也不同。

2)建筑标准化

建筑业是国民经济的支柱产业。为了适应市场经济发展的需要,使建筑朝着工业化的方向发展,首先必须实行建筑标准化。

建筑标准化体现在两个方面:一方面是建筑设计的标准问题,包括各种建筑设计规范、建筑制图标准、建筑法规等;另一方面是建筑标准设计方面,包括国家或地方设计施工部门编制的标准构配件图集、整个房屋的标准设计图等。

3)建筑模数协调

为了实现建筑工业化大规模生产,使不同材料、不同形状和不同制造方法的建筑构配件(或组合件)具有一定的通用性和互换性,在建筑业中必须共同遵守《建筑模数协调统一标准》(GB 50002—2013),它是建筑设计、施工和构件制作的尺寸依据。

(1)模数

模数是选定的标准尺度单位,作为尺寸协调中的增值单位。所谓尺寸协调是指在房屋构配件及其组合的建筑中,与协调尺寸有关的规则,供建筑设计、建筑施工、建筑材料与制品、建筑设备等采用,其目的是使构配件安装吻合,并有互换性。

(2)基本模数

基本模数是模数协调中选用的基本尺寸单位,数值规定为 100 mm,符号为 M,即1M = 100 mm。建筑物和建筑部件以及建筑组合件的模数化尺寸,应是基本模数的倍数,目前世界上绝大部分国家均采用 100 mm 为基本模数值。

(3)导出模数

导出模数分为扩大模数和分模数,其基数应符合下列规定:

①扩大模数是基本模数的整倍数,有 3M(300 mm)、6M(600 mm)、12M(1 200 mm)、15M(1 500 mm)、30M(3 000 mm)、60M(6 000 mm)6 种。

②分模数是基本模数的分倍数,有 1/2M(50 mm)、1/5M(20 mm)、1/10M(10 mm)3 种。

(4)模数数列

模数数列是以基本模数、扩大模数、分模数为基础扩展成的一系列尺寸。模数数列在各类型建筑的应用中,其尺寸的统一与协调应减少尺寸的范围,但又应使尺寸的叠加和分割有较大的灵活性。其适用范围如下:

①水平基本模数数列:主要用于门窗洞口和构配件断面尺寸。

②竖向基本模数数列:主要用于建筑物的层高、门窗洞口、构配件等尺寸。

③水平扩大模数数列:主要用于建筑物的开间或柱距、进深或跨度、构配件尺寸和门窗洞口尺寸。

④竖向扩大模数数列:主要用于建筑物的高度、层高、门窗洞口尺寸。

⑤分模数数列:主要用于缝隙、构造节点、构配件断面尺寸。

为了使建筑在满足设计要求的前提下,尽可能减少构配件的类型,使其达到标准化、系列化、通用化,充分发挥投资效益,对大量性建筑中的尺寸关系进行模数协调是必要的。

4)建筑构件的3种尺寸

为了保证构件设计、生产、建筑制品等有关尺寸的统一协调,必须明确标志尺寸、构造尺寸和实际尺寸的定义及其相互间的关系,3种尺寸的关系如图7.2所示。

①标志尺寸:应符合模数数列的规定,用以标注建筑定位轴线、定位线之间的距离(如开间或柱距、进深或跨度、层高等),以及建筑构配件、建筑组合件、建筑制品、设备等界限之间的尺寸。

②构造尺寸:建筑构配件、建筑组合件、建筑制品等的设计尺寸。一般情况下,标志尺寸扣除预留缝隙即为构造尺寸。

③实际尺寸:建筑构配件、建筑组合件、建筑制品等生产制作后的尺寸。实际尺寸与构造尺寸间的差数应符合建筑公差的规定。

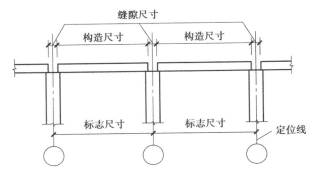

图7.2 3种尺寸的关系

特别提示

标志尺寸通常是在施工图上标注出来的尺寸,而构造尺寸是构配件的设计尺寸。一般情况下,标志尺寸扣除预留缝隙即为构造尺寸。缝隙尺寸的大小宜符合模数数列的规定。

7.1.3 影响建筑构造的因素

建筑物处于自然环境和人为环境之中,受到各种自然因素和人为因素的作用。为了提高建筑物的使用质量和耐久年限,在建筑构造设计时必须充分考虑各种因素的影响,尽量利用有利因素,避免或减轻不利因素的影响,提高建筑物的抵御能力,根据影响程度,采取相应的构造方案和措施。影响建筑构造的因素大致分为以下5个方面。

1)自然环境因素的影响

建筑物处于不同的地理环境,各地自然环境有很大差异。建筑构造设计必须与各地的气候特点相适应。自然环境因素影响,即大气温度、太阳热辐射以及风雨冰雪等均为影响建筑物使用质量和建筑寿命的重要因素。对自然环境的影响估计不足、设计不当,就会造成渗水、漏水、冷风渗透,室内过热、过冷,构件开裂、破损,甚至建筑物倒塌等后果。为了防止和减轻自然因素对建筑物的危害,保证建筑物的正常使用和耐久性,在构件设计中,应针对不同自然气候的特点,根据自然环境影响的性质和程度,对建筑物各部位采取相应防范措施,如防潮、防水、保温、防冻等。

2）人为因素的影响

人类的生产和生活等活动也对建筑物产生影响,如机械振动、化学腐蚀、噪声、生活生产用水、用火及各种辐射等都构成对建筑物的影响。因此,在建筑构造设计时,必须有针对性地采取相应的防范措施,如隔热、防腐、防水、防火、防辐射等,以保证建筑物的正常使用。

3）外力作用的影响

作用在建筑物上的各种外力称为荷载,荷载的大小和作用方式决定了结构形式及构件的用材、形状和尺寸,而构件的选材、形状和尺寸都与建筑物构造设计有密切的关系,是构件设计的依据。风荷载是影响高层建筑水平荷载的主要因素,风距地面的高度不同,风压大小也不同,设计时应按照有关规范严格执行。地震对建筑的影响和破坏程度很大,在设计建筑构造时,应考虑地震荷载对建筑物的影响。根据国家规定的设防标准,应对建筑物进行抗震设计,确定合理的抗震构造措施。

4）物质技术条件的影响

建筑材料、结构、设备和施工技术等物质条件是构成建筑的基本要素之一,建筑构造受它们的影响和制约。随着建筑业的发展,新材料、新结构、新设备以及新的施工方法不断出现,建筑构造要解决的问题越来越多,越来越复杂。因此,在构造设计中要综合解决好采光、通风、保温、隔热、隔声等问题,以构造原理为基础,不断发展和创造新的构造方案。

5）经济条件的影响

建筑构造受国家经济条件的制约,必须考虑经济效益。在确保工程质量的前提下,既要降低建造过程中的材料、能源和劳动力消耗,以降低造价,又要有利于降低使用过程中的维护和管理费用。同时,在设计过程中要根据建筑物的不同等级和质量标准,在材料选择和构造方式上给予区别对待。随着建筑技术的不断发展,各类新型装修材料的出现,人们对建筑的使用要求也越来越高,对建筑构造的要求也将随着经济条件的改变而发生很大变化。

7.2 地基与基础

7.2.1 地基与基础的概念及基础的埋置深度

1）地基与基础的基本概念

基础是建筑物埋在地面以下的承重构件,用以承受建筑物上部结构传下来的全部荷载,并把这些荷载连同本身的质量一起传到地基。基础是建筑物的重要组成部分。地基则是建筑物基础以下的土层,承受由基础传下的荷载。地基承受建筑物荷载而产生的应力和应变随着土层深度的增加而减小,在达到一定深度后就可忽略不计。直接承受建筑荷载的土层为持力层。

持力层以下的土层为下卧层,地基与基础既有不同,又密切相关。尽管地基不属于建筑的组成部分,但它对保证建筑物的坚固耐久具有非常重要的作用。因此,在地基与基础设计中应保证具有足够的强度,满足稳定性和均匀沉降以及经济合理的基本要求,以保证建筑结构的安全和建筑物的正常使用。若地基基础一旦出现问题,就难以补救。从工程造价上看,一般民用建筑基础工程的造价占总造价的 30% ~40% 。

基础的作用及其与地基的关系

2)地基的分类

(1)天然地基

凡天然土层具有足够的承载力,不需要经过人工加固,可直接在其上建造房屋的土层称为天然地基。天然地基的土层分布及承载力大小由勘测部门实测提供。作为建筑地基的土层有岩石、碎石土、砂土、粉土、黏性土和人工填土。

(2)人工地基

当土层的承载力较差或虽然土层较好,但上部荷载很大时,为使地基具有足够的承载能力,可以对土层进行人工加固,这种经人工处理的土层,称为人工地基。常用的人工加固地基的方法有压实法、换土法和桩基。

3)基础的埋置深度

(1)基础埋置深度

由室外设计地面到基础底面的垂直距离,称为基础的埋置深度。基础的埋深小于或等于 5 m 者为浅基础,大于 5 m 者为深基础。单从经济条件看,基础的埋置深度越小,工程造价越低,但是如果基础没有足够的土层包围,基础底面的土层受到压力后会把基础四周的土挤出,基础将产生滑移而失去稳定;同时,基础埋置过浅,易受外界的影响而损坏,所以基础的埋置深度一般不应小于 500 mm。

基础的埋置深度

(2)影响基础埋深的因素

影响基础埋深的因素主要有以下 5 个方面。

①建筑物的用途:如有无地下室、设备基础和地下设施以及基础的形式和构造等。

②作用在地基上的荷载的大小和性质:荷载有恒荷载和活荷载之分,其中恒荷载引起的沉降量最大,而活荷载引起的沉降量相对较小,因此当恒荷载较大时,基础埋置深度应大一些。

③工程地质与水文地质条件:一般情况下,基础应设置在坚实的土层上,而不要设置在耕植土、淤泥等软弱土层上。当表面软弱土层很厚,加深基础不经济时,可采用人工地基或采取其他结构措施。基础宜设在地下水位以上,以减少特殊的防水措施,更有利于施工。如必须设在地下水位以下时,应使基础底面低于最低地下水位 200 mm 以下。这种情况下,基础应采用耐水材料,如混凝土、钢筋混凝土等,并且在施工时要考虑基坑的排水。

④地基土冻胀和融陷的影响:基础底面以下的土层如果冻胀,会使基础隆起;如果融陷,会使基础下沉。这种冻融交替使房屋处于不稳定状态,产生变形,如墙身开裂、门窗倾斜而开启困难,甚至使建筑物结构也遭到破坏。地基土冻结后是否产生冻胀,主要与土壤颗粒的粗细程度、含水量和地下水位的高低有关。如地基土存在冻胀现象,特别是在粉砂、粉土和黏性土中,基础应埋置在冰冻线以下。因此,基础埋深最好设在当地冰冻线以下,以防止土壤冻胀导致基

础破坏,但冰冻对岩石及砂砾、粗砂、中砂类土质的影响不大。

⑤相邻建筑物基础的影响:新建建筑物的基础埋深不宜大于相邻原有建筑物的基础。当新建基础深于原有建筑物基础时,两基础间应保持一定净距,一般取相邻两基础底面高差的1~2倍。如上述要求不能满足时,应采取临时加固支撑、打板桩或加固原有建筑物地基等措施。

相邻建筑对基础埋深的影响

7.2.2　基础的类型

基础的类型较多,划分方法也不尽相同。研究基础的类型是为了经济合理地选择基础的形式和材料,确定其构造。下面介绍比较常见的基础类型和构造。

1)按组成基础的材料和受力特点分类

（1）无筋扩展基础（也称为刚性基础）

无筋扩展基础是指用砖、石、混凝土、灰土、三合土等材料组成的,且不需配置钢筋的墙下条形基础或柱下独立基础。这种基础的特点是抗压强度好而抗弯、抗剪等强度很低,常用于地基承载力较好、压缩性较小的中小型民用建筑。

当采用砖、石、混凝土、灰土等抗压强度好而抗弯、抗剪等强度很低的材料做基础时,基础底宽应根据材料的刚性角决定。刚性角是基础放宽的引线与墙体垂直线之间的夹角。刚性角用基础放阶的级宽与级高的比值表示。不同材料和不同基底压力应选用不同的宽高比。

常见的无筋扩展基础有以下3种。

按材料类型的基础分类——砖基础

①砖基础:取材容易、价格较低、施工简便,是常用的类型之一,但强度、耐久性、抗冻性较差,多用于干燥而温暖地区的中小型建筑的基础。

在建筑物防潮层以下,砖的等级不得低于MU10,非承重空心砖、硅酸盐砖和硅酸盐砌块,不得用于做基础材料。由于刚性角限制,并考虑砌筑方便,常采用每隔二皮砖厚收进1/4砖的断面形式;在基础底宽较大时,也可采取二皮一级与一皮一级收进的断面形式,但其最底下一级必须用二皮砖厚。

砖基础的逐步放阶形式称为大放脚。在大放脚下需加设垫层。垫层厚度是根据上部结构荷载和地基承载力的大小及材料来确定的。如地基是老土时,一般在大放脚下铺30~50 mm厚水泥砂浆做起找平作用的垫层。若上部荷载较大或地基较弱,北方地区多用450 mm厚三七灰土(石灰:黄土=3:7)做传力垫层。在南方潮湿地区多采用1:3:6(石灰:炉渣:碎石或碎砖)的三合土做传力垫层,厚度不小于300 mm。

②石基础:有毛石基础和料石基础两种,剖面形式有矩形、阶梯形和梯形等多种。

毛石基础的毛石厚度和宽度不得小于150 mm,长度为宽度的1.5~2.5倍,强度等级不低于MU25。其做法有两种,一种是在基坑内先铺一层高约400 mm的毛石后,灌以M2.5砂浆,分层施工,称为毛石灌浆基础;另一种是边铺砂浆边砌毛石,称为浆砌毛石基础。两种做法均要求毛石按大小交错搭配,使灰缝错开。同时在砌毛石时,基础四周回填土应边砌边填分层夯实。毛石基础剖面形式一般为矩形,墙厚为240~370 mm时,一般做成基宽为500~600 mm、基高为 900 mm 的矩形剖面。若基高大于 1 000 mm 时,则基宽相应加宽,其比值应按石材刚性角放阶,一般不宜超过 3 阶。

料石基础是用经过加工具有一定规格的石材,用 M2.5 砂浆或 M5 砂浆砌筑而成的基础。料石砌筑要求上下面平整,石缝错开,灰浆饱满。它的基宽 B 除按计算要求外,还应符合料石规格尺寸。

石基础的耐久性、抗冻性很高,但毛石基础毛石间黏结依靠砂浆,结合力较差,因而砌体强度不高,而料石的基础强度就高得多。石基础不另做垫层。

③混凝土基础:混凝土基础是用水泥、砂、石子加水拌和浇筑而成,常用混凝土强度等级为 C7.5 ~ C15。它的剖面形式和相关尺寸,除满足刚性角外,还受材料规格限制,按结构计算确定,其基本形式有矩形、阶梯形、梯形等。

按材料类型的基础分类——混凝土基础

混凝土的强度、耐久性、防水性都较好,是理想的基础材料。混凝土基础体积过大时,可以在混凝土中填入适当数量的毛石,即毛石混凝土基础。毛石混凝土基础所填毛石是未经风化的石块,使用前应用水冲洗干净,石块尺寸一般不得大于基础宽度的 1/3,同时石块任一边尺寸不得大于 300 mm。填入石块的总体积不得大于基础总体积的 30%。混凝土基础一般不设垫层。

(2)扩展基础

刚性基础因受刚性角的限制,当建筑物荷载较大或地基承载能力较差时,如按刚性角逐步放宽,则需要很大的埋置深度,这在土方工程量及材料使用上都很不经济。特别是遇到有软弱土层而基础不宜深埋时,应充分利用浅处持力层好的承载力埋设基础。这种情况下宜采用钢筋混凝土基础,以承受较大的弯矩,基础就可以不受刚性角的限制。用钢筋混凝土建造的基础,不仅能承受压应力,还能承受较大拉力,不受材料的刚性角限制,故也称为扩展基础或柔性基础。

按材料及受力特点的基础分类——柔性基础

钢筋混凝土基础剖面形式多为扁锥形,可尽量浅埋,这种基础相当于一个受均布荷载的悬臂梁,所以它的截面高度向外逐渐减少,但最薄处的厚度应大于或等于 200 mm。受力钢筋的数量应通过计算确定,但钢筋直径不宜小于 8 mm,混凝土强度等级不宜低于 C15。为使基础底面均匀传递对地基的压力,保证基础底面平整,便于布置钢筋,防止钢筋锈蚀,钢筋混凝土基础通常需设垫层。垫层常用 C7.5 或 C10 混凝土做成,其厚度宜为 70 ~ 100 mm。有垫层时,钢筋距基础底面的保护层厚度不宜小于 35 mm;如若不设垫层时,钢筋距基础底面不宜小于 70 mm,以保护钢筋避免钢筋锈蚀。

2)按照基础的构造形式分类

应根据建筑物上部结构形式、荷载大小以及地基允许承载力情况确定基础形式。常见的有以下 5 种。

(1)独立基础

当建筑物上部结构为梁、柱构成的框架、排架及其他类似结构,或建筑物上部为墙承重结构,但基础要求埋深较大时,均可采用独立基础。独立基础是柱下基础的基本形式,墙下独立基础的优点是可减少土方工程量,节约材料。

独立基础的分类

当上部荷载较大或地基条件较差时,为提高建筑物的整体刚度,避免不均匀沉降,常将独立基础沿纵向和横向连接起来,形成十字交叉的井格基础。

（2）条形基础

按基础构造形式分类——井格式基础

当建筑物上部结构采用墙承重时,基础沿墙身设置呈长条形,这种基础称为条形基础或带形基础。条形基础一般由垫层、大放脚和基础墙3部分组成。条形基础具有较好的纵向整体性,可减缓局部不均匀下沉。一般中小型建筑常采用砖、混凝土、毛石或三合土等材料做的无筋扩展条形基础。

当建筑物为框架结构柱承重时,若柱间距较小或地基较弱,也可采用柱下条形基础,即将柱下的基础连接在一起,使建筑物具有良好的整体性。柱下条形基础还可以有效地防止不均匀沉降。

（3）筏板基础

当建筑物上部荷载很大或地基的承载力很小时,可采用筏板基础,又称板式基础或筏形基础。筏板基础用钢筋混凝土现浇而成,其形式有板式和梁板式两种（图7.3）。

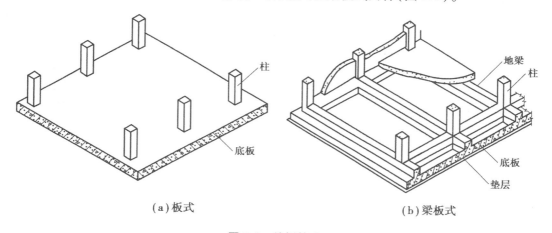

（a）板式   （b）梁板式

图7.3 筏板基础

（4）箱形基础

按基础构造形式分类——箱形基础

当钢筋混凝土基础埋置深度较大,且设有地下室时,可将地下室的底板、顶板和墙浇筑成箱形整体作为房屋的基础,这种基础称为箱形基础。箱形基础具有较大的强度和刚度,常作为高层建筑的基础。

（5）桩基础

当天然地基上的浅基础沉降量过大或地基稳定性不能满足建筑物的要求时,常采用桩基础。桩基础具有承载力高、沉降量小、节约基础材料、减少挖填土方工程量、改善施工条件和缩短工期等优点,因此桩基础的应用较为广泛。

桩基础的种类较多,按桩的传力及作用性质分为端承桩和摩擦桩;按材料分为混凝土桩、钢筋混凝土桩和钢桩等;按桩的制作方法分为预制桩和灌注桩。我国目前常用的桩基础有钢筋混凝土预制桩、振动灌注桩、钻孔灌注桩、爆扩灌注桩等。

钢筋混凝土预制桩是在预制厂或施工现场预制,由桩尖、桩身和桩帽 3 部分组成,断面多为方形,施工时用打桩机打入土层内,然后再在桩帽上浇筑钢筋混凝土承台,称为桩承台基础。

桩承台基础的类型

7.2.3 地下室

建筑物底层以下的房间称为地下室。地下室可以增加使用面积,提高建设用地的利用率,还可以减少基础回填土。一般适用于设备用房、储藏间、库房、地下商场、车库及站备用房等。

1)地下室的组成

地下室一般由墙身、底板、顶板、门窗、楼梯和采光井等组成。

地下室的组成

2)地下室的分类

地下室按照使用功能不同,分为普通地下室和人防地下室;按顶板标高不同,分为半地下室和全地下室;按照结构材料不同,分为砖混结构地下室和钢筋混凝土结构地下室。

地下室的分类

3)地下室防潮和防水

地下室的外墙和底板常年埋在地下,受到土中水分和地下水的侵蚀,如不采取有效的构造措施,地下室将受到水的渗透,轻则引起墙皮脱落、墙面霉变,影响美观和使用,重则将影响建筑物的耐久性。因此,保证地下室不潮湿、不进水是地下室设计和施工的重要任务。

(1)地下室防潮做法

当地下水的常年水位和最高水位都在地下室地面标高以下时,地下水不可能直接侵入室内,墙和底板仅受土层中潮气的影响,这时地下室只需做防潮处理。

地下室的防潮做法:对于砖墙,需用水泥砂浆砌筑,灰缝必须饱满,在外墙外侧设垂直防潮层。具体做法是在外墙表面先抹一层 20 mm 厚水泥砂浆找平层,涂刷一道冷底子油和两道热沥青。防潮层需刷至室外散水坡处,然后在防潮层外侧回填低渗透土壤,如黏土、灰土等,并逐层夯实,以防地表水下渗对地下室的影响,这部分回填土的宽度为 500 mm 左右。

另外,地下室所有的墙体都必须设两道水平防潮层,一道设在地下室底板附近,一般设置在内、外墙与地下室底板交接处;另一道设在距离室外地面散水以上 150 ~ 200 mm 的墙体中,以防止土层中的水分沿基础和墙体上升,导致墙体潮湿而增大地下室的湿度及首层室内的温度。地下室的一般防潮构造做法如图 7.4 所示。

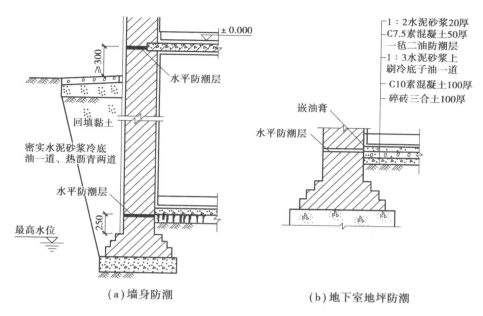

（a）墙身防潮　　　　　　　　　（b）地下室地坪防潮

图 7.4　地下室防潮处理

（2）地下室防水

常年静止水位和丰水期最高水位都高于地下室地坪,是一种最不利的情况。这种情况下,地下水不仅可以侵入地下室,还对墙板、底板产生较大的压力。因此,必须考虑地下室外墙做垂直防水处理,底板做水平防水处理。

地下室防水构造通常有柔性防水和刚性防水两种。柔性防水做法按防水层铺贴位置不同,分为内包法和外包法。内包法是将防水层贴在地下室墙体的内表面,此方法施工方便、便于维修,但防水不太有利,因此多用于修缮工程。而地下室的卷材防水通常多采用外包法,即将防水层铺贴在地下室外墙的外表面,这对防水较为有利。外包法比较简便、不占室内面积,但维修困难。

外包式构造做法是先在墙外抹 20 mm 厚水泥砂浆找平层,并涂刷冷底子油一道,再根据选择的油毡按一层沥青、一层油毡的程序粘贴油毡。油毡是从地下室底板处包过来的,再沿地下室墙身由下向上连接密封粘贴。根据防水工程要求,防水层必须高出最高地下水位 500 ~ 1 000 mm 为宜,其上部做防潮处理,最后在防水层外侧砌半砖墙进行保护(图 7.5)。

刚性防水是采用防水混凝土作地下室的侧墙和底板。防水混凝土是一种抗渗性能高的混凝土,它能抵抗一定压力的水作用而不发生渗水现象。为了提高混凝土的抗渗性能,通常要合理选择原材料,掺入一定量的外加剂,以提高混凝土的密实程度以及改善混凝土内部孔结构。外加剂的混凝土的外墙、底板均不宜太薄,一般墙厚为 200 mm 以上,底板厚度在 150 mm 以上,否则会影响抗渗效果。为防止地下水对混凝土的侵蚀,在墙外侧应抹水泥砂浆,然后涂刷沥青(图 7.6)。

地下室的防水
——混凝土构
件自防水

221

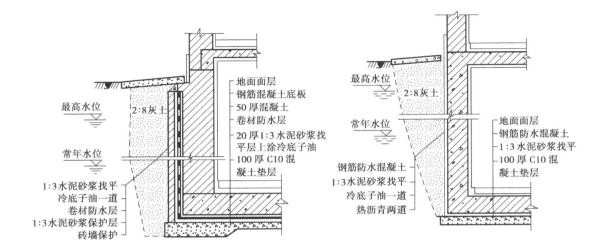

图 7.5　地下室卷材防水处理　　　　图 7.6　地下室钢筋混凝土防水处理

7.3　墙体

墙体是建筑物中不可或缺的重要组成构件,其质量占建筑物总质量的 30% ~ 45% ,造价占建筑物总造价的 30% ~ 40% 。因此,在工程设计中,合理选择墙体的材料、结构方案及构造做法十分重要。

7.3.1　墙体的基本知识

墙体的类型

1)墙体的分类

建筑物中的墙体按其所处位置、布置方向、所用材料、施工方法、受力情况、构造方式等的不同一般有以下 6 种分类方式。

①按墙体所处位置可以分为外墙和内墙。凡是位于建筑物四周的墙均为外墙,外墙也称为外围护墙,起着遮风挡雨使建筑内部空间免受自然界各种因素侵袭并增强建筑艺术形象的作用;凡是位于建筑内部的墙均为内墙,起着分隔室内空间的作用。任何墙上,门与窗或窗与窗之间的墙称为窗间墙,窗洞下方的墙称为窗下墙,屋顶上部高出屋面的墙体俗称女儿墙。

②按墙体布置方向可以分为纵墙和横墙。沿建筑物长轴方向布置的墙体称为纵墙,外纵墙也称为檐墙;沿建筑物短轴方向布置的墙体称为横墙,外横墙俗称山墙。

③按墙体所用材料可分为砖墙、石墙、土墙、混凝土墙、砌块墙、板材墙等。

④按墙体的施工方法可以分为块材墙、板筑墙及板材墙 3 种。块材墙是用砂浆等胶结材料将砖石块材等组砌而成,如砖墙、石墙及各种砌块墙等;板筑墙是在施工现场立模板,现场浇筑而成的墙体,如现浇混凝土墙等;板材墙是预先制成墙板,施工时安装而成的墙,如预制混凝土大板墙、各种轻质条板内隔墙等。

⑤按墙体的受力情况不同可分为承重墙和非承重墙两种。承重墙直接承受楼板、屋顶传下来的垂直荷载及风荷载、地震水平作用。非承重墙不承受外来荷载,仅起分隔与围护作用,可分为自承重墙、隔墙、幕墙、填充墙等。自承重墙仅承受自身质量;隔墙把自重传给楼板或梁,起分隔空间的作用;幕墙为悬挂在建筑物外部骨架或楼板间的轻质外墙;填充墙是在框架结构中填充于框架结构中梁和柱子之间的墙。

⑥按墙体的构造方式可分为实体墙、空体墙和组合墙3种。实体墙由单一材料组成,如砖墙、砌块墙等。空体墙也是由单一材料组成,可由单一材料砌成内部空腔,如空斗砖墙,也可用具有孔洞的材料建造,如空心砌块墙、空心板墙等。组合墙由两种以上材料组合而成,其主体一般为黏土砖或钢筋混凝土,在内外侧附加保温防水等材料以满足墙体的功能性要求,如加气混凝土复合板材墙,其中,混凝土为主体起承重作用,加气混凝土起保温隔热作用,如图7.7所示。

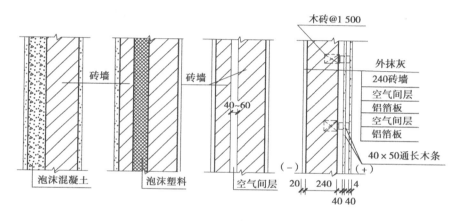

图7.7　组合墙体的构造

2)墙体的作用

民用建筑中的墙体一般有4个作用:

①承重作用。墙体承受其自重、房屋的屋顶、楼板层、人、设备等荷载及风荷载、地震作用等。

②围护作用。墙体抵御自然界风、雪、雨等侵袭,并防止太阳辐射、噪声干扰起到保温隔热、隔声等作用。

③分隔作用。墙体可将房间划分为若干个小空间或小房间以适应使用者的要求。

④装饰作用。墙体属外围护构件,墙面的装修对整个建筑的艺术形象影响很大,是建筑装修的重要部分。

3)墙体的设计要求

根据墙体在建筑物中的作用,对墙体的设计提出以下3个方面的要求。

(1)结构方面的要求

①墙体要具有足够的强度和稳定性以保证安全。强度是指墙体承受荷载的能力,它与所采用的材料、材料强度等级、墙体的截面积、构造和施工方式有关;墙体的稳定性则与墙的高

度、长度和厚度及纵横向墙体间的距离有关,可通过验算确定,一般是通过控制墙体的高厚比、设壁柱、圈梁、构造柱及加强各部分之间的连接等措施来增强墙体的稳定性。

②结构布置要合理。对使用功能相同或相近的房间在平面设计时应尽量做到平面大小、形状一致,结构相同。不同面积、不同荷载的房间布置应做到大面积布置在上面,小面积房间布置在下面,楼层荷载小的房间在上面,楼层荷载大的房间在下面,这样可使承重结构受力更合理。

(2)功能方面的要求

①满足保温隔热等热工方面的要求。我国北方地区,气候寒冷,要求外墙具有较好的保温能力,以减少室内热损失。通常通过选择导热系数小的材料、增强砌筑灰缝的饱满度、墙面抹灰等方式来实现。而南方地区气候炎热则要求外墙具有较好的隔热性能,这也可以通过采用导热系数小的材料或是砌成中空的墙体使空气在墙中对流带走部分热量来降低墙的表面温度。当然,采用浅色且平滑的墙体饰面及设置遮阳措施也可以达到隔热的效果。

②满足隔声要求。为保证建筑的室内有一个良好的声学环境,墙体必须具有一定的隔声能力。墙体越厚,隔声性能就越好,设计时可以根据不同的隔声要求选择相应的墙体厚度。

③满足防火要求。在防火方面,墙体的材料及墙体的厚度均应符合防火规范中相应的燃烧性能和耐火极限的规定。当建筑的占地面积或长度较大时,还应按防火规范要求设置防火墙将房屋分成若干段,防止火灾蔓延。

④满足防水防潮要求。在厨房、卫生间等用水房间的墙体以及地下室的墙体应采取防潮防水措施。可通过选择良好的防水材料和合适的构造做法来保证墙体坚固耐久,为室内提供良好的卫生环境。

(3)材料、施工、经济方面的要求

在大量性民用建筑中,墙体的工程量占相当比重且其劳动力消耗大,施工工期长、造价高。因此,墙体设计应合理选材、方便施工、提高工效、降低劳动强度,并采用轻质高强的墙体材料以减轻自重、降低成本、逐步实现建筑工业化。

4)墙体的承重方案

墙体的承重方案有4种:横墙承重、纵墙承重、纵横墙承重和墙与柱混合承重,如图7.8所示。

(1)横墙承重

横墙承重将楼板及屋面板等水平构件搁置在横墙上,横墙起主要承重作用,纵墙只起围护和分隔作用。其优点是横墙间距较密(4 m左右),数量较多,墙体排列整齐,建筑物的横向刚度较强,整体性好,对抗风力、地震作用和调整地基不均匀沉降有利,并且纵墙只承受自重,在纵墙上开门窗受限制小;缺点是开间较小、房屋使用面积较小,墙体材料耗费多,建筑空间组合不够灵活。这一布置方案适用于房间开间尺寸不大、墙体位置相对固定的建筑,如住宅、宿舍、旅馆等。

(2)纵墙承重

纵墙承重将楼板及屋面板等水平构件搁置在纵墙上,楼面荷载依次通过楼板、梁、纵墙、基础传递给地基。纵墙起承重作用,横墙只起分隔空间、连接纵墙、承受自重的作用。其优点是横墙的间距可以增大,布置相对灵活,楼板、进深梁等的规格尺寸较少,便于工业化生产,横墙

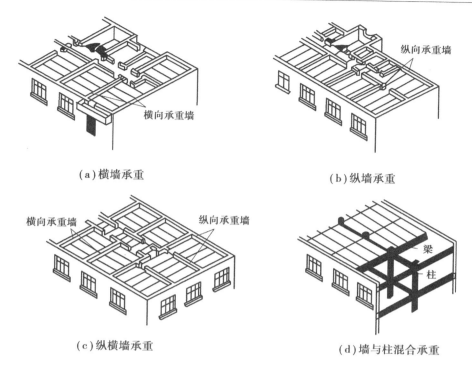

图 7.8　墙体的承重方案

厚度小,较节约墙体材料;缺点是建筑物的纵向刚度大而横向刚度弱,抵抗水平向荷载的能力差,房屋整体刚度小。水平承重构件空间跨度大,单一构件自重大,纵墙上开门窗相对受限制。这一布置方案空间划分较灵活,适用于空间使用上要求有较大空间、墙位置在同层或上下层之间可能有变化的建筑,如教学楼中的教室、阅览室、实验室等。

（3）纵横墙承重

承重墙体由纵横两个方向的墙体混合组成,双向承重体是在两个方向抗侧力的能力都较好。此方案集横墙承重和纵墙承重方案两者的优点,建筑组合灵活,空间刚度较好;缺点是水平承重构件类型多、施工复杂、墙体结构面积大、耗材较多。这一布置方案适用于开间、进深变化较多的建筑,如医院、实验楼、点式住宅等。

（4）墙与柱混合承重

墙与柱混合承重是房屋内部采用柱、梁组成内框架承重,四周采用墙承重,由墙和柱共同承受水平承重构件传来的荷载。墙与柱混合承重的优点是房屋内部空间大、不受墙体布置的限制,外墙又有较好的热工性能,相对全框架要经济些;缺点是内部框架与四周墙体的刚度不同,不利于抗震。这种方案适用于需要有较大空间的建筑,如大型商场、仓库、餐厅等。

7.3.2　砖墙构造

砖墙在我国有着悠久的历史,其优点有取材容易、制造简单,施工方便,保温、隔热、隔声、防火、防冻效果好,有一定的承载能力。但也存在施工速度慢、劳动强度大、自重大、占面积多,尤其是黏土砖占用耕地的缺点,因此人们长期以来一直围绕墙体材料、技术和经济问题进行不断的探索和改革,并取得了很大进展。

1)砖墙的材料

砖墙的材料包括砖和砂浆。

（1）砖

①砖的类型：普通黏土砖、黏土多孔砖、黏土空心砖。

②砖的规格：标准黏土砖的规格：240 mm×115 mm×53 mm；多孔砖的规格：190 mm×190 mm×90 mm、240 mm×115 mm×90 mm、240 mm×180 mm×115 mm；空心砖的规格：300 mm×300 mm×100 mm、300 mm×300 mm×150 mm、400 mm×300 mm×80 mm。

③砖的强度等级：MU30～MU7.5共6个等级，强度等级由砖的抗压抗折等因素确定。一般砌体结构的砖的强度不宜低于MU7.5，地面以下砖的强度不低于MU10。

（2）砂浆

按砂浆所起的作用有砌筑砂浆、抹面砂浆、防水砂浆。砌筑砂浆有水泥砂浆、石灰砂浆及混合砂浆3种，水泥砂浆强度高、防潮性能好，主要用于受力和防潮要求高的墙体中；砌筑地面以上墙体一般使用混合砂浆，石灰砂浆强度和防潮均差，但和易性好，通常只用来砌筑建筑中地面以上的非承重墙和荷载不是很大的承重墙。

2)砖墙的组砌

砖墙的组砌是指砌块在砖块在砌体中的排列方式。

（1）组砌的原则

砖墙在组砌时砖与砖之间上下错缝，一般错缝不小于60 mm，内外搭接，避免出现连续的垂直通缝，以保证砖墙的整体稳定性。砖与砖之间的灰缝砂浆饱满，厚薄均匀，砖墙砌筑横平竖直，以便于传力均匀，并提高墙体的热工性能和墙面的美观。

（2）组砌方式

在砖墙组砌中，把砖的长边垂直于墙面砌筑的砖称为丁砖，把砖的长边平行于墙面砌筑的砖称为顺砖。砖墙的砌式有以下5种。

墙体砌筑与厚度

①全顺式：每皮均由顺砖组砌，上下皮砖左右搭接约为半砖，常用于半砖墙。空心砖墙和多孔砖墙也常采用此砌筑方式。

②一顺一丁式：一种广泛使用的砌筑方式，即一层顺砖一层丁砖相间排列，特点是砌体内无通缝，搭接好，整体性强，但砌筑效率低，适用于一砖墙及以上的墙体。

③多顺一丁式：分为三顺一丁和五顺一丁，即每隔三皮顺砖或五皮顺砖加砌一皮丁砖相间叠砌而成。相比一顺一丁式，施工效率有所提高，但是多皮砖之间存在通缝，整体性差，适用于一砖墙及以上的墙体。

④每皮丁顺相间式（十字式）：也称为梅花丁式，每皮均由顺砖和丁砖相间铺成，特点是整体性好、墙面比较美观，但施工效率低，砌筑也比较难，尤其适用于砌筑清水墙。

⑤两平一侧式：平砖与侧砖交错排列，适用于四分之三砖墙。

（3）砖墙尺度

①墙体厚度：应符合砖的规格、满足结构的要求和保温隔热防火隔声功能方面的要求。习惯上以砖长为基数来称呼，如四分之三砖墙、一砖墙、半砖墙等。在工程上常以它们的标志尺寸来称呼，如一二墙、二四墙等。砖墙常用名称、墙厚及尺寸关系见表7.2。

表 7.2 砖墙厚度组成

构造尺寸/mm	115	178	240	365	490
标志尺寸/mm	120	180	240	370	490
习惯称谓	半砖墙	四分之三砖墙	一砖墙	一砖半墙	两砖墙
工程称谓	一二墙	一八墙	二四墙	三七墙	四九墙
尺寸组成/mm	115×1	$115 \times 1 + 53 + 10$	$115 \times 2 + 10$	$115 \times 3 + 20$	$115 \times 4 + 30$

②砖墙的墙段长度和洞口尺寸。由于砖尺寸的确定时间比我国现行《建筑模数协调统一标准》(GB 50002—2013)确定的时间早,致使砖模($115 + 10 = 125$ mm)与基本模数($1M = 100$ mm)不协调,综合各种因素,在工程实践中,采用如下方法确定墙段的长度和洞口的宽度:墙段长度小于 1.5 m 时,设计时应使其符合砖模,墙段长度为($125n - 10$,n 为半砖的数量),洞口尺寸为($125n + 10$);当墙段长度大于 1.5 m 时,可不再考虑砖模。另外,墙段长度尺寸还应满足结构需要的最小尺寸,在抗震设防地区墙段长度应符合现行《建筑抗震设计规范(2016 年版)》(GB 50011—2010)的规定。

3)砖墙的细部构造

砖墙的细部构造包括墙脚构造、门窗过梁、窗台、墙身加固措施。

(1)墙脚构造(包括墙身防潮层、勒脚、明沟、散水)

①墙身防潮层。在墙身设置防潮层的目的是防止土壤中的水分沿基础墙上升和位于勒脚处的地面水渗入墙内,使墙身受潮。墙身防潮层必须在内、外墙脚部位连续设置,构造形式有水平防潮层和垂直防潮层两种。

墙身防潮

a.防潮层的位置:应在室内地面与室外地面之间,以在地面垫层中部最为理想。工程实践中,通常将防潮层设在首层室内地面以下 60 mm 处,即 -0.060 m 标高的位置。当内墙两面地面有高差时,防潮层应分别设在两侧地面以下 60 mm 处,并在两防潮层间墙靠土的一侧加设垂直防潮层。

b.防潮层的做法:

●卷材防潮层。我国传统的做法是在防潮层部位先抹 20 mm 厚水泥砂浆找平,然后干铺油毡一层或用沥青粘贴一毡二油(图 7.9)。此做法的特点是:油毡有很好的韧性和防潮性能,但油毡的抗老化性能很差,同时因为油毡使墙体隔离削弱了砖墙的整体性和抗震性能。因此这种做法已经很少使用。

●防水砂浆防潮层:在水泥砂浆中掺入水泥用量3% ~5%的防水剂配制而成,铺设厚度为 20 ~25 mm(图 7.10)。其特点是:砌体的整体性好,较适用于抗震地区、独立砖柱和受震动较大的砌体。但水泥砂浆属脆性材料,易开裂,不适用于地基会产生不均匀沉降的地区。

●细石混凝土防潮层:在防潮层位置铺设 60 mm 厚 C15 或 C20 细石混凝土,内配 3 φ6 或 3 φ8 的钢筋以抗裂(图 7.11)。此做法的特点是:混凝土的密实性好,有一定的防水能力,并且能够和砌体紧密结合,故适用于整体刚度要求较高的建筑。

●防水砂浆砌砖防潮层:即用防水砂浆砌筑4~6皮砖,用途和防水砂浆防潮层相同,如图7.12所示。

●垂直防潮层:在需设置垂直防潮层的墙面(靠回填土一侧)先用水泥砂浆抹面,刷冷底子油一道,再刷热沥青两道,也可采用掺有防水剂的砂浆抹面的做法。

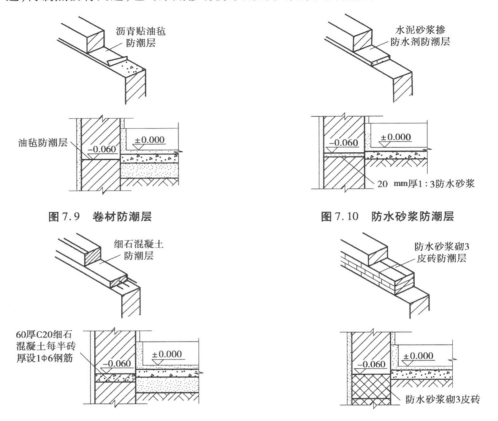

图7.9　卷材防潮层　　　　　图7.10　防水砂浆防潮层

图7.11　细石混凝土防潮层　　　图7.12　防水砂浆砌砖防潮层

②勒脚。勒脚一般是指外墙墙身下部靠近室外地面的部分,其作用是保护外墙脚,防止机械碰撞以及雨水侵蚀造成墙体的风化,增强建筑物立面的美观。对勒脚的要求是防水、防冻、坚固、美观。一般勒脚的高度不低于500 mm,通常为室内地面与室外地面的高差,有时做到底层窗台底,也可根据需要提高勒脚高度尺寸。

常见勒脚的做法如下(图7.13):

a.抹灰:在勒脚部位抹20~30 mm厚1:3水泥砂浆或做水刷石、斩假石等。

b.贴面:在勒脚部位镶贴各类石板、面砖,如花岗岩、水磨石、文化石等。

c.石砌:勒脚部位采用强度高、耐水性好的天然石材,如毛石、条石等砌筑。

勒脚的构造要求为:

a.做勒脚时,应将墙面清扫干净并润湿墙面。

b.墙面应预留槽口以便勒脚与主体墙连接牢靠。

c.勒脚面层应伸入散水下面。

③明沟。明沟也称为阴沟,是设置在建筑物外墙四周紧靠墙根的排水沟,其作用是将屋面

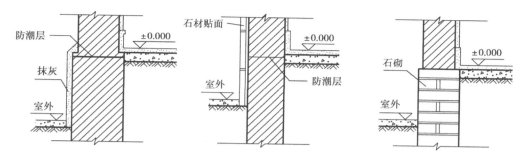

图7.13 勒脚的构造做法

落水和地面积水有组织地导向地下排水井,保护外墙基础。明沟的构造做法是宽度不小于 200 mm,沟底设置不小于1%的纵坡,通常用混凝土浇筑,也可用砖、石砌筑后抹水泥砂浆。明沟适合于降雨量较大的南方地区,具体构造如图7.14所示。

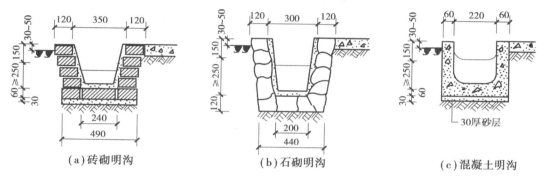

(a)砖砌明沟   (b)石砌明沟   (c)混凝土明沟

图7.14 明沟的构造做法

④散水。散水也称为护坡,是设置在房屋外墙四周靠墙根处的排水坡,散水的作用是将雨水散至远处,防止雨水对墙基的侵蚀。具体构造做法是散水宽度一般设置为 600～1 000 mm,当屋面为自由落水时,散水的宽度应比屋檐挑出宽度大 150～200 mm,坡度通常为3%～5%,外边缘比室外地坪高出 20～30 mm。散水常用的材料有混凝土、砖、石等。因为建筑的沉降及散水与勒脚施工的差异,在勒脚与散水交接处应留有缝隙,缝内填粗砂和碎石子,上嵌沥青胶盖缝,以防渗水。散水整体面层纵向距离每隔6～12 m做一道伸缩缝,缝宽 20～30 mm,缝内处理与勒脚和散水交接处构造相同。散水适用于降雨量较小的北方地区。在季节性冰冻区,散水的垫层下边需加设用砂石、炉渣等非冻胀材料做的防冻胀层。具体构造做法如图7.15所示。

建筑立面图
的相关规定

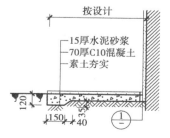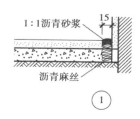

图7.15 散水的构造做法

（2）门窗过梁

过梁是设在门窗洞口上部的横梁，作用是承受门窗洞口上部的砌体传来的各种荷载，并将荷载传递给洞口两侧的墙体或柱子。常见的过梁有砖拱过梁、钢筋砖过梁和钢筋混凝土过梁3种。

①砖拱过梁。砖拱过梁是我国传统做法，有平拱和弧拱两种形式。常见的是平拱过梁，将砖立砌和侧砌相间砌筑，利用灰缝的上宽下窄相互挤压形成拱，平拱高度多为一砖长，灰缝上

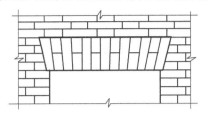

图 7.16　砖砌平拱过梁

部宽度不大于 15 mm，下部宽度不小于 5 mm，砖强度不低于 MU10，砂浆不低于 M5，适用于洞口宽度不大于 1.8 m、上部无集中荷载时。这种构造的特点是：较节约钢材和水泥，造价低，但施工麻烦，整体性较差，不适用于振动较大、地基有不均匀沉降及地震地区。具体构造如图 7.16 所示。

②钢筋砖过梁。钢筋砖过梁是在砖墙灰缝中设置钢筋。通常将 φ6 钢筋埋在过梁底面厚度为 20 mm 的砂浆层内，每 120 mm 设置一根钢筋，根数不少于两根，钢筋端部弯起，伸入洞口两侧不小于 240 mm。洞口上 $L/4$（L 为洞口宽度）范围内（通常为 5～7 皮砖），用不低于 M5 砂浆砌筑，过梁的砌筑方法与一般砖墙相同，适用于清水墙，施工方便，但适用于洞口宽度不大于 2 m、上部无集中荷载时。具体构造如图 7.17 所示。

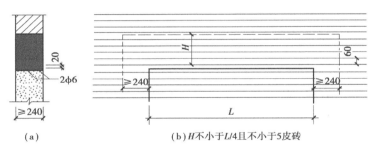

（a）　　　　　（b）H 不小于 $L/4$ 且不小于 5 皮砖

图 7.17　钢筋砖过梁构造

③钢筋混凝土过梁。当门窗洞口较大或洞口上部有集中荷载时，常采用钢筋混凝土过梁，有预制或现浇两种形式。为了施工方便，梁高通常和砖皮数相适应，常见的梁高有 60 mm、120 mm、180 mm、240 mm 等；梁的宽度与墙厚一致，梁的两端支承在墙上的长度每边不少于240 mm，以保证足够的承压面积。一般过梁的断面形式有矩形和 L 形，矩形多用于内墙和混水墙，L 形多用于外墙和清水墙。在严寒地区，为了避免冷桥的发生，可采用 L 形过梁或组合式过梁。这种构造的特点是：过梁坚固耐用、施工简便、效率高，对房屋的不均匀沉降或振动有一定的适应性，是目前使用最广泛的一种过梁形式。具体构造如图 7.18 所示。

（3）窗台

窗台是位于窗洞口下部的排水构件，作用是及时排除淋在窗上的雨水，避免积水渗进室内或墙身，并能丰富建筑立面效果。常用窗台的形式有悬挑窗台和不悬挑窗台、外窗台和内窗台、砖砌窗台和混凝土预制窗台等。其构造做法是：悬挑窗台采用顶砌一皮砖或将一皮砖侧砌并挑出墙面 60 mm，下边缘用水泥砂浆做滴水，引导雨水沿滴水线聚集而落下；窗台上表面做

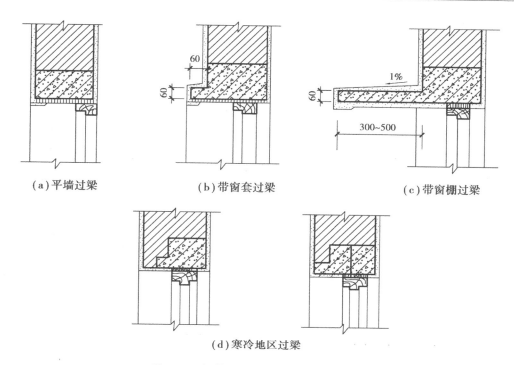

（a）平墙过梁　　　　（b）带窗套过梁　　　　（c）带窗棚过梁

（d）寒冷地区过梁

图7.18　钢筋混凝土过梁的构造形式

成向外的坡面,外窗台两端比窗洞每边挑出60~120 mm。可将外立面上的窗台连成通长腰线或分段腰线,也可做成外窗套。如果外墙饰面是瓷砖、马赛克等可以冲洗材料,可做不悬挑窗台。注意抹灰与墙下槛交接处理,应使抹灰嵌入窗下槛的裁口内或嵌在裁口下,防止雨水向室内渗入。内窗台一般为水平放置,通常结合室内装饰做成抹灰、贴面砖等不同形式。在寒冷地区,为便于安装暖气片,窗台下通常要留凹龛。此时,可以采用预制水磨石拌和与钢筋混凝土板等形成内窗台。

墙体的细部
构造——窗台

（4）墙体的加固措施

由于墙体可能受到集中荷载、开洞、墙体过长以及地震等因素的影响,使墙体的强度和稳定下降,因此要考虑对墙体采取加固措施。常用的做法有增加壁柱和门垛、圈梁和构造柱。

①壁柱和门垛。当墙体承受集中荷载或墙体长度和高度超过一定限制而影响墙体的稳定性时,常在墙身适当位置增设壁柱使之和墙身共同承载并稳定墙身。壁柱突出墙面的尺寸一般为120 mm×370 mm、240 mm×370 mm、240 mm×490 mm,符合砖的规格,或根据结构计算确定。

在墙体转角处或在丁字墙交接处开设门窗洞口时,为保证墙体强度和稳定性及门窗板的安装,应设门垛。门垛突出墙面不小于120 mm,宽度同墙厚,如图7.19所示。

门垛和壁柱

②圈梁。圈梁也称为腰箍,是沿房屋外墙和部分内墙设置的连续封闭的梁。其作用是配合梁板共同作用提高房屋的整体刚度,增强墙体稳定性,减少地基不均匀沉降或振动荷载引起的墙体开裂,提高房屋抗震能力。

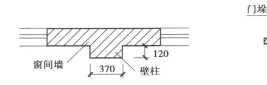

图 7.19 壁柱和门垛

圈梁有钢筋砖圈梁和钢筋混凝土圈梁两种。钢筋砖圈梁多用于非地震区,结合钢筋砖过梁沿外墙形成。钢筋混凝土圈梁应用最为广泛,其断面高度不小于 120 mm,宽度不小于240 mm。具体构造如图7.20 所示。

圈梁

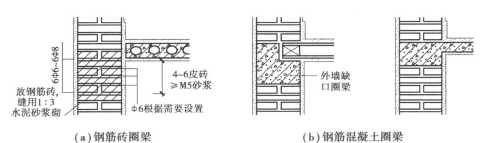

(a)钢筋砖圈梁   (b)钢筋混凝土圈梁

图 7.20 圈梁构造

圈梁一般设在基础顶、楼板底、门窗顶、屋面板底等处,具体要求见表7.3。

在房屋的同一水平高度上,要求连续封闭不能断开,如遇洞口不能通过,应增设附加圈梁。圈梁可以代替过梁,过梁不能代替圈梁。

表 7.3 黏土砖房圈梁设置要求

墙类	烈度		
	6、7 度	8 度	9 度
外墙和内纵墙	屋盖处及隔层楼盖处	屋盖处及每层楼盖处	屋盖处及每层楼盖处
内横墙	同上;屋盖处间距不大于 7 m,楼盖处间距不大于 15 m,构造柱对应部位	同上;屋盖处沿所有横墙且间距不大于 7 m,楼盖处间距不大于 15 m,构造柱对应部位	同上;各层所有横墙

注:圈梁的高度一般不小于120 mm,构造配筋在6、7度抗震设防时为4Φ8钢筋,8度设防时为4Φ10钢筋,9度设防时为4Φ12 的钢筋。箍筋一般采用Φ4~Φ6,按6、7度,8度、9度设防其间距分别为250 mm,200 mm 和150 mm。

③构造柱。构造柱是设在墙体内的钢筋混凝土现浇柱。它与圈梁共同形成空间骨架,以增强房屋的整体刚度,提高墙体抵抗变形的能力。构造柱一般设在外墙四角、纵横墙交接处、楼梯间四角、较大洞口两侧、较长墙体中部。构造柱的最小截面为 240 mm × 180 mm。最小纵向配筋为 4Φ12,Φ6 箍筋间距最大 250 mm,与圈梁连接端要加密箍筋。可不设基础,但应伸入基础梁内或

构造柱

伸入室外地坪以下 500 mm 处。墙体与构造柱连接处要砌筑成马牙槎(错),并沿墙体高度每隔 500 ~ 600 mm 设 2 Φ6 拉结钢筋,拉结筋每边伸入墙体不小于 1 m,如图 7.21、图 7.22 所示。

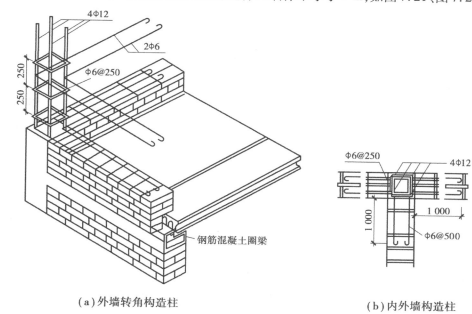

(a)外墙转角构造柱   (b)内外墙构造柱

图 7.21   砖砌体中的构造柱

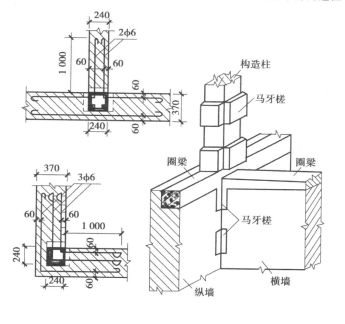
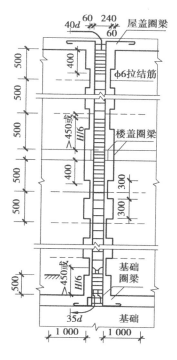

图 7.22   构造柱马牙槎构造图

7.3.3　砌块墙构造

砌块墙是采用预制块材按照一定的技术要求砌筑而成的墙体。它具有投资少、见效快、生产工艺简单、节约能源等优点。采用砌块墙是目前我国进行墙体改革的主要途径之一。在一般的 6 层以下的住宅、学校、办公楼及单层工业厂房均可用砌块代替砖使用。

砌块隔墙

1)砌块的类型与规格

(1)砌块的类型

砌块多用工业废渣或地方材料制成,既不占用耕地又解决了环境污染。砌块按所用材料分,有混凝土砌块、加气混凝土砌块、浮石混凝土砌块、煤矸石砌块、粉煤灰砌块、矿渣砌块等。

砌块按构造形式分为实心砌块和空心砌块。空心砌块又有方孔、圆孔和窄孔等数种。砌块按功能分为承重砌块和保温砌块。承重砌块采用普通混凝土或轻混凝土等强度等级高的材料,保温砌块则采用加气混凝土、陶粒混凝土、浮石混凝土等容重小、保温性能好的材料。

砌块按单块质量和幅面大小分为小型砌块、中型砌块和大型砌块。小型砌块单块质量不超过 20 kg,便于人工砌筑;单块质量在 20 ~ 350 kg 的为中型砌块,需要用轻便机具搬运和砌筑;而大型砌块的质量通常超过 350 kg,因其体积和质量均较大,所以必须采用起重和运输设备施工。目前,我国主要采用中小型砌块。

(2)砌块的尺寸规格

砌块的尺寸规格见表 7.4。

表 7.4　砌块的尺寸规格

类型	常见规格尺寸	砌块高度
小型砌块	190 mm × 190 mm × 90 mm、190 mm × 190 mm × 190 mm、190 mm × 190 mm × 390 mm	115 ~ 380 mm
中型砌块	180 mm × 845 mm × 630 mm、180 mm × 845 mm × 1 280 mm、240 mm × 380 mm × 280 mm、240 mm × 380 mm × 430 mm、240 mm × 380 mm × 580 mm、240 mm ×380 mm ×880 mm	380 ~ 980 mm
大型砌块	厚:200 mm 高:600 mm、700 mm、800 mm、90 mm 长:2 700 mm、3 000 mm、3 300 mm、3 600 mm	大于 980 mm

2)砌块墙的排列与组合

砌块墙的排列与组合是一件重要而复杂的工作。为了使砌块墙搭接、咬砌牢固、砌块排列整齐有序、减少砌块规格类型、尽量提高主块的使用率和避免镶砖或少镶砖,必须进行砌块的排列设计。在设计时,应给出砌块排列组合图,施工时按图进料和安装。砌块排列组合图一般有各层平面、内外墙立面分块图(图 7.23)。在进行砌块排列组合时,应按墙面尺寸和门窗布置,对墙面进行合理的分块。

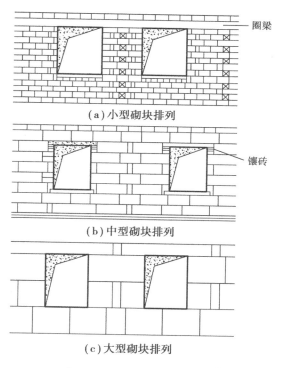

（a）小型砌块排列

（b）中型砌块排列

（c）大型砌块排列

图7.23　砌块的排列组合图

3）砌块墙构造

（1）提高墙体整体性措施

①砌块墙的接缝处理。良好的错缝和搭接是提高砌块砌体整体性的重要措施。因为砌块规格尺寸较大,砌块墙在厚度方向上大多没有搭接,故砌块长向的错缝搭接就尤为重要。小型空心砌块上下皮搭接长度不小于90 mm,中型砌块上下皮搭接长度不小于砌块高度的1/3,且不小于150 mm。当搭接长度不足时,应在水平灰缝内设置不小于2Φ4的钢筋网片,网片每端均超过该垂直缝不小于300 mm。

砌筑砌块的砂浆强度不小于M5。灰缝的宽度根据砌块的材料和规格尺寸确定,一般情况下,小型砌块为10～15 mm,中型砌块为15～20 mm。当竖缝宽度大于30 mm时,必须用C20细石混凝土灌实,如图7.24所示。

②设置圈梁。为了提高砌块墙的整体性,砌块建筑应在适当的位置设置圈梁。圈梁有预制和现浇两种。现浇圈梁整体性好,对加固墙身有利,但施工麻烦。我国不少地区采用U形预制构件代替模板,在槽内配置钢筋再浇筑混凝土,如图7.25所示。

③设置构造柱。墙体的竖向加强措施是在外墙转角以及内外墙交接处增设构造柱,使砌块在垂直方向连成整体。构造柱多利用空心砌块上下孔洞对齐并在孔中配置Φ10～Φ14钢筋,然后浇筑细石混凝土形成。构造柱与砌块墙连接处设置Φ4～Φ6钢筋网片,每边伸入墙内部小于1 m。沿墙高每隔600 mm设置,如图7.26所示。

（2）门窗框与墙体的连接

由于砌块的块体较大且不宜砍切,或因空心砌块边壁较薄,门窗框与墙体的连接方式,除

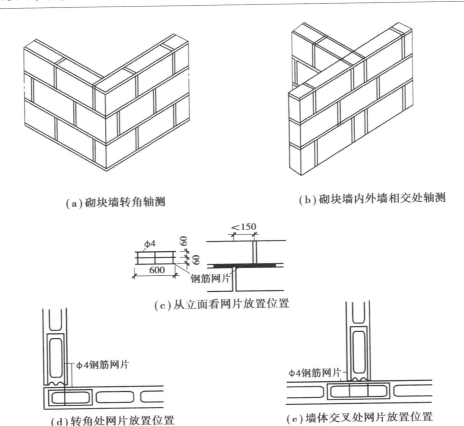

（a）砌块墙转角轴测　　　　　　　　　（b）砌块墙内外墙相交处轴测

（c）从立面看网片放置位置

（d）转角处网片放置位置　　　　　　　　（e）墙体交叉处网片放置位置

图 7.24　砌块墙构造

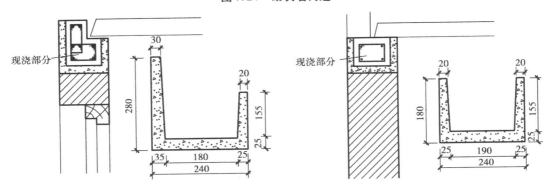

图 7.25　砌块预制圈梁

采用在砌块内预埋木砖的做法外,还有利用膨胀木楔、膨胀螺栓、铁件锚固以及利用砌块凹槽固定等做法。图 7.27 所示为根据砌块种类选用相应的连接方法。

（3）勒脚防潮构造

砌块多为多孔材料,吸水性较强容易受潮。在易受水部位,如檐口、窗台、勒脚、雨水管附近应做好防潮处理。特别是勒脚部位,除了按要求设好防潮层外,对砌块材料也有一定的要求,通常应选用结构密实且耐久性好的材料。砌块墙勒脚防潮层的处理,如图 7.28 所示。

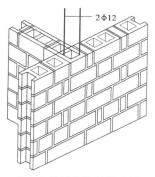
（a）内外墙交接处构造柱

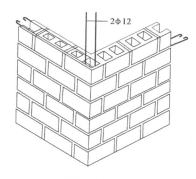
（b）外墙转角处构造柱

图 7.26　砌块墙构造柱

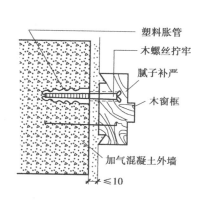

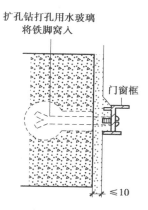

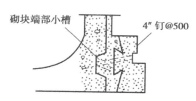

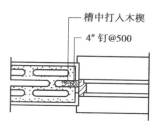

图 7.27　门窗框与砌体的连接

（a）密实混凝土砌块

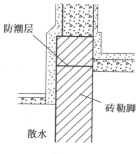
（b）实心砖砌体

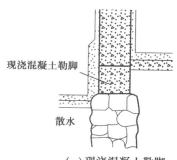
（c）现浇混凝土勒脚

图 7.28　勒脚防潮构造

237

7.3.4 隔墙构造

隔墙是分隔室内空间的非承重构件。在现代建筑中,为提高建筑平面布局的灵活性,大量采用隔墙以适应建筑功能的变化。由于隔墙不承受外荷载,其自身质量由楼板或墙下梁承受,因此隔墙设计时应满足以下要求:隔墙质量轻,以减轻楼板或墙下梁的荷载;厚度薄,增加建筑的有效空间;满足隔声、防水、防火、防腐蚀功能要求;便于安装和拆卸,使建筑空间能随使用要求改变而调整,提高施工效率;就地取材、降低造价,满足经济的要求。

隔墙按构造形式分为块材隔墙、骨架隔墙、板材隔墙等。

1)块材隔墙

块材隔墙是指用普通砖、空心砖、加气混凝土砌块等块材砌筑的墙,常用的有普通砖隔墙和砌块隔墙。

(1)普通砖隔墙

普通砖隔墙有半砖墙(120 mm)和1/4砖(60 mm)两种。

①半砖墙。半砖隔墙采用普通砖全顺式砌筑而成,当砌筑砂浆为 M2.5 时,墙体高度不宜超过 3.6 m,长度不宜超过 5 m。当采用 M5 砂浆砌筑时,墙体高度不宜超过 4 m,长度不宜超过 6 m;高度超过 4 m 时应在门过梁处设置

隔墙构造——
普通砖隔墙

通长钢筋混凝土带;高度超过 6 m 时应设砖壁柱。由于墙体轻而薄,稳定性较差,因此在构造上要求隔墙与承重墙或柱之间有可靠的连接。一般沿高度每隔 500 mm 设置 $2\phi6$ 的拉结筋,伸入墙体长度不小于 1 m,同时还应沿隔墙高度每隔 1.2 m 设一道 30 mm 厚水泥砂浆,内放 $2\phi6$ 钢筋,内外墙之间不留直槎。

为了保证隔墙不承重,隔墙顶部与楼板交接处应将砖斜砌一皮,其倾斜度宜为 60°左右,或留 30 mm 的空隙塞木楔打紧,然后用砂浆填缝;隔墙上有门时,需预埋防腐木砖、铁件,或将带有木楔的混凝土预制块砌入隔墙中,以便固定门框,如图 7.29 所示。半砖墙坚固耐久,隔声性能较好,但自重大,湿作业量大,不易拆装。

②1/4砖隔墙。1/4砖隔墙采用单砖侧立砌,高度不大于 2.8 m,砌筑砂浆强度不低于 M5,并应双面粉刷。为提高稳定性,可沿高度每隔 500 mm 压砌 $2\phi4$ 钢丝,并保证钢丝与主墙之间的有效拉接。

此做法多用于住宅厨房与卫生间的隔墙。

(2)砌块隔墙

目前,常用的砌块有粉煤灰硅酸盐砌块、加气混凝土砌块、水泥炉渣空心砖砌块等。其墙厚由砌块尺寸决定,一般为 90～120 mm。砌块墙吸水性强,故在砌筑时应先在墙下部实砌3～5 皮黏土砖再砌砌块。砌块不够整块时宜用普通黏土砖填补。由于墙体稳定性较差,亦需对墙身进行加固处理。通常沿墙身横向配以钢筋,并每隔 1 200 mm 设 30 厚水泥砂浆,如图 7.30 所示。

2)骨架隔墙

骨架隔墙由骨架和面层两部分组成,也称为立筋式隔墙,是采用木材、钢材、铝合金等材料构成骨架,把面层材料钉结、粘贴或涂抹在骨架上所形成的隔墙。

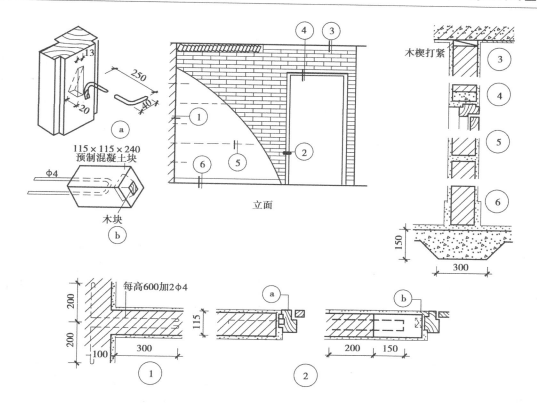

图 7.29　半砖隔墙构造

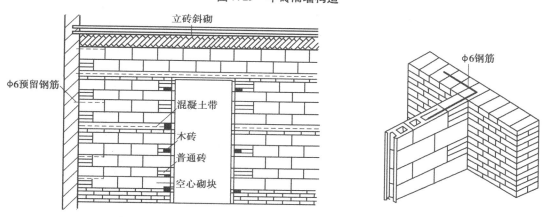

图 7.30　砌块隔墙构造

（1）骨架

骨架有木骨架、轻钢骨架、石膏骨架、石棉水泥骨架和铝合金骨架等。骨架由上槛、下槛、墙筋、横撑或斜撑组成。工程上常用的是木骨架隔墙和金属骨架隔墙。木骨架隔墙具有质量轻、厚度小、施工方便和便于拆装等优点，但防水、防火、隔音较差，且耗费木材。

金属骨架隔墙具有自重轻、厚度小、防火、防潮、便于拆装、均为干作业、施工方便效率高等优点。为提高隔声能力，可采取铺钉双层面板、骨架间填充岩棉、泡沫塑料等措施。

（2）面层

骨架的面层有人造板面层和抹灰面层。

①板条抹灰隔墙。它是先在木骨架两侧钉灰板条,然后抹灰。灰板条尺寸一般为 1 200 mm×30 mm×6 mm,板条间留缝 7～10 mm,便于抹灰层能咬住灰板条;同时为避免灰板条在一根墙筋上接缝过长而使抹灰层产生裂缝,板条的接头一般连续高度不应超过 500 mm,为了使抹灰层与板条黏结牢固,通常采用纸筋灰和麻刀灰抹面。隔墙下一般加砌 2～3 皮砖,并做出踢脚。

②人造板面层骨架隔墙。常用的人造板面层(即面板)有胶合板、纤维板、石膏板、铝塑板等。胶合板、硬质纤维板以木材为原料,多采用木骨架。胶合板、硬质纤维板均属于废物利用的产品,造价较低,比较容易加工。石膏板多采用石膏或轻金属骨架。石膏板的特点是轻质、绝热、不燃、可锯可钉、吸声、调湿、美观,但耐潮性差。石膏板主要用于内墙及平顶装饰。铝塑板是两层薄铝板(0.8～1.0 mm)加上一些塑料,一般为聚乙烯(PE)或聚氯乙烯(PVC)。这种材料比较易加工,可以切割、裁切、开槽、带锯、钻孔、加工埋头,也可以冷弯、冷折、冷轧,还可以铆接、螺丝连接或胶合黏结,质量轻、价格低,还可起到保暖作用,是现在比较流行的装饰材料。

面板可用镀锌螺钉、自攻螺钉或金属夹子固定在骨架上。图 7.31 所示为轻钢龙骨石膏板隔构造。

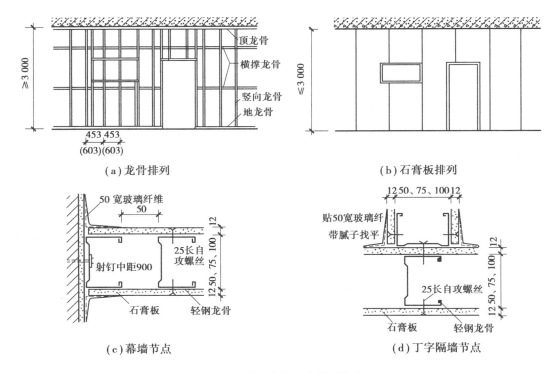

（a）龙骨排列

（b）石膏板排列

（c）幕墙节点

（d）丁字隔墙节点

图 7.31　轻钢龙骨石膏板隔构造

3）板材隔墙

板材隔墙是指单块轻质板材的高度相当于房间净高,不依赖骨架,可直接装配而成。由于板材隔墙是用轻质材料制成的大型板材,施工中直接拼装而不依赖骨架,因此它具有自重轻、安装方便、施工速度快、工业化程度高的特点。目前多采用条板,如加气混凝土条板、增强石膏空心板、碳化石灰板、石膏珍珠岩板、泰柏板,以及各种复合板。条板厚度大多为 60~100 mm,宽度为 600~1 000 mm,长度略小于房间净高。安装时,条板下部先用一对对口木楔顶紧,然后用细石混凝土堵严,板缝用黏结砂浆或黏结剂进行黏结,并用胶泥刮缝,平整后再做表面装修。构造如图 7.32 所示。

(1)加气混凝土条板隔墙

加气混凝土条板具有自重轻、节省水泥、运输方便、施工简单、可锯、可刨、可钉等优点;但加气混凝土吸水性大、耐腐蚀性差、强度较低,运输、施工过程中易损坏,不宜用于具有高温、高湿或有化学、有害空气介质的建筑中。加气混凝土表观密度为 500~700 kg/m³,可用于做保温和隔热材料,不能承重。

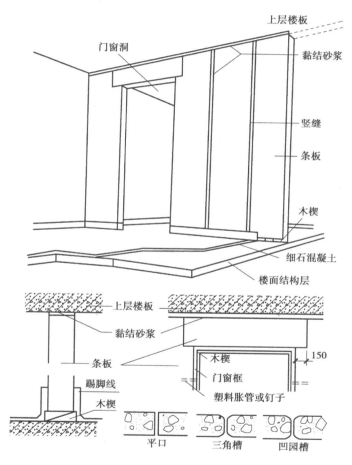

图 7.32 板材隔墙构造

(2)碳化石灰板隔墙

碳化石灰板是以磨细的石灰为主要原料,掺 3%~4%的短玻璃纤维、植物纤维、轻质骨料等,加水搅拌,振动成型,用碳化的方法使氢氧化钙碳化成碳酸钙,即为碳化石灰板。材料来源广泛、生产工艺简易、成本低廉、密度轻、隔声效果好。碳化石灰板隔墙可做成单层或双层,90 mm厚或 120 mm厚,适用于隔声要求高的房屋。碳化石灰板的规格一般为 500~800 mm

宽,90～120 mm 厚,2 700～3 000 mm 长,用作隔墙、天花板等。板的安装同加气混凝土条板隔墙。

(3)增强石膏空心板

增强石膏空心板的规格为 600 mm 宽,60 mm 厚,2 400～3 000 mm 长,9 个孔,孔径为 38 mm,空隙率28%。其优点是表面平整、不燃、隔音、隔热、防虫蛀、价格较便宜,缺点是不耐水,吸水后会变形,易受天气影响,连续下雨表面层会变黄,通常过 2～3 年会开始变色,强度不大。

(4)泰柏板

泰柏板是一种新型建筑材料,选用强化钢丝焊接而成的三维笼为构架,阻燃 EPS 泡沫塑料芯材组成,是目前取代轻质墙体最理想的材料。它是以阻燃聚苯泡沫板或岩棉板为板芯,两侧配以直径为 2 mm 冷拔钢丝网片,钢丝网目 50 mm×50 mm,腹丝斜插过芯板焊接而成,产品规格为 2 440 mm×1 220 mm×75 mm,抹灰后的厚度为 100 mm,主要用于建筑的围护外墙、轻质内隔断等。其具有节能,质量轻、强度高、防火、抗震、隔热、隔音、抗风化、耐腐蚀的优良性能,并有组合性强、易于搬运、适用面广、施工简便等特点。

(5)复合板隔墙

复合板是用几种材料制成的多层板。复合板的面层有石棉水泥板、石膏板、铝板、树脂板、硬质纤维板、压型钢板等。夹心材料可用矿棉、木质纤维、泡沫塑料和蜂窝状材料等。其特点是强度高,耐久性、防水性、隔声性能好,且安装拆卸简便,有利于实现工业化。

7.3.5 墙体的保温构造

墙体是建筑物重要的围护构件,做好墙体的保温是建设节能型建筑的重要方面。

1)墙体保温材料

建筑工程中所用的墙体保温材料有保温砂浆、聚苯板、胶粉聚苯颗粒、内外墙保温涂料、有机硅墙体保温材料等。

保温砂浆是一种采用废聚苯颗粒作为轻骨料,采用粉煤灰等多种无机材料作为胶凝材料,采用国际先进的高分子胶粉,并配有不同长度、弹性模量的纤维用以提高保温层的抗裂、抗拉、抗滑坠功能的墙体保温材料,主要用于外墙聚苯颗粒保温体系中的保温层。

聚苯板在建筑上作为隔热保温材料和隔音材料,采用聚苯乙烯泡沫塑料使其质量大为减轻,而且隔音性能极好,其隔热保温性能为其他隔热保温材料(泡沫混凝土、蛭石、软木、膨胀珍珠岩等)的 2～4 倍。

胶粉聚苯颗粒是一种新型墙体外保温材料,分为保温层和抗裂防护层,可广泛用于工业、民用建筑的各类型外墙外保温及屋面保温工程。它是一种高效节能的保温浆料,可代替墙体抹灰的各种抹灰砂浆,涂抹于建筑物墙体外侧形成外保温层,可与砖、水泥产品等墙体进行黏结,表面装饰层可与瓷砖、各种涂料乳胶漆配合使用,具有质量轻、强度高、隔热防水、抗雨水冲刷能力强、水中长期浸泡不松散、导热系数低、保温性能好、无毒无污染等特点,抗压和黏结强度均可达到抹灰要求。

保温涂料可替代水泥、砂浆或苯板,可用于建筑物的外墙主体、封闭晾台内,具有良好的保温、降噪、防火、防结露等功能。

有机硅墙体保温材料是一种粉状材料,使用时加水搅拌,涂抹于墙体,从而形成了良好的保温层。它适合墙体的内外保温,因其涂抹的特点使之具有更强的可塑性,对复杂建筑结构的施工显得更加便利。该材料主要由木质纤维、有机硅凝结剂、复合珍珠岩等多种保温材料经加工制作而成。

2)建筑外墙的保温构造

(1)建筑外墙保温层构造要求

建筑外墙面的保温层构造应该能够满足以下要求:

①适应基层的正常变形而不产生裂缝及空鼓。

②长期承受自重而不产生有害的变形。

③承受风荷载的作用而不产生破坏。

④在室外气候的长期反复作用下不产生破坏。

⑤罕遇地震时不从基层上脱落。

⑥防火性能符合国家有关规定。

⑦具有防止水渗透的功能。

⑧各组成部分具有物理-化学稳定性,所有的组成材料彼此相容,并具有防腐性。

(2)建筑外墙保温层构造

常用外墙面保温构造做法有外墙内保温、外墙外保温、外墙中保温。

外墙内保温具体做法有两种:一种是硬质保温制品内贴,即在外墙内侧用黏结剂粘贴增强石膏聚苯复合保温板等硬质建筑保温制品,然后在其里面压入中碱玻纤网格布,最后用腻子嵌平;另一种是保温层挂装,即先在外墙内侧固定衬有保温材料的保温龙骨,在龙骨的间隙中填入岩棉等保温材料,然后在龙骨表面安装纸面石膏板。

墙体外保温的做法有3种:一种是保温浆料外粉刷,即在外墙外表面做一道界面砂浆后,粉胶粉聚苯颗粒保温材料等保温砂浆。若保温砂浆的厚度较大,应当在里面钉入镀锌钢丝网,以防开裂,保温层及饰面用聚合物砂浆加上耐碱纤维布,最后用柔性耐水腻子嵌平,外涂表面涂料;第二种是外贴保温板材,即用黏结胶浆与辅助机械锚固方法一起固定保温板材,保护层用聚合物砂浆加上耐碱玻纤布,饰面用柔性耐水腻子嵌平,外涂表面涂料;第三种是外加保温砌块墙,即选用保温性能好的材料(如加气混凝土砌块等)全部或部分在结构外墙外面再贴砌一道墙。

外墙中保温是在多道墙板或双层砌体墙夹层中放置保温材料,或者并不放入保温材料,只是封闭夹层空间形成静止的空气间层,并在里面设置具有较强反射功能的铝箔等。

7.3.6 墙面装修

1)墙面装修的作用及分类

(1)墙面装修的作用

墙面装修是建筑装修中的重要内容,也是墙体构造不可缺少的组成部分。其主要作用有:

①改善和提高墙体的使用功能:墙面装修对改善墙体的热工性能、光环境、卫生条件等使用功能和创造良好的生活生产空间起十分明显的作用。

②保护墙体、提高墙体的耐久性:墙体会受到各种自然因素和人为因素的作用,墙面的装修可以提高墙体抵御这些消极作用的能力。

③美化环境,丰富建筑的艺术形象:墙面装修是建筑空间艺术处理的重要手段之一,墙面的色彩、质感、细部处理等都在一定程度上改善着建筑的内外形象。

(2)墙面装修的分类

墙体装修按其所处的部位不同,可分为室外装修和室内装修。室内装修应根据房间的功能要求及装修的标准来确定,室外装修则应选择强度高、耐水性好、耐久性好的材料。

按材料及施工方式的不同,常见的墙面装修可分为抹灰类、贴面类、涂料类、裱糊类和铺钉类5大类。外墙面装修常用的是抹灰类、贴面类、涂料类,内墙面装修常用的是抹灰类、贴面类、涂料类、裱糊类、铺钉类。

2)墙面装修的构造

(1)抹灰类墙面装修

抹灰类墙面装修是指采用水泥、石灰或石膏等胶结料,加入砂或石渣用水拌成砂浆或石渣浆的墙体饰面,是我国传统使用的墙面装修做法。其特点是材料来源广、施工操作简单、造价低,但目前多是手工湿作业,工效较低且劳动强度大。

抹灰工程分一般抹灰和装饰抹灰两大类。一般抹灰包括在墙面上抹石灰砂浆、水泥石灰砂浆、水泥砂浆、聚合物水泥砂浆以及麻刀灰、纸筋灰、石膏灰等;装饰抹灰包括水刷石、水磨石、斩假石(剁斧石)、干粘石、拉毛灰、洒毛灰以及喷砂、喷涂、滚涂、弹涂等做法。

按使用要求、质量标准和操作工序不同,又分为普通抹灰、中级抹灰和高级抹灰。

为了避免出现裂缝,保证抹灰层牢固和表面平整,施工时须分层操作。抹灰装饰层由底层、中层和面层3个层次组成(图7.33)。普通标准的墙面一般只做底层和面层,各层抹灰不宜过厚,抹灰总厚度为外墙抹灰15~25 mm,内墙抹灰15~20 mm。

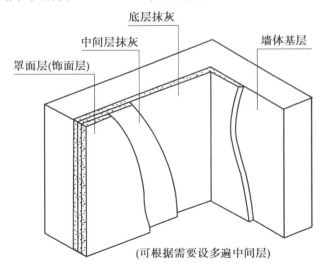

(可根据需要设多遍中间层)

图7.33 墙面抹灰分层构造

底层抹灰主要起与基层黏结和初步找平作用。厚度通常为5~10 mm,底层灰浆用料视基层材料而异,普通砖墙常采用石灰砂浆和混合砂浆;混凝土墙应采用混合砂浆和水泥砂浆;板条墙因为其和灰浆黏结力差,抹灰容易开裂、脱落,应用麻刀石灰砂浆或纸巾石灰砂浆。另外,对于湿度较大的房间或有防潮、防水要求的墙体,底灰应选择水泥砂浆或水泥混合砂浆。

中层抹灰主要起进一步找平作用,材料基本与底层相同,也可根据装修要求选用其他材料,厚度一般为 7~8 mm。

面层抹灰主要起装饰美观作用,要求表面平整、色彩均匀、无裂痕,可以做成光滑、粗糙等不同质感的表面,如水刷石、斩假石、拉毛灰等。根据面层所用材料,抹灰装修有很多种类型,表 7.5 列举了一些常见做法。

表 7.5　常见抹灰装修的类型

抹灰名称	做法说明	适用范围
水泥砂浆	12 mm 厚 1:3 水泥砂浆打底,扫毛或划出纹道,6 mm 厚 1:2.5 水泥砂浆罩面	室外饰面、室内需防潮的房间及浴厕墙裙、建筑阳角
混合砂浆	12 mm 厚 1:1:6 混合砂浆、8 mm 厚 1:1:4 混合砂浆	一般砖、石墙面
纸巾麻刀灰	13 mm 厚 1:3 mm 石灰砂浆 3 mm 厚纸巾灰、麻刀灰或玻璃丝罩面	一般砖、石内墙面
水刷石	12 mm 厚 1:3 水泥砂浆打底,扫毛或划出纹道 刷素水泥浆一道(内掺水质量 3%~5% 的 108 胶) 8 mm 厚 1:1.5 水泥石子或 10 mm 厚 1:1.25 水泥石子罩面	建筑外墙面装修
干粘石	12 mm 厚 1:3 水泥砂浆打底,扫毛或划出纹道 6 mm 1:3 水泥砂浆 刮 1 mm 厚 108 胶素水泥浆黏结层,干粘石面层拍平压实	建筑外墙面装修
斩假石	12 mm 厚 1:3 水泥砂浆打底 刷素水泥浆一道 10 mm 厚水泥石屑罩面,赶平、压实、剁斧斩毛	建筑外墙面装修
砂浆拉毛	15 mm 厚 1:1:6 水泥石灰砂浆 5 mm 厚 1:0.5:5 水泥石灰砂浆 拉毛	建筑外墙面装修

（2）贴面类墙面装修

这类装修是将各种天然石板或人造板材、块材等直接粘贴于基层表面或通过构造连接固定于基层上的装修做法。其特点是施工方便、耐久性强、装修效果好但造价较高,一般用于装修要求较高的建筑中。

①天然石板及人造石板墙面装修。常见的天然石板有花岗岩板、大理石板两类。天然石材饰面板不仅具有各种颜色、花纹、斑点等天然材料的自然美感,而且质地密实坚硬,故耐久性、耐磨性等均比较好,在装饰工程中的适用范围较为广泛,可用来制作饰面板材、各种石材线角、罗马柱、茶几、石质栏杆、电梯门贴脸等。但是由于材料的品种、来源的局限性,造价比较

高,属于高级饰面材料。

人造石材属于复合装饰材料,它具有质量轻、强度高、耐腐蚀性强等优点。人造石材包括水磨石、合成石材等。人造石材的色泽和纹理不及天然石材自然柔和,但其花纹和色彩可以根据生产需要人为控制,可选择范围广,且造价要低于天然石材墙面。

石材在安装前必须根据设计要求核对石材品种、规格、颜色,进行统一编号,天然石材要用电钻打好安装孔,较厚的板材应在其背面凿两条 2 ~ 3 mm 深砂浆槽。板材的阳角交接处,应做好45°倒角处理。最后根据石材的种类及厚度,选择适宜的连接方法。石材的安装有以下几种方式:

a. 拴挂法。其特点是在铺贴基层时,应拴挂钢筋网,然后用铜丝绑扎板材,并在板材与墙体的夹缝内灌水泥砂浆(图7.34)。在墙柱表面拴挂钢筋网前,应先将基层剁毛,并用电钻打直径 6 mm 左右、深度 60 mm 左右的孔,插入φ6 钢筋,外露 50 mm 以上并弯钩,在同一标高上插上水平钢筋并绑扎固定;然后,把背面打好眼的板材用双股16 号铜丝或不易生锈的金属丝拴结在钢筋网上。灌注砂浆一般采用1∶1.25 水泥砂浆,砂浆层厚 30 mm 左右。每次灌浆高度不宜超过 150 ~ 200 mm,且不得大于板高的1/3。待下层砂浆凝固后,再灌注上一层,使其连接成整体。灌注完成后将表面挤出的水泥浆擦净,并用与石材同颜色的水泥浆勾缝,然后清洗表面。

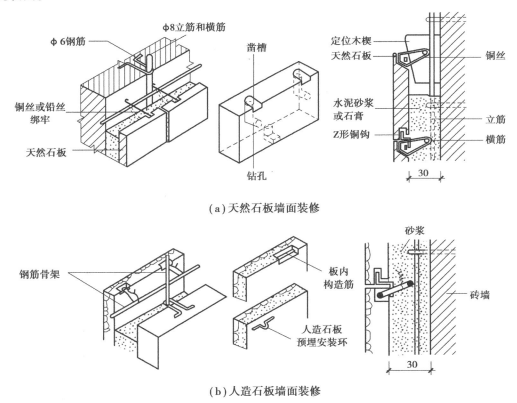

（a）天然石板墙面装修

（b）人造石板墙面装修

图 7.34　天然石板和人造石板墙面装修

b. 连接件挂接法。其特点是通过特制连接件与墙体连接。其做法是在现浇混凝土中留出金属导槽,将连接件卡于导槽内,另一端插入板材表面的预留孔内,并在板材与墙体之间填以水泥砂浆。连接件应选用不锈钢零件,以防锈蚀,延长使用寿命。这种方法也可以用于砖墙的贴面。

c.聚酯砂浆黏结法。其特点是采用聚酯砂浆黏结固定。聚酯砂浆胶砂比一般为1:(4.5~5.0),固化剂的掺加量随要求而定。施工时先固定板材的四角并填满板材之间的缝隙,待聚酯砂浆固化并能起到固定拉结作用以后,再进行灌缝操作。砂浆层一般厚20 mm左右。灌浆时,一次灌浆量应不高于150 mm,待下层砂浆初凝后再灌注上层砂浆。

d.树脂胶黏结法。其特点是采用树脂胶黏结板材。它要求基层必须平整,最好是用木抹子搓平砂浆表面,抹2~3 mm厚胶黏剂,然后将板材黏牢。一般应先把胶黏剂涂刷在板背面的相应位置,尤其是悬空板材,涂胶必须饱满。施工时将板材就位、挤紧、找平、找正、找直后,应马上进行钉、卡固定,以防止脱落伤人。

②陶瓷面砖饰面装修。面砖多数是以陶土和瓷土为原料,压制成型后煅烧而成的饰面块,由于面砖不仅可以用于墙面也可用于地面,所以也被称为墙地砖。常见的面砖有釉面砖、无釉面砖、仿花岗岩瓷砖、劈离砖等。无釉面砖俗称外墙面砖,主要用于高级建筑外墙面装修,具有质地坚硬、强度高、吸水率低(<4%)等特点。釉面砖具有表面光滑、容易擦洗、美观耐用、吸水率低等特点。釉面砖除白色和彩色外,还有图案砖、印花砖以及各种装饰釉面砖等。釉面砖主要用于高级建筑内外墙面以及厨房、卫生间的墙裙贴面。面砖规格、色彩、品种繁多,根据需要可按厂家产品目录选用。常用150 mm×150 mm、75 mm×150 mm、113 mm×77 mm、145 mm×113 mm、233 mm×113 mm、265 mm×113 mm等几种规格,厚度为5~17 mm(陶土无釉面砖较厚为13~17 mm,瓷土釉面砖较薄为5~7 mm)。

面砖安装前先将表面清洗干净,然后将面砖放入水中浸泡,贴前取出晾干或擦干。面砖安装时用1:3水泥砂浆打底并划毛,后用1:0.3:3水泥石灰砂浆或用掺有107胶(水泥用量5%~10%)的1:2.5水泥砂浆满刮于面砖背面,其厚度不小于10 mm,然后将面砖贴于墙上,轻轻敲实,使其与底灰黏牢。一般面砖背面有凹凸纹路,更有利于面砖粘贴牢固。对贴于外墙的面砖常在面砖之间留出一定缝隙,以利湿气排除(图7.35)。而内墙面为便于擦洗和防水则要求安装紧密,不留缝隙。面砖如被污染,可用浓度为10%的盐酸洗刷,并用清水洗净。

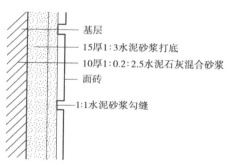

基层
15厚1:3水泥砂浆打底
10厚1:0.2:2.5水泥石灰混合砂浆
面砖
1:1水泥砂浆勾缝

图7.35 面砖饰面构造示意

③陶瓷锦砖饰面。陶瓷锦砖也称马赛克,是高温烧结而成的小型块材,是不透明的饰面材料,表面致密光滑、坚硬耐磨、耐酸耐碱,一般不易变色。它的尺寸较小,根据它的花色品种,可拼成各种花纹图案。铺贴时,先按设计的图案将小块的面材正面向下贴于500 mm×500 mm大小的牛皮纸上,然后牛皮纸面向外将马赛克贴于饰面基层,待半凝后将纸洗去,同时修整饰面。陶瓷锦砖可用于墙面装修,更多用于地面装修(图7.36)。

(3)涂料类墙面装修

这类装修是将各种涂料敷于基层表面而形成完整牢固的膜层,从而起到保护和装饰墙面的作用。其特点是造价较低、装饰性好、工期短、工效高、自重轻、操作简单、维修方便、更新快等,因而在建筑上得到广泛的应用和发展。

建筑平面图
的绘制步骤

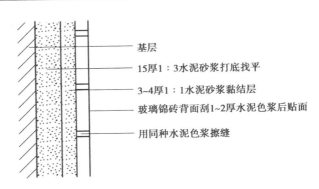

基层

15厚1:3水泥砂浆打底找平

3~4厚1:1水泥砂浆黏结层

玻璃锦砖背面刮1~2厚水泥色浆后贴面

用同种水泥色浆擦缝

图7.36 玻璃锦砖饰面构造

涂料按其成膜物的不同可分为有机涂料、无机涂料、无机和有机复合涂料3大类。

①有机涂料。常用的有溶剂型涂料、水溶性涂料和乳胶涂料3种类型。

a.溶剂型涂料涂膜细腻光洁而坚韧,有较好的硬度、光泽和耐水性、耐候性,气密性好,耐酸碱,对建筑材料有较好的保护作用,但是它易燃,溶剂挥发对人体有害,施工时要求基层干燥,涂膜透气性差。常见的有苯乙烯内墙涂料、过氯乙烯内墙涂料等。

b.水溶性涂料造价低、无毒无怪味,有一定的透气性,水溶性好,可直接溶于水中,与水形成单相溶液。但是它的耐水性、耐候性、耐擦洗性均较差,一般只用于内墙。

c.乳胶涂料又称为乳胶漆,价格较为便宜,且无毒、阻燃、对人体无害,有一定的透气性,涂刷时基层不需要很干燥,涂膜固化后的耐水性耐擦洗性较好,可作为建筑外墙的涂料。施工温度一般应在10 ℃以上,用于潮湿部位易发霉,需加防霉剂。为克服乳胶漆大面积使用装饰效果不够理想、不能掩盖基层表面缺陷等不足,近年来发展了一种乳液厚涂料,由于有粗填料,涂层厚实、装饰性强。涂料中掺入石英砂、彩色石屑、玻璃细屑及云母粉等填料的彩砂涂料作为建筑外墙饰面可代替水刷石、干粘石等传统装修。

②无机涂料。无机涂料是在传统无机抹灰材料的基础上发展起来的。常用的有石灰浆、大白浆、水泥浆等,近年来无机高分子涂料不断发展。我国目前生产的JH80-1型无机高分子涂料、JH80-2型无机高分子涂料具有耐酸、耐碱、耐水性好、抗污力强等优点,可用于内墙及外墙饰面。

③无机和有机复合涂料。不管是有机涂料还是无机涂料本身都有一定的使用限制。为克服各自的缺点,出现了无机和有机复合涂料,如聚乙烯醇水玻璃内墙涂料就比单纯使用聚乙烯醇有机涂料耐水性好,以硅酸胶、丙烯酸系列复合的外墙涂料在涂膜的柔韧性和耐候性方面更能适应气温的变化。

建筑涂料的施涂方法,一般分刷涂、滚涂和喷涂等。

(4)裱糊类墙面装修

裱糊类墙面装修用于建筑内墙,是将卷材类软质饰面装饰材料用胶粘贴到平整基层上的装修做法。裱糊类墙体饰面装饰性强,造价较经济,施工方法简捷、效率高,饰面材料更换方便,在曲面和墙面转折处粘贴可以顺应基层,获得连续的饰面效果。

①裱糊类墙面的饰面材料。裱糊类墙面的饰面材料种类很多,常用的有墙纸、墙布、锦缎、皮革、薄木等。锦缎、皮革和薄木裱糊墙面属于高级室内装修,用于室内使用要求较高的场所。这里主要介绍常用的一般裱糊类墙面装修做法。

　　a. 墙纸。墙纸是室内装饰常用的饰面材料,不仅广泛用于墙面装饰,也可用于吊顶饰面。它具有色彩及质感丰富、图案装饰性强、易于擦洗、价格便宜、更换方便等优点。目前采用的墙纸多为塑料墙纸,分为普通纸基墙纸、发泡墙纸、特种墙纸3类。普通纸基墙纸价格较低,可以用单色压花方式仿丝绸、织锦,也可以用印花压花方式制作色彩丰富、具有立体感的凹凸花纹。发泡墙纸经过加热发泡可制成具有装饰和吸声双重功能的凹凸花纹,图案真实,立体感强,具有弹性,是目前最常用的一种墙纸。特种墙纸有耐水墙纸、防火墙纸、木屑墙纸、金属箔墙纸、彩砂墙纸等,用于有特殊功能或特殊装饰效果要求的场所。

　　b. 墙布。常用的墙布有玻璃纤维墙布和无纺墙布。

　　玻璃纤维墙布以玻璃纤维布为基材,表面涂布树脂,经染色、印花等工艺制成。它强度大、韧性好,具有布质纹路,装饰效果好,耐水、耐火,可擦洗。但是玻璃纤维墙布的遮盖力较差,基层颜色有深浅差异时,容易在裱糊完的饰面上显现出来;饰面遭磨损时,会散落少量玻璃纤维,因此应注意保养。

　　无纺墙布是采用天然纤维或合成纤维经过无纺成型为基材,经染色、印花等工艺制成的一种新型高级饰面材料。无纺墙布色彩鲜艳不褪色,富有弹性不易折断,表面光洁且有羊绒质感,有一定透气性,可以擦洗,施工方便。

　　②裱糊的施工及接缝处理。墙纸或墙布在施工前要先做浸水或润水处理,使其发生自由膨胀变形。可以在墙纸的背面均匀涂刷黏结剂以增强黏结力,但墙布的背面不宜刷胶,以免拼贴时对正面造成污染。为防止基层吸水过快,可以先用按1:(0.5~1)稀释的107胶水满刷一遍,再涂刷黏结剂。裱糊的顺序为先上后下、先高后低,应使饰面材料的长边对准基层上弹出的垂直准线,用刮板或胶辊将其赶平压实,使饰面材料与基层间没有气泡存在。相邻面材接缝处若无拼花要求,可在接缝处使两幅材料重叠20 mm,用钢直尺压在搭接宽度的中部,用工具刀沿钢直尺进行裁切,然后将多余部分揭去,再用刮板刮平接缝。当饰面有拼花要求时,应使花纹重叠搭接。裱糊工程的质量标准是粘贴牢固,表面色泽一致,无气泡、空鼓、翘边、皱褶和斑污,斜视无胶痕,正视(距墙面1.5 m处)不显拼缝。

　　(5)铺钉类墙面装修

　　这类装修是将各种天然或人造薄板镶钉在墙面上的装修做法,其构造与骨架隔墙相似,由骨架和面板两部分组成。施工时先在墙面上立骨架(墙筋),然后在骨架上铺钉装饰面板。

　　①骨架。骨架有木骨架和金属骨架两种。木骨架由墙筋和横挡组成,通过预埋在墙上的木砖固定到墙身上,墙筋和横挡断面常用50 mm×50 mm、40 mm×40 mm,其间距视面板的尺寸规格而定,一般为450~600 mm。金属骨架多采用冷轧薄钢板构成槽形断面。为防止骨架与面板受潮而损坏,可先在墙体上刷热沥青一道再干铺油毡一层,也可在墙面上抹10 mm厚混合砂浆并涂刷热沥青两道。

　　②面板。装饰面板多为硬木板、人造板,有胶合板、纤维板、石膏板、装饰吸音板、彩色钢板及铝合金板等。

　　硬木板装修是指将装饰性木条和凹凸型板竖直铺钉在墙筋或横筋上,背面衬以胶合板,石墙面产生凹凸感,其构造如图7.37所示。

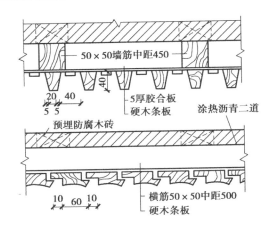

图 7.37 硬木条板墙面装修构造

胶合板、纤维板多用圆钉与横挡墙筋固定,为保证板面有微量伸缩的可能,在钉板时,板与板之间可留 5 ~ 8 mm 的缝隙。缝隙可以是方形、三角形,对要求较高的装修可以用木压条或金属压条嵌固。

石膏板与木骨架的连接一般采用圆钉或木螺丝固定,与金属骨架的连接可先钻孔后采用自攻螺丝或镀锌螺丝固定,也可以采用黏结剂黏结。

(6)特殊部位的墙面装修

在内墙抹灰中,对易受到碰撞的部位(如门厅、走道的墙面)和有防潮、防水要求处(如厨房、浴厕的墙面),为保护墙身,做成护墙墙裙。墙裙指墙面从地面向上一定高度内所做的装饰面层,因形似墙的裙子,故名墙裙。具体做法是:1:3水泥砂浆打底,1:2水泥砂浆或水磨石罩面,高约 1.5 m。墙裙构造如图 7.38 所示。

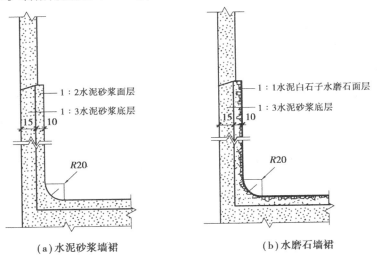

(a)水泥砂浆墙裙   (b)水磨石墙裙

图 7.38 墙裙构造

对于易被碰撞的内墙阳角,常用1:2水泥砂浆做护角,高度不小于 2 m,每侧宽度不应小于 50 mm。根据要求护角也可用其他材料(如木材)制作。护角构造如图 7.39 所示。

为了遮盖地面与墙面的接缝、保护墙身以及防止擦洗地面时弄脏墙面,在内墙面和楼地面交接处做成踢脚线。其材料与楼地面相同。常见做法有 3 种,即与墙面粉刷相平、凸出、凹进,踢脚线高 120 ~ 150 mm。

外墙面抹灰面积较大,因为材料干缩和温度变化,容易产生裂缝,常在抹灰面层做分格,称为引条线。具体做法是在底灰上埋放不同形式的木引条,面层抹灰完成后及时取下引条,再用水泥砂浆勾缝,以提高抗渗能力。

1 : 2水泥砂浆护角

平直墙面抹灰

图 7.39 护角做法

7.4 楼板与地坪

7.4.1 楼板类型与构造

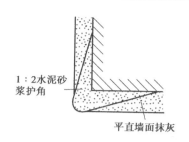

楼板的类型

1)楼板类型及设计要求

（1）楼板的类型

根据使用材料的不同,楼板可分为木楼板、砖拱楼板、钢筋混凝土楼板和压型钢板组合楼板等类型。

①木楼板。在我国古建筑中很常见,是我国传统的做法。它是在木格栅之间设置剪刀撑,形成有足够整体性和稳定性的骨架,并在木格栅上下铺钉木板所形成的楼板。这种楼板构造简单,自重轻,保温性能好,但耐火性和耐久性较差,而且消耗木材量大,所以目前除在产木区或特殊要求用作面层外,很少采用木楼板。

②砖拱楼板。砖拱楼板是先在墙或柱上架设钢筋混凝土小梁,然后在钢筋混凝土小梁之间用砖砌成拱形结构所形成的楼板。这种楼板可节约钢筋、水泥,但其自重较大,抗震性能差,而且楼板层厚度较大,施工复杂,目前已经很少使用。

③钢筋混凝土楼板。钢筋混凝土楼板强度高,刚度好,既耐久防火又便于工业化施工,是目前采用最广泛的结构类型。

④压型钢板组合楼板。压型钢板组合楼板是利用钢板作为楼板的受弯构件和底模,上面现浇混凝土而形成的一种楼板类型。这种楼板的强度和刚度较高,而且有利于加快施工进度,目前正大力推广,主要用于大空间、高层民用建筑和大跨度工业厂房中。

（2）楼板层的设计要求及作用

①具有足够的刚度和强度,以保证结构安全适用。

②具有一定的防火能力,以保证人身及财产安全。

③具有防潮、防水能力,以防渗漏而影响建筑物的正常使用。

④具有一定的隔声能力,以避免上下层房间相互影响。

⑤满足各种管线敷设的走向要求。

楼地层的作用

2）楼板层的基本组成

为了满足使用功能的要求,楼板层通常由以下4个基本部分组成(图7.40)。

（1）楼板面层

楼板面层又称楼面或地面,位于楼板层的最上层,起着保护结构层、分布荷载和室内装饰等作用。根据各房间的功能要求不同,面层有很多种不同的做法。

（2）结构层

结构层通常称为楼板,位于面层和顶棚层之间,它是楼板层的承重构件,包括板和梁。其主要作用是承受楼板层上的全部荷载,并将这些荷载传给墙或柱。

（3）附加层

附加层通常设置在面层和结构层之间,有时也布置在结构层和顶棚之间,根据对楼板层的具体功能要求而设,所以又称功能层。其主要作用是保温、隔热、防水、防潮、防腐蚀、隔声等。

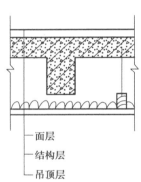
顶棚构造

（4）顶棚层

顶棚层又称天花、天棚,位于楼板层的最下层,起着保护结构层、装饰室内、安装灯具、敷设管线等作用。

面层
附加层
结构层
直接粉顶棚

（a）预制钢筋混凝土楼板

面层
结构层
吊顶层

（b）现浇钢筋混凝土楼板

图7.40 楼板层构造

3）钢筋混凝土楼板层构造

钢筋混凝土楼板根据施工方法的不同,分为现浇整体式、预制装配式和装配整体式3种。

（1）现浇钢筋混凝土楼板

现浇钢筋混凝土楼板是在施工现场通过支模、绑扎钢筋、浇筑混凝土及养护等工序而成的楼板。这种楼板具有整体性强、抗震性能好的优点,但有模板用量大、工序多、施工期长、湿作业的缺点。

现浇钢筋混凝土楼板——概述

现浇钢筋混凝土楼板按受力和传力情况的不同,分为板式楼板、肋梁楼板、井式楼板和无梁楼板等。

①板式楼板。板式楼板的四周支承于墙上,荷载由板直接传给墙体。板的跨度一般不大于 3 m,板厚通常为 80 mm 左右,多用于较小的房间,如厨房、卫生间等。

②肋梁楼板(也称梁板式楼板)。当房间跨度较大时(如采用板式楼板),必然要加大板的厚度和增加板内所配置的钢筋,这种情况下,可采用肋梁楼板。肋梁楼板一般是由板、次梁、主梁组成(图7.41)。主梁沿房间的短边布置,跨度一般为 5~8 m,由墙或柱来支承。次梁沿垂直于主梁的方向布置,跨度一般为 4~6 m,由主梁支承。板的跨度一般为 1.7~2.5 m,由次梁来支承,板的厚度不小于 60 mm,荷载大时需相应增加板的厚度。

③井式楼板。井式楼板是肋梁楼板的一种特殊形式。当房间尺寸较大,并接近正方形时,常沿两个方向布置等距离、等断面的梁,从而形成井格式楼板结构(图7.42)。这种结构无主次梁之分,中部不设柱,梁跨可达 30 m,板跨一般为 3m 左右。井格式梁的布置按其与房间的关系可分为正交正放和正交斜放两种。井式楼板下部自然形成美观的图案,一般可用于门厅或较大空间的大厅。

④无梁楼板。无梁楼板是将板直接支承在柱上,不设主梁和次梁。为增加柱的支承面积,减小板跨,改善板的受力条件,一般在柱的顶部设有柱帽或托板(图7.43)。

无梁楼板具有顶棚平整、增加室内净空高度、采光及通风良好、施工较简单等优点。这种楼板多用于楼层荷载较大的商场、仓库、展览馆及多层工业厂房等建筑中。

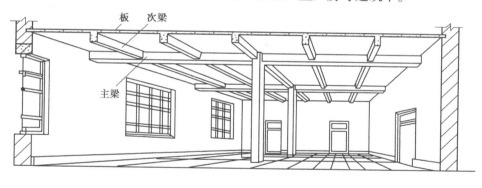

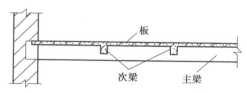

图 7.41　肋梁楼板

(2)预制装配式钢筋混凝土楼板

预制装配式钢筋混凝土楼板是指用预制厂生产或现场制作的构件在工地进行安装的楼板。采用装配式楼板可提高工业化施工水平,节约模板,缩短工期,是目前广泛采用的形式。

现浇钢筋混凝土楼板——梁板式楼板

预制装配式钢筋混凝土楼板——类型

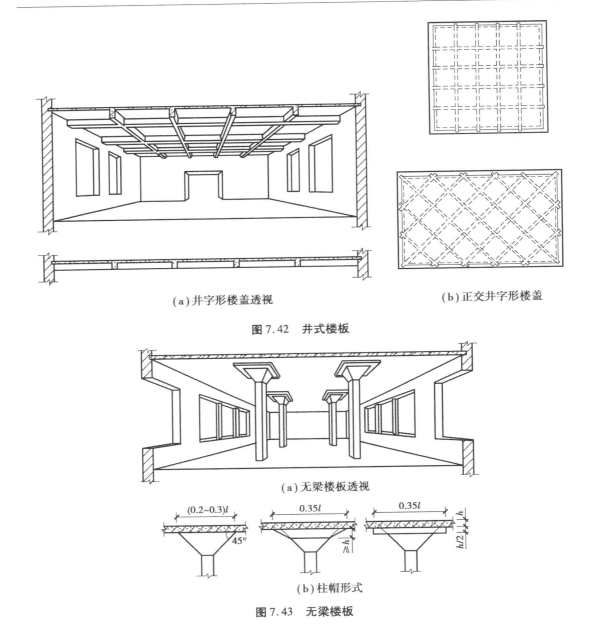

（a）井字形楼盖透视　　　　　　　　　（b）正交井字形楼盖

图 7.42　井式楼板

（a）无梁楼板透视

（b）柱帽形式

图 7.43　无梁楼板

①预制钢筋混凝土楼板的种类：

a. 实心平板。实心平板上下板面平整，制作简单。板的跨度一般不大于 2.4 m，板厚为 50 ～ 100 mm，板宽通常为 600 ～ 900 mm。由于板的跨度较小、隔音效果差，故常用作厨房、厕所、走廊及楼梯平台板等。

b. 槽形板。槽形板是一种梁板合一的构件，在板的两端设有纵肋，构成槽形断面。根据板的槽口向上和向下分别称为倒槽板和正槽板。板的跨度一般为 2.1 ～ 6.0 m，板宽为 500 ～ 1 200 mm，板厚为 25 ～ 35 mm，肋高为 120 ～ 240 mm。

为了增强板的刚度和便于搁置，常将板的两端以端肋封闭，板的跨度达 6 m 时，则在板的中部每隔 1 000 ～ 1 500 mm 增设横肋一道。槽形板具有自重轻、省材料、造价低、便于开孔留洞等优点,但正槽板的板底不平整、隔音效果差,常用于观瞻要求不高或在其下做吊顶的房间。而倒槽板的受力与经济性不如正槽板,但板底平整,槽内可填轻质材料做保温、隔热之用。槽形板如图7.44所示。

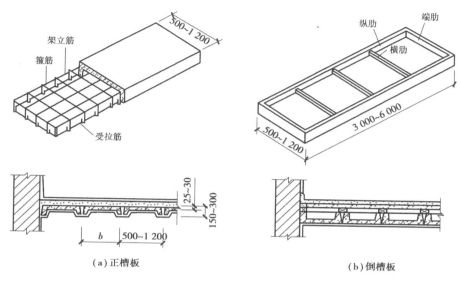

图7.44　槽形板

c.空心板。空心板根据板内抽空方式的不同有方孔、椭圆孔和圆孔之分,其中圆孔板的应用最为广泛。圆孔板的跨度一般为2.4~7.2 m,板的宽度通常为600~900 mm,板厚根据板跨不同有120 mm、180 mm等。在安装时,空心板的两端孔内常以砖块或混凝土块填塞,以免在板端灌缝时漏浆,并保证板端能将上部荷载传递至下层墙体(图7.45)。

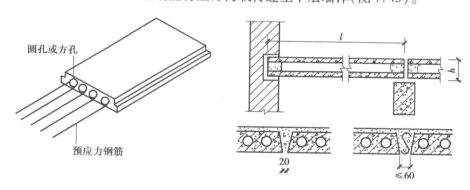

图7.45　空心板

②装配式楼板的布置与细部处理:

a.板的布置。一般建筑中楼板布置根据房间尺寸和结构等方面的要求,有板式结构和梁板式结构两种布置方式(图7.46)。

板式结构布置多用于横墙间距较小的宿舍、住宅及办公楼等建筑中。梁板式结构布置方式多用于房间开间及进深较大的建筑中,如教学楼等。当采用梁板式结构时,板在梁上的搁置方式一般有两种:一是板直接搁在梁顶上,另一种是板搁在花篮梁或十字形梁上,这种板的上表面与梁的上表面平齐

装配式钢筋混凝土楼板——板的搁置

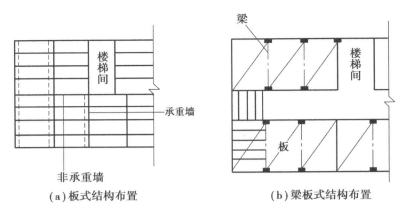

（a）板式结构布置　　　　　　　　（b）梁板式结构布置

图7.46　预制楼板的结构布置

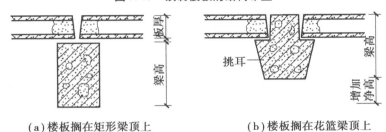

（a）楼板搁在矩形梁顶上　　　　　（b）楼板搁在花篮梁顶上

图7.47　板在梁上的搁置

（图7.47）。在梁高不变的情况下,由于板搁在梁两端的冀缘上,因此减少了结构所占的空间高度,相应地增加了室内的净高。

在楼板结构布置时,应尽量减少板的种类与规格,以方便施工。同时应避免出现三面支承的情况,即楼板的纵边不得搁置在梁上或砖墙内,否则,在荷载作用下,板会产生裂缝。在设计楼板时,如板的横向尺寸与房间平面尺寸出现差额,可采用调整板缝宽度、增加调缝板或局部现浇板等办法来解决。

b.板的安装。对于预制楼板的搁置长度,砖墙支承时不小于100 mm;梁支承时不小于80 mm,其支承面上应采用不少于10 mm 厚且不低于 M5 水泥砂浆找平(俗称坐浆)。为了增强楼板的整体刚度,特别是在地基条件较差或地震区,应在板与墙以及板端与板端连接处设置锚拉钢筋(图7.48)。

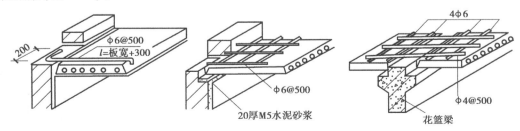

图7.48　楼板的锚固

c.板缝处理。板的接缝有端缝和侧缝两种。板的端缝一般需在板缝内灌以细石混凝土,以加强连接。侧缝一般有 V 形缝、U 形缝及凹槽缝 3 种形式(图7.49),缝内应灌注细石混凝土。缝宽大于 50 mm 时,须在缝内设纵向钢筋,然后灌缝。

（a）V形缝　　　　　　（b）U形缝　　　　　　（c）凹槽缝

图 7.49　楼板侧缝接缝处理

（3）装配整体式钢筋混凝土楼板

装配整体式钢筋混凝土板是采用部分预制构件,在现场安装后再以整体现浇混凝土的方法使其连成一体的楼板结构。这种楼板具有整体性强和节约模板的优点。按结构及构造方式的不同,有密肋楼板和叠合楼板等做法。

7.4.2　地坪层与地面构造

1）地坪层的组成及类型

（1）地坪层的组成

地坪层指建筑物底层与土壤相接的水平部分。它承受着地坪上的荷载,并均匀地传给地坪以下的土壤。

地坪由面层、垫层和基层 3 部分组成。对有特殊要求的地坪,常在面层与垫层之间增设附加层,如保温层、防水层等。

①面层。构造同楼板面层,也称地面,是地坪层的最上面部分,直接承受着上面的各种荷载,同时又有装饰室内的功能。根据使用和装修要求的不同,有各种不同做法。

②垫层。即地坪的结构层,主要作用是承受和传递上部荷载,一般采用 C10 混凝土制成,厚度为 60 ~ 100 mm。

③基层。基层是结构层与土壤之间的找平层或填充层,主要起加强地基、帮助结构层传递荷载的作用。基层一般可以就地取材,如采用灰土、碎砖、道渣或三合土等,厚度为 100 ~ 150 mm。

④附加层。附加层主要是为了满足某些特殊使用要求而设置的构造层次,如防潮层、防水层、保温层、隔声层或管道敷设层等。

（2）地面的类型

按地面所用材料和施工方法的不同,地面做法可分为以下几类:

①整体类地面:有水泥砂浆地面、细石混凝土地面、水磨石地面、菱苦土地面等。

②块材类地面:有黏土砖、大阶砖、缸砖、马赛克、人造石板、天然石板、木地板地面等。

楼地层—地坪层—分类

③卷材类地面:有橡胶地毡、塑料地毡、化纤地毡、无纺地毯、手工编织地毯等。

④涂料类地面:包括各种高分子合成涂料所形成的地面。

2）地坪层的设计要求

①具有足够的坚固性。

②具有一定的保温性能。

③具有一定的弹性。

④某些特殊要求,如对有水作用的房间应抗潮湿、不透水,对有火灾隐患的房间应防火,对有酸碱等化学物质作用的房间应耐腐蚀等。

3)地面构造

楼板层的面层和地坪的面层统称为地面。地面按其所用材料和施工方式的不同,可分为整体类地面、块材类地面、卷材类地面和涂料类地面4种。

(1)整体类地面

①水泥砂浆地面。水泥砂浆地面有单层做法和双层做法。单层做法是先在结构层上刷一道素水泥浆结合层,抹15~20 mm厚1:2或1:2.5水泥砂浆并压光;双层做法是以15~20 mm厚1:3水泥砂浆打底并找平,再以5~10 mm厚1:1.5或1:2水泥砂浆抹面。这种地面施工方便,造价低,是目前应用最广泛的低档地面类型。

②细石混凝土地面。细石混凝土地面是在结构层上浇30~40 mm厚细石混凝土,混凝土强度应不低于C20,施工时用铁滚滚压出浆。为提高表面光洁度,可撒1:1水泥砂浆抹平压光。这种地面具有强度高、整体性好、不易起砂、造价低的优点。

③水磨石地面。水磨石地面是在结构层上抹10~15 mm厚1:3水泥砂浆找平层,在找平层上镶嵌玻璃条、铜条或铝条分格,再用1:1.5~1:2.5水泥石渣抹面,待结硬后磨光而成。它有普通水磨石和彩色水磨石地面之分,所不同的是后者用彩色水泥或白色水泥加入各种颜料配成。这种地面具有强度高、平整光洁、不起尘、易于清洁等优点。

(2)块材类地面

①锦砖、地面砖、缸砖、水泥砖地面。锦砖、地面砖、缸砖等陶瓷制品的铺贴方式是在结构层找平的基础上,用5~8 mm厚1:1水泥砂浆铺平拍实,砖块间灰缝宽度约为3 mm,用干水泥擦缝。水泥砖吸水性强,应预先用水浸泡,阴干或擦干后再用,铺设24 h后要浇水养护,其目的是防止块材将黏结层的水分吸走蒸发而影响其凝结硬化。

②预制水磨石、大理石、花岗石地面。采用预制水磨石板可减少现场湿作业,施工方便。大理石及花岗石板质地坚硬、色泽艳丽、美观,属于高档地面装修材料。其构造做法通常是在结构层上洒水湿润并刷一道素水泥浆,用20~30 mm厚1:3~1:4干硬性水泥砂浆作结合层铺贴板材。

③木地面。木地面有空铺和实铺两种。空铺木地面耗用大量木材,防火性差,除特殊房间外已很少采用。

实铺木地面是在结构层上设置木龙骨,在龙骨上钉木地板的地面。龙骨断面一般为50 mm×50 mm,中距400 mm,每隔800 mm左右设横撑一道。底层地面为了防潮,需在垫层上刷冷底子油和热沥青各一道。木地面有单层和双层两种做法。单层木地面常用18~23 mm厚的木企口板[图7.50(a)];双层木地面是用20 mm厚的普通木板与龙骨成45°方向铺钉,面层用硬木条,形成拼花木地板[图7.50(b)];硬木地面也可直接粘贴在结构层的找平层上[图7.50(c)],这种做法施工方便,造价低。

(3)卷材类地面

①塑料地面。塑料地面目前以聚氯乙烯塑料应用最多。该地面具有色彩丰富、装饰性强、耐湿性及耐久性好等优点,多用于住宅、公共建筑及工业建筑中洁净度要求较高的房间。

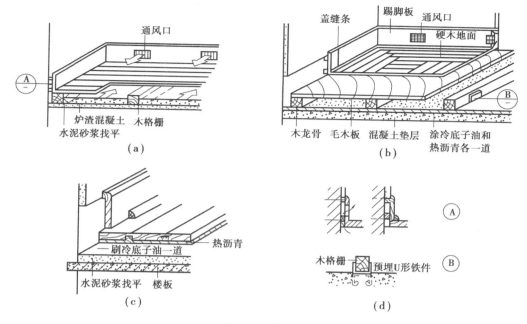

图 7.50 木地面

②地毯地面。地毯地面材质有羊毛地毯、混合纤维地毯、剑麻地毯、化纤地毯、橡胶绒地毯等;按编织工艺有手工编织地毯、机织地毯、簇绒地毯、无纺地毯。地毯的铺设有固定式和活动式两种。

（4）涂料类地面

涂料类地面是指对水泥砂浆或混凝土基层表面进行处理的一种地面做法。这种地面具有不起尘、施工方便、造价低、便于维修更新等优点,适用于一般建筑地面的装修。

7.4.3 阳台与雨篷的构造

1）阳台

有楼层的建筑,常设阳台,为人们提供户外活动的场所。

（1）阳台的种类

根据阳台与建筑物外墙的关系可分为挑阳台、凹阳台、半挑半凹及转角阳台（图 7.51）。

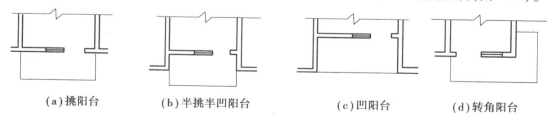

(a)挑阳台   (b)半挑半凹阳台   (c)凹阳台   (d)转角阳台

图 7.51 阳台平面形式

（2）阳台的承重结构

阳台的承重结构形式主要有搁板式、挑板式和挑梁式 3 种（图 7.52）。

①搁板式:将阳台板由两侧凸出的墙体来支承。阳台板可用现浇或预制板,由于阳台板型及尺寸与楼板一致,施工较方便,适用于凹阳台。

②挑板式:利用预制板或现浇板悬挑出墙面形成阳台板。这种阳台板底平整、造型简单,但结构构造及施工较麻烦,适用于挑阳台。

③挑梁式:在阳台两端设置挑梁,在挑梁上搁板。此种方式构造简单,施工方便,是挑阳台中常见的结构处理方式。

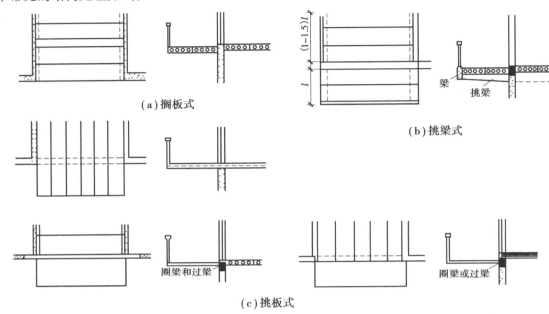

（a）搁板式

（b）挑梁式

（c）挑板式

图 7.52　阳台的结构形式

（3）阳台的细部构造

①栏杆、栏板形式。栏杆及栏板是阳台沿外围设置的竖向构件。其作用是保护人身安全并具有装饰作用。其净高要求一般情况下不小于 1 m,高层建筑应不小于 1.1 m。阳台栏杆及扶手按材料的不同分为金属栏杆、混凝土栏杆等;按立面形式可分为空花栏杆、实心栏板及混合式栏杆 3 种(图 7.53)。

②阳台扶手的材料有砖砌体、钢筋混凝土及金属材料等。

③阳台的连接构造。根据阳台栏杆、栏板及扶手的材料和形式的不同,其连接构造方式有多种(图 7.54)。

2）雨篷

雨篷是建筑物入口处和顶层阳台上部用以遮挡雨水,保护外门免受雨水侵蚀的水平构件。建筑物入口处雨篷的悬挑长度一般为 1.5 m。为防止倾覆,通常将雨篷板与入口门过梁浇筑成一体。为立面及排水的需要常在雨篷外缘做挡水处理,可采用砖或混凝土做成。板面需做防水处理,在靠墙处做泛水,板的边缘应做滴水。雨篷构造如图 7.55 所示。

雨篷

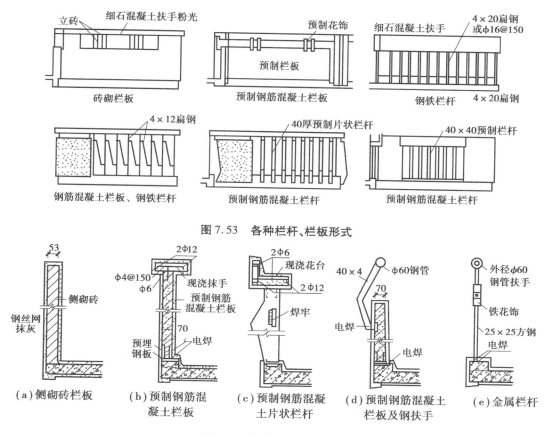

图 7.53 各种栏杆、栏板形式

图 7.54 栏杆与栏板的构造

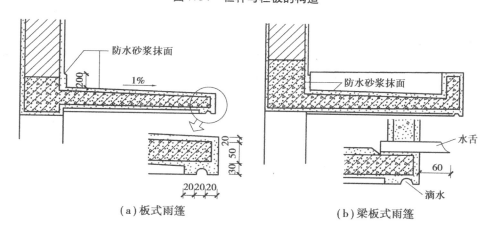

图 7.55 雨篷

7.4.4 楼板层防水

对于有水侵蚀的房间,如厕所、卫生间、厨房等,由于小便槽、水池等上、下水管很多,用水频繁,室内容易因积水而发生渗漏现象,因此,设计时须对这些房间的楼板层、墙身采取有效的防潮、防水措施。

为了便于排除室内积水,楼面需有一定的坡度,一般为 1% ~ 1.5%,并设置地漏,使水有组织地排走;为了防止室内积水外溢,使有水房间的楼地面标高比其他房间或走廊低20 ~ 30 mm;若有水房间的楼地面标高与其他房间或走廊楼地面标高相平时,可在门口处做一高出楼地面 20 ~ 30 mm 的门槛,如图 7.56 所示。

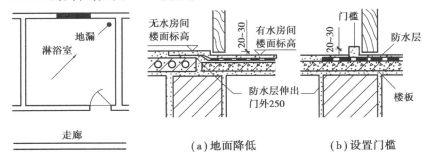

图 7.56　有水房间楼板的排水与防水

一般有水房间的楼板应尽量采用现浇钢筋混凝土楼板。对防水质量要求较高的位置,可在楼板与面层之间设置一道防水层。常见的防水材料有卷材、防水砂浆、涂料等。有水房间的地面常采用水泥地面、水磨石地面、马赛克地面或红砖地面等。为了防止水沿房间四周侵入墙身,应将防水层沿房间四周墙边向上伸入踢脚线内 100 ~ 150 mm(图 7.57)。当遇到门洞处,其防水层应铺出门外至少 250 mm。竖向管道穿过楼板处的防渗漏方法有两种。如果是冷水管道,可在管道穿楼板处用 C20 干硬性细石混凝土振捣密实,再用两布两油橡胶酸性沥青防水涂料做密封处理;如果是热水管道,由于温度变化,会出现热胀冷缩现象,可在穿管位置预埋一个比热水管直径稍大的套管,且高出地面 30 mm 以上,同时在缝隙内填塞弹性防水材料(图 7.58)。

阳台排水

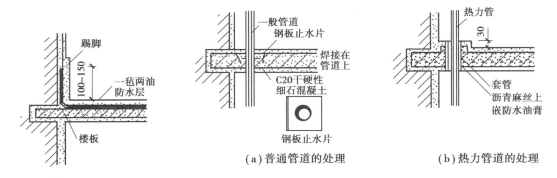

图 7.57　楼板层与墙身防水

图 7.58　管道穿过楼板时的处理

7.5　楼梯与电梯

7.5.1　认识楼梯

随着建筑的发展,简单的单层建筑已经不能满足人们的需要,建筑要向高度方向发展,就必须要解决垂直运输的问题。通常用来解决不同楼层之间上下交通联系的设施是楼梯,其次还有电梯、自动扶梯、台阶、坡道、爬梯等。楼梯作为竖向交通和人员疏散的主要交通设施是使用最为广泛的;电梯主要用于高层建筑和一些标准较高的中低层建筑,如图书馆的货运电梯。自动扶梯适用于人流量较大且使用要求较高的场所,如大型商场、超市、车站、机场等;坡道则是设在建筑物主要入口的位置,方便行车用或是有些建筑,如医院、疗养院、幼儿园等由于特殊需要(如行走担架车,疗养人员、幼儿行走楼梯不便等)而设置;台阶是用来解决同层地面高差或室内外高差的措施;爬梯则主要做消防和检修用。

1)楼梯的作用

在建筑中,楼梯是联系上下层的垂直交通设施。它的首要作用是联系上下交通通行、搬运家具设备和紧急情况下的安全疏散,其数量、位置、形式等均应符合有关规范和标准的规定;其次,楼梯作为建筑物的主体结构还起着承重的作用,所以设计中要求楼梯要坚固、耐久、安全。除此之外,大多数的楼梯对建筑具有美观装饰的作用,因此应考虑楼梯对建筑整体空间效果的影响。设有电梯或自动扶梯等垂直交通设施的建筑物也必须同时设有楼梯作为安全疏散通道。

2)楼梯的类型

建筑中楼梯的形式较多,一般按照以下原则对楼梯进行分类:

①按照楼梯所用的材料,分为木楼梯、钢筋混凝土楼梯、钢楼梯、组合楼梯。

②按照楼梯的位置,分为室外楼梯和室内楼梯。

③按照楼梯的使用性质,分为主要楼梯、辅助楼梯、疏散楼梯、消防楼梯等。

楼梯的类型与形式

④按照楼梯间的平面形式,分为开敞式楼梯间、封闭楼梯间、防烟楼梯间。

⑤按照楼梯的平面形式,分为单跑直楼梯、双跑直楼梯、曲尺楼梯、双跑平行楼梯、双分转角楼梯、双分平行楼梯、三跑楼梯、三角形三跑楼梯、圆形楼梯、中柱螺旋楼梯、无中柱螺旋楼梯、单跑弧形楼梯、双跑弧形楼梯、交叉楼梯、剪刀楼梯,如图7.59所示。

楼梯的平面形式是根据其使用要求、建筑功能、平面和空间的特点以及楼梯在建筑中的位置等因素确定的。目前,在建筑中使用最为广泛的是双跑平行楼梯,简称双跑楼梯或两段式楼梯,其他如三跑楼梯、双分平行楼梯、双合平行楼梯均是在双跑楼梯的基础上变化而成的。

①单跑直楼梯:单跑直楼梯不设中间平台,由于规范规定楼梯一跑的踏步数不能超过18步,因此,单跑直楼梯一般用于层高较小的建筑内。

②双跑直楼梯:直楼梯也可以是多跑(超过两个梯段)的,双跑直楼梯设一个中间平台,可用于层高较大的建筑或连续上几层的高空间。这种楼梯导向性强,给人一种直接、顺畅的感受,在公共建筑中常用于人流较多的大厅。用在多层楼面时,会增加交通面积并加长人流行走的距离,比较浪费空间。

③曲尺楼梯:也称转角楼梯,它可以通过平台改变人流方向,导向较自由,通常用于一层楼的影剧院、体育馆等建筑的门厅中。

④双跑平行楼梯:应用最为广泛的楼梯,因为这种楼梯上完一层楼刚好回到原起步方位,与楼梯上升的空间回转往复性吻合,较直跑楼梯省面积且大大缩短了人流行走的距离。

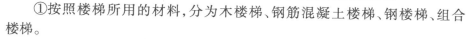

楼梯的类型与形式——直上式楼梯

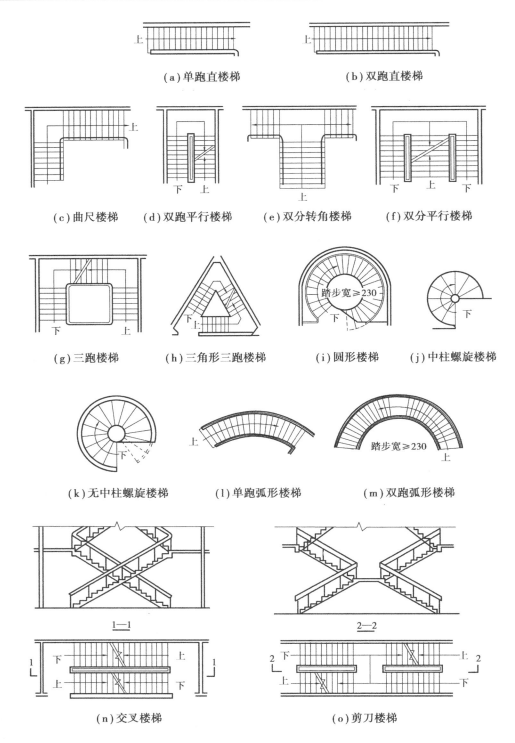

图 7.59　楼梯平面形式

⑤双分楼梯:由双跑楼梯演变而来的,通常用在人流多、需要楼梯宽度较大时,如作办公建筑的主楼梯,双合楼梯与双分楼梯相似。

⑥三跑楼梯:这种楼梯中部形成较大梯井,可利用作电梯井的位置,因为有三跑梯段,踏步数量较多,适用于层高较大的公共建筑。

⑦螺旋楼梯:通常是围绕一根单柱布置,平面呈圆形。其平台和踏步均为扇形平面,踏步内侧宽度很小,并形成较陡的坡度,行走时不安全,且构造较复杂。这种楼梯不能作为主要人流交通和疏散楼梯,但由于其流线型造型美观,常作为建筑小品布置在庭院或室内。

⑧弧形楼梯:弧形楼梯与螺旋形楼梯的不同之处在于它围绕一较大的轴心空间旋转,未构成水平投影圆,仅为一段弧环,并且曲率半径较大。其扇形踏步的内侧宽度也较大(>220 mm),使坡度不至于过陡,可以用来通行较多的人流。弧形楼梯也是折形楼梯的演变形式。这种楼梯具有明显的导向性和优美轻盈的造型,可以作为疏散楼梯,通常用在大空间公共建筑的门厅里,用来通行一至二层之间较多的人流。但是它的结构施工难度较大,成本高,通常采用现浇混凝土制作。

⑨交叉楼梯:由两个直行单跑梯段交叉并列布置而成。通行人流量较大,且为上下楼层的人流提供了两个方向,对于空间开敞、楼层人流多方向进入有利,但仅适用于层高较小的建筑。

⑩剪刀楼梯:实际是由两个双跑直楼梯交叉并列布置而成的,既增大了人流的通行能力,又为人流变换行进方向提供了方便,适用于商场、多层食堂等。

3)楼梯的组成

通常情况下,楼梯由楼梯段、楼梯平台、栏杆(栏板)和扶手3部分组成。

(1)楼梯段

楼梯段又称楼梯跑,是楼梯的主要使用和承重部分。它由若干个踏步组成。每个踏步一般由两个互相垂直的平面组成,供人们行走时踏脚的平面称为踏面,与踏面垂直的面称为踢面。踏面和踢面的尺寸关系决定了楼梯的坡度。为减少人们上下楼梯时的疲劳和适应人行的习惯,一个楼梯段的踏步数要求最多不超过18级,最少不少于3级。两楼梯段之间的空隙称为梯井,它一般是为楼梯施工方便而设置的,宽度为60~200 mm,公共建筑的梯井宽度不应小于150 mm,供儿童使用的建筑中梯井的宽度如果超过200 mm,必须采取安全措施,以防儿童坠落。

(2)楼梯平台

楼梯平台是指两楼梯段之间的水平板,有楼层平台、中间平台之分。与楼层标高一致的平台称为楼层平台,也称正平台;位于两个楼层之间的平台称为中间平台,也称半平台。楼梯平台主要作用在于缓解疲劳,让人们在连续上楼时可在平台上稍加休息,故又称休息平台。同时,楼梯平台还是梯段之间转换方向的连接处。

(3)栏杆(栏板)和扶手

大多数楼梯段至少有一侧临空,为了确保使用安全,应在楼梯段的临空一侧设置栏杆或栏板。栏杆或栏板上部供人们手扶的连续斜向配件称为扶手。栏杆(栏板)是楼梯段的安全设施,要求它必须坚固可靠,并保证有足够的安全高度。

4)楼梯的设计要求

①作为主要楼梯,应与主要出入口邻近,且位置明显;同时还应避免垂直交通与水平交通在交接处拥挤、堵塞。

②楼梯的间距、数量、宽度应经过计算满足防火疏散要求。楼梯间不得有影响疏散的凸出部分,以免挤伤人;除允许直接对外开窗采光外,不得向室内任何房间开窗;四周墙壁必须为防火墙;对防火要求高的建筑物特别是高层建筑,应设计成封闭式楼梯间或防烟楼梯间。

③楼梯间必须有良好的自然采光。

④在满足上述功能的前提下,应力求有良好的空间效果。

5)几种不同形式楼梯的构造

楼梯按照构成材料的不同,可以分为木楼梯、钢筋混凝土楼梯、钢楼梯和组合楼梯等。由于楼梯是建筑中重要的安全疏散设施,耐火性能要求较高,因此作为燃烧体的木材显然不宜用来制作楼梯。钢材虽然是非燃烧体,但是其受热后易产生变形,耐火极限极短,只有 15 min 左右,作为楼梯一般都要进行特殊的防火处理,而且钢楼梯在使用时易发生振动噪声,对环境影响较大,不宜在民用建筑中使用。组合楼梯适用于做小型楼梯,多用于跃层住宅的户内。钢筋混凝土的耐火性能和耐久性能均好于木材和钢材,因此在民用建筑中大量使用的是钢筋混凝土楼梯。

钢筋混凝土楼梯按施工方式可分为现浇钢筋混凝土楼梯和预制装配式钢筋混凝土楼梯两类。

(1)现浇钢筋混凝土楼梯

现浇钢筋混凝土楼梯是将楼梯段和楼梯平台整体浇筑在一起,其特点是整体性好、刚度大,施工不需要大型起重设备,但是施工进度慢、支模和绑扎钢筋难度大、耗费大量的模板,施工程序较复杂。现浇钢筋混凝土楼梯按楼梯段的受力和传力方式的不同分为板式楼梯和梁板式楼梯两种。一般情况下,梯段水平投影长度不大于 3 m 宜采用板式楼梯,梯段水平投影长度大于 3 m 宜采用梁板式楼梯。

①板式楼梯:板式楼梯是指楼梯段作为一块整板,斜搁在楼梯的平台梁上。楼梯段承受梯段上全部的荷载。梯段相当于是一块斜放的现浇板,平台梁是支座,如图 7.60(a)所示。平台梁之间的距离便是这块板的跨度,梯段内的受力钢筋沿梯段的长向布置。有时为了保证平台过道处的净空高度,可以在板式楼梯的局部位置取消平台梁,称为折板式楼梯,如图 7.60(b)所示。此时,板的跨度应为梯段水平投影长度与平台深度尺寸之和。板式楼梯适用于荷载较小、层高较小的建筑,如住宅、宿舍建筑。

②梁板式楼梯:当梯段较宽或楼梯负载较大时,采用板式楼梯往往不经济,则须增加梯段斜梁(简称梯梁)以承受板的荷载,并将荷载传给平台梁,这种楼梯称梁板式楼梯,如图 7.61 所示。梁板式楼梯的宽度相当于踏步板的跨度,平台梁之间的间距即为斜梁的跨度。梁板式楼梯在结构布置上有双梁布

现浇钢筋混凝土楼梯——板式楼梯

置和单梁布置之分。双梁布置比较常见,斜梁设置在梯段的两侧,有时为了节省材料在梯段靠楼梯间横墙一侧不设置斜梁而直接由墙体承受踏步板的重量。此时,踏步板一端搁置在斜梁上,另一端搁置在墙上。在梁板式结构中,单梁式楼梯是近年来公共建筑中采用较多的一种结构形式。这种楼梯的每个梯段由一根梯梁支承踏步。梯梁布置有两种方式:一种是单梁悬臂式楼梯,另一种是单梁挑板式楼梯。单梁楼梯受力复杂,梯梁不仅受弯,而且受扭。但这种楼梯外形轻巧、美观,常常为建筑空间造型所采用。

梁板式楼梯的斜梁一般是暴露在踏步板的下面,称为正梁式楼梯,也称明步楼梯。这种楼

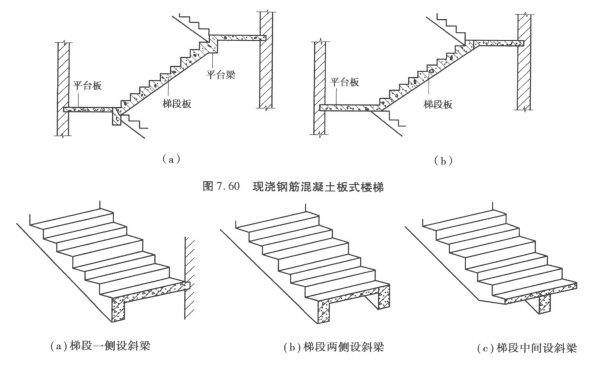

图 7.60 现浇钢筋混凝土板式楼梯

（a）梯段一侧设斜梁　　　　　（b）梯段两侧设斜梁　　　　　（c）梯段中间设斜梁

图 7.61 梁板式钢筋混凝土楼梯

梯在梯段下部形成梁的暗角容易积灰,而且梯段侧面经常被清洗踏步产生的脏水污染,特别影响美观。而若将梯梁反向上面就弥补了明步楼梯的缺陷,这种称反梁式楼梯,也称暗步楼梯。暗步楼梯因为斜梁宽度要满足结构要求,通常宽度较大,从而使梯段宽度变小,如图 7.62 所示。

现浇钢筋混凝土楼板——梁板式楼板

（2）预制装配式钢筋混凝土楼梯

预制装配式钢筋混凝土楼梯中楼梯的各部分构件是在预制厂预制、在现场组装而成。相比现浇钢筋混凝土楼梯,预制钢筋混凝土楼梯施工进度快、受气候影响较小、构件生产工厂化、质量较易保证,但是施工时需要配套的起重设备,投资多。因为建筑的层高、楼梯间的开间、进深以及建筑的功能等都影响楼梯的尺寸,且楼梯的平面形式也是多种多样,因此,目前除了成片建设的大量性建筑（如住宅小区）外,建筑中较多采用的是现浇钢筋混凝土楼梯。

预制装配式楼梯根据生产、运输、吊装和建筑体系的不同,有许多不同的构造形式。根据组成楼梯的构件尺寸及装配的程度,一般可分为小型构件装配式和中大型构件装配式两大类。

①小型构件装配式楼梯。小型构件包括踏步板、斜梁、平台梁、平台板等单个构件预制踏步板的断面形式通常有一字形、L 形和三角形 3 种。楼梯段斜梁通常做成锯齿形、矩形和 L 形,平台梁的断面形式通常为 L 形和矩形。

小型构件装配式楼梯按其构造方式可分为梁承式、墙承式和悬臂式等类型。

a. 梁承式钢筋混凝土楼梯是预制构件装配而成的梁式楼梯,指梯段为平台梁支承的楼梯构造方式,其基本构件是踏步板、斜梁、平台梁和平台板。这些构件之间的传力关系是:踏步板搁置在斜梁上,斜梁搁置在平台梁上,平台梁搁置在两边侧墙上,而平台板可以一边搁置在墙

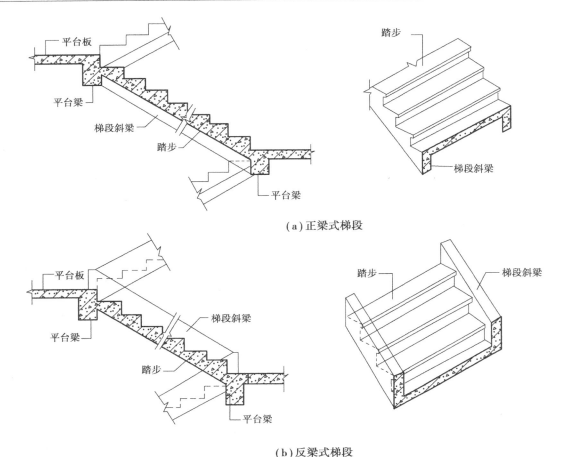

（a）正梁式梯段

（b）反梁式梯段

图7.62　现浇钢筋混凝土梁板式梯段

上,另一边搁置在平台梁上,也可以搁置在两边的侧墙上。预制装配梁承式楼梯的构造如图
7.63 所示。

　　梁承式楼梯踏步板的断面形式有三角形、正 L 形、反 L 形和一字形,如图
7.64 所示。斜梁有矩形、L 形、锯齿形。三角形踏步板配合矩形斜梁,拼装之
后形成明步楼梯;若三角形踏步板配合 L 形斜梁,则拼装后形成暗步楼梯。这
种采用三角形踏步板的梁承式楼梯底面比较平整。L 形和一字形踏步板应和
锯齿形斜梁配合使用,当采用 L 形踏步板时,要求斜梁锯齿的尺寸和踏步板的
尺寸相互配合、协调,避免出现踏步架空和倾斜的现象。当采用一字形踏步板时,一般用侧砌
墙作为踏步踢面。

预制装配式
钢筋混凝土
楼梯——梁承
式楼梯

　　不管采用哪种形式,预制踏步板与斜梁之间都应有可靠的连接,通常由水泥砂浆铺浆,逐
个叠置。如需加强,可在梯斜梁上预埋插筋,与踏步板支承端预留孔插接,用高等级水泥砂浆
填实。梯段梁与平台梁之间的连接在支座处除了用水泥砂浆坐浆外,应在连接端预埋钢板焊
接,如图 7.65 所示。

　　为了使平台梁下能有足够的净高,平台梁一般做成 L 形断面,斜梁搁置在平台梁挑出的
翼缘部分,如图 7.66 所示。

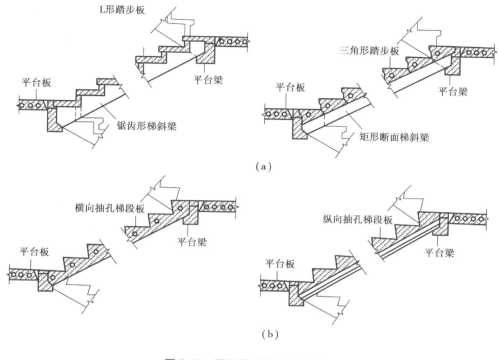

图 7.63 预制装配梁承式楼梯

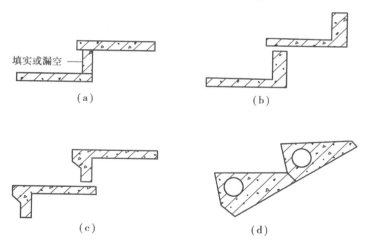

图 7.64 楼梯踏步板的断面形式

同时为了节省楼梯所占空间,上下梯段最好在同一位置起步和止步。现浇钢筋混凝土楼梯由于是在现场绑扎钢筋的,因此这点可以比较容易满足。预制装配式楼梯为了减少构件的类型,通常要求上下梯段在同一高度进入平台梁,这样就容易形成上下梯段错开一步或半步起止步的局面,使梯段纵向水平投影长度加长,增大占用面积。通常采用降低平台梁或把斜梁做成折线形来解决这个问题。在处理此处构造时,应根据工程实际选择合适的方案,并与结构专业做好配合。平台板可根据需要采用钢筋混凝土空心板、槽形板或平板,图 7.67 所示为梁承式梯段与平台的结构布置。

269

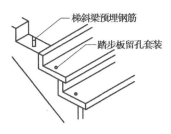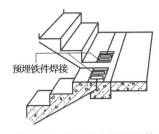

<table><tr><td>（a）踏步板与斜梁之间的连接</td><td>（b）梯段梁与平台梁之间的连接</td></tr></table>

图 7.65　梁承式楼梯的连接

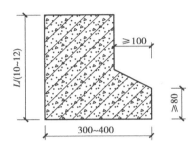

图 7.66　平台梁断面尺寸

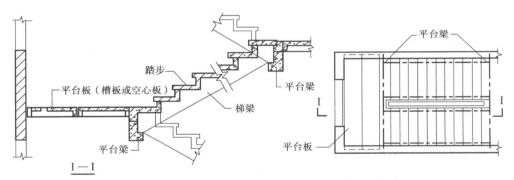

（a）平台板两端支承在楼梯间侧墙上，与平台梁平行布置

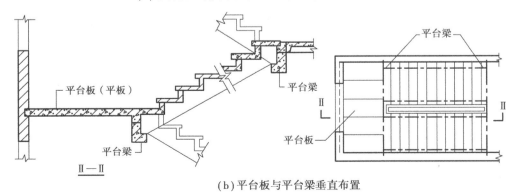

（b）平台板与平台梁垂直布置

图 7.67　梁承式梯段与平台的结构布置

b.墙承式钢筋混凝土楼梯是指把预制钢筋混凝土踏步板直接搁置在墙上,并按照事先设计好的方案,在施工时按照顺序搁置,形成楼梯段的一种楼梯形式,这时踏步板相当于一块靠墙体支承的简支板。其踏步板一般采用一字形、L形断面。平台板可以采用实心板、空心板或槽形板。为了确保行人的通行安全,应在楼梯间侧墙上设置扶手。墙承式钢筋混凝土楼梯的构造如图7.68所示。

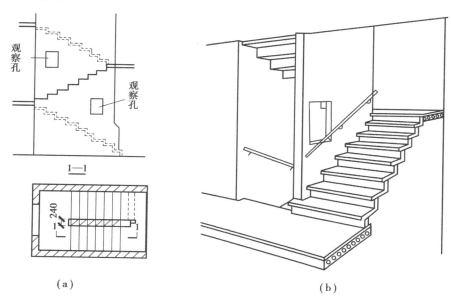

观察孔

观察孔

1—1

240

（a）   （b）

图7.68 墙承式钢筋混凝土楼梯

墙承式钢筋混凝土楼梯适用于两层建筑的直跑楼梯或中间设有电梯井的三跑楼梯。双跑平行楼梯如果采用墙承式,必须在原楼梯井处设墙,作为踏步板的支座。这样处理之后,由于在梯段之间有墙,搬运家具不方便,也阻挡视线,上下人流易相撞。为了解决通视的问题,通常在中间墙上开设观察口,以使上下人流视线流通。也可将中间墙两端靠平台部分局部收进,以使空间通透,有利于改善视线和搬运家具物品。但这种方式对抗震不利,施工也较麻烦。另外,由于踏步板与平台之间没有传力关系,因此墙承式楼梯可以不设平台梁,从而使平台下面的净高增加。

c.悬臂式钢筋混凝土楼梯是指预制钢筋混凝土踏步板一端嵌固于楼梯间侧墙上,另一端凌空悬挑的楼梯形式,也称悬臂踏板楼梯,与墙承式钢筋混凝土楼梯有很多相似的地方,在小型构件装配式楼梯中是构造最简单的一种。它是由单个踏步板组成楼梯段,由墙体承担楼梯的荷载,梯段与平台梁之间也没有传力关系,因此也可以取消平台梁。不同的是,悬臂式钢筋混凝土楼梯一端嵌入墙内,另一端形成悬臂。其踏步板的断面形式有一字形、正L形、反L形,其中以正L形最为多见。为了施工方便,踏步板砌入墙体部分均为矩形,嵌入深度为240 mm。楼梯的平台板可以采用钢筋混凝土实心板、空心板和槽形板,搁置在楼梯间两侧墙体上。

悬臂式钢筋混凝土楼梯用于嵌固踏步板的墙体厚度不应小于240 mm,踏步板悬挑长度一般不大于1 800 mm,可以满足大部分民用建筑对楼梯的要求。但在具有冲击荷载时或地震区不宜采用。

另外,在小型建筑或非公共区域的楼梯中采用的悬挂式楼梯,也属于悬臂式楼梯,它与悬臂式楼梯的不同之处在于踏步板的另外一端是用金属拉杆悬挂在上部结构上。这种楼梯外观轻巧,安装较复杂,精度要求高,适于在单跑直楼梯和双跑直楼梯中采用。

②中大型构件装配式楼梯。从小型构件改变为中大型构件,主要可以减少预制构配件的种类和数量,对简化施工过程、提高工作效率、减轻劳动强度等很有好处。当施工现场吊装能力较强时,可以采用中型或大型构件装配式楼梯。中型或大型构件装配式楼梯一般把楼梯段和平台板作为基本构件,构件的体量大,规格和数量相对较少,装配容易,适用于成片建设大量性建筑。

③大型构件装配式楼梯。大型构件装配式楼梯是把整个梯段和平台连在一起预制成一个构件。这种方式施工速度快,装配化程度高,但是施工时需要大型吊装运输设备,主要用于大型装配式建筑中。

(3)楼梯的细部构造

楼梯细部处理的好坏直接影响楼梯的使用安全和美观,在设计中应引起足够的重视。

①踏步面层及防滑处理。建筑物中,楼梯的踏面最容易受到磨损,影响行走和美观,因此踏面应光洁、耐磨、防滑、便于清洗,同时要有一定的装饰性。楼梯踏面的材料一般视装修要求而定,常与门厅或走道的地面材料一致,常用的有水泥砂浆、水磨石等,也可采用铺缸砖或铺大理石板。前两种多用于一般工业与民用建筑中,后几种多用于有特殊要求或较高级的公共建筑中。

为了防止行人在行走时滑倒,踏步表面应采取防滑和耐磨措施,通常是在距踏步面层前缘 40 ~ 50 mm 处设置防滑条。防滑条的材料可用铁屑水泥、金刚砂、塑料条、橡胶条、金属条、马赛克等。最简单的做法是做踏步面层时,在靠近踏步面层前缘 40 mm 处留两三道凹槽,也可以采用耐磨防滑材料,如缸砖、铸铁等做防滑包口,既能防滑又能起到保护作用;标准比较高的建筑,也可以铺地毯、防滑塑料或用橡胶贴面。防滑条或防滑凹槽长度一般按踏步长度每边减去 150 mm,如图 7.69 所示。

楼梯的细部构造——踏步面层及防滑处理

②栏杆(栏板)的构造。栏杆和栏板是楼梯中保护行人上下安全的围护措施。栏杆多采用方钢、圆钢、钢管或扁钢等材料,可以焊接或铆接成各种图案,既起到防护作用又起到装饰作用。常用栏杆的断面尺寸有:方钢 15 mm × 15 mm ~ 25 mm × 25 mm,圆钢 $\phi16$ ~ $\phi25$ mm,钢管 $\phi20$ ~ $\phi50$ mm,扁钢(30 ~ 50)mm × (3 ~ 6)mm。栏杆应有足够的强度,能够保证在人多拥挤时楼梯的使用安全。在经常有儿童活动的场所(如幼儿园、住宅等建筑),为了防止儿童穿过栏杆空挡发生危险,栏杆垂直构件之间的净距不应大于 110 mm,且不能采用易于攀登的花饰。

栏板是用实体材料制作的,常用的材料有加设钢筋网的砖砌体、钢筋混凝土、木材、玻璃等。砖砌栏板是用普通砖砌筑,厚度为 60 mm,栏板外侧用钢筋网加固,再用钢筋混凝土扶手与栏板连成整体。钢筋混凝土栏板有预制和现浇两种,通常多采用现浇处理,经支模、绑扎钢筋后与梯段整浇而成,较砖砌体栏板牢固、安全、耐久,但是栏板厚度和自重较大。也可以预埋钢板将预制钢筋混凝土栏板与梯段焊接。栏板的表面应光滑平整,便于清洗。

近年还流行一种将空花栏杆与实体栏板组合而成的组合式栏杆,空花部分多用金属材料(如钢材或不锈钢等)制成,作为主要的抗侧力构件。栏板部分常采用轻质美观的材料(如木

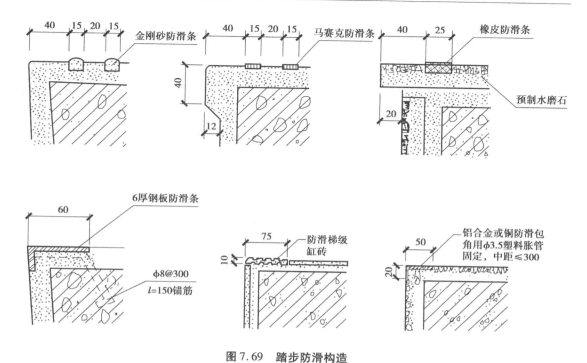

图 7.69　踏步防滑构造

板、塑料贴面板、铝板、有机玻璃、钢化玻璃等），两者共同组成组合式栏杆。组合式栏杆的构造如图 7.70 所示。

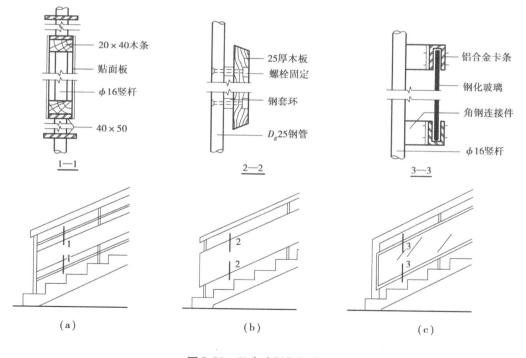

图 7.70　组合式栏杆构造

③扶手的构造。扶手也是楼梯的重要组成部分。扶手按材料分有木扶手、金属扶手、塑料扶手、天然石材扶手等,如图 7.71 所示。木扶手常用于室内楼梯,金属扶手、塑料扶手、天然石材扶手是室外楼梯常用的材料。无论采用何种材料的扶手,其表面都应光滑、圆顺,便于手扶。绝大多数扶手都是连续设置的,接头处应当仔细处理,使之平滑过渡。栏杆与栏板扶手的构造如图 7.72 所示。

楼梯的细部构造——扶手的构造（2）

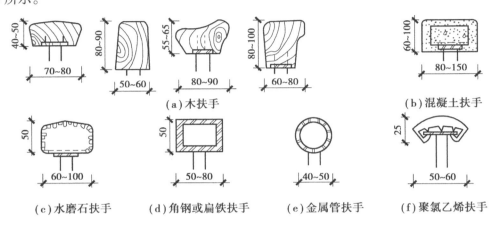

图 7.71　扶手的类型

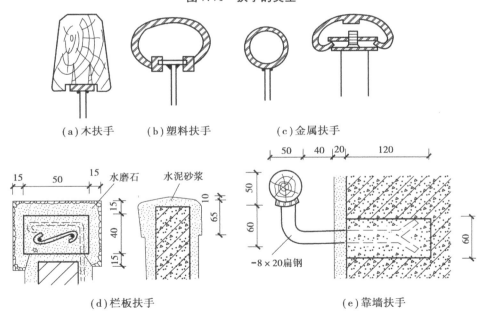

图 7.72　栏杆及栏板的扶手构造

④各种连接构造:

a.栏杆与踏步的连接:栏杆与踏步的连接有铆接、焊接和螺栓连接 3 种。铆接是在踏步上预留孔洞,预留孔一般为 50 mm×50 mm,插入洞内至少 80 mm,然后将钢条插入孔内,洞内浇筑水泥砂浆或细石混凝土嵌固。焊接则是在浇筑楼梯踏步时,在需要设置栏杆的部位,沿踏面预埋钢板或在踏步内埋套管,然后将钢条焊接在预埋钢板或套管上。螺栓连接是利用螺栓将栏杆固定在踏步上,方式有多种。栏板可以与梯段直接相连,也可以安装在垂直构件上。栏杆与踏步的连接如图7.73所示。

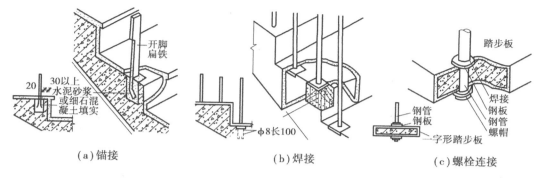

(a)锚接　　　　　(b)焊接　　　　　(c)螺栓连接

图7.73　栏杆与踏步的连接方式

b.扶手与栏杆的连接:当采用木材或塑料扶手时,一般在栏杆顶部设置通长扁钢,与扶手底面或侧面槽口榫接,再用木螺栓固定。金属扶手与金属栏杆的连接一般采用焊接或铆接。

c.扶手与墙体的连接:扶手如果需要固定在砖墙上时,可在墙上预留 120 mm × 120 mm × 120 mm 的孔洞,将扶手伸入洞内,再用细石混凝土或水泥砂浆填实;扶手与钢筋混凝土柱或墙连接时,可在墙或柱上预埋铁件与扶手焊接,也可用膨胀螺栓栓接或预留孔洞插接。

⑤楼梯的基础:简称梯基,其做法有两种,一是楼梯直接设砖、石或混凝土基础,另一种是楼梯支承在钢筋混凝土地基梁上,如图7.74所示。

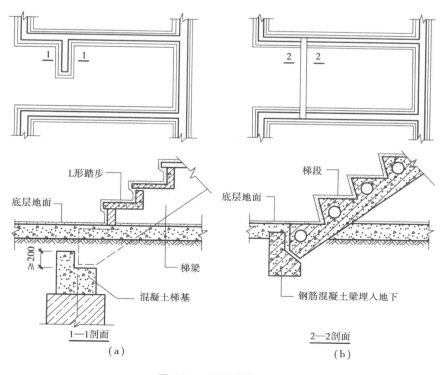

(a)　　　　　　　　　　(b)

图7.74　梯基的构造

7.5.2　楼梯各部分的尺度

1)楼梯的坡度

楼梯的坡度即楼梯段的坡度,指的是楼梯段沿水平面倾斜的角度。一般采用两种方法来表示楼梯的坡度:一种是用楼梯段与水平面的倾斜夹角来表示楼梯的坡度,称为角度法;一种是用楼梯段在垂直面上的投影高度与在水平面上的投影长度来表示楼梯的坡度,称为比值法。在实际工程中,比值法采用较为广泛。一般来讲,若建筑物的层高不变,则楼梯的坡度大,楼梯段的水平投影长度越短,楼梯占地面积就越小,就越经济,但是人在上面行走就会比较吃力;楼梯的坡度越小,踏步相对平缓,行走就较舒适,但是楼梯占地面积大,会增加投资,经济性较差。所以,在确定楼梯坡度时,应当兼顾使用性和经济性的要求,根据具体情况进行合理的选择。对人流集中、交通量大的建筑,楼梯的坡度应小些,如医院、影剧院等。对使用人数较少、交通量小的建筑,楼梯的坡度可以略大些,如住宅、别墅等。

楼梯常见的坡度为23°～45°,其中以30°左右较为通用。坡度过小(小于23°),只需将其处理成斜面就可以解决通行的问题,称为坡道。由于坡道占地面积较大,过去只在医院建筑中为解决运送病人推床的交通而使用,现在电梯在建筑中已经大量采用,坡道在建筑内部基本不用,而在室外应用较多。坡道的坡度在1:12以下时,属于平缓坡道;坡度超过1:10时,应设防滑措施。坡度过大时(大于45°),由于坡度较陡,人们已经不能自如地上下,需要借助扶手的助力扶持,此时称为爬梯。由于爬梯对使用者的身体状况及持物情况有限制,因此爬梯在民用建筑中并不多见,一般只在通往屋顶、电梯机房等非公共区域采用。公共建筑的楼梯坡度较平缓,常用26°34′(正切为1/2左右)。住宅中的公用楼梯坡度可以稍陡些,常用楼梯坡度一般不宜超过38°;供少量人流通过的内部交通楼梯,坡度可适当增大,楼梯、爬梯、坡道的坡度范围如图7.75所示。

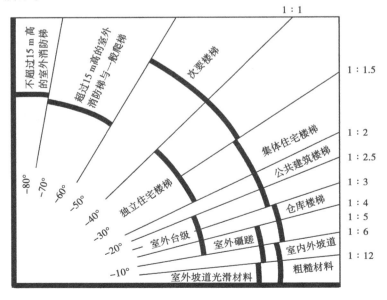

图7.75　楼梯的坡度

2)楼梯的踏步尺寸

楼梯的坡度取决于楼梯踏步的高度与宽度之比。因此,必须选择合适的踏步尺寸以控制坡度。楼梯的踏步尺寸包括踏面宽和踢面高,踏面是人脚踩的部分,其宽度不应小于成年人的脚长,使人们在上下楼梯时脚可以全部落在踏面上,以保证行走时的舒适。一般为 250 ~ 320 mm。踢面高与踏面宽有关,根据人上一级踏步相当于在平地上的平均步距,踏步尺寸可按下面的经验公式来确定:

$$2b + h = 600 ~ 620 \text{ mm}, b + h = 450 \text{ mm}$$

式中　b——踢面高度;

　　　h——踏面宽度;

　　　600 ~ 620 mm——人的平均步距。

踏步尺寸一般是根据建筑的使用功能、使用者的特征及楼梯的通行量综合确定的,在建筑工程中,踏面宽范围一般为 250 ~ 320 mm,踢面高范围一般为 140 ~ 180 mm。具体地,应根据建筑物的功能和实际情况来确定,常见的民用建筑楼梯的适宜踏步尺寸见表 7.6。

表 7.6　楼梯适宜的踏步尺寸　　　　　　　　　　　单位:mm

名称	住宅	学校、办公室	剧院、会堂	医　院（病人用）	幼儿园
踏步宽	260 ~ 300	280 ~ 340	300 ~ 350	300	260 ~ 300
踏步高	156 ~ 175	140 ~ 160	120 ~ 150	150	120 ~ 150

民用建筑中,楼梯踏步的最小宽度与最大高度的限制值见表 7.7。

表 7.7　楼梯踏步最小宽度和最大宽度　　　　　　　　　单位:mm

楼梯类别	最小宽度 b	最大高度 h
住宅公用楼梯	250	180
幼儿园楼梯	260	150
医院、疗养院等楼梯	280	160
学校、办公楼等楼梯	260	170
剧院、会堂等楼梯	220	200

当踏步宽度过窄时,会使人们行走时产生危险。而踏步过宽时,将导致梯段长度增加,由于踏步的宽度往往受到楼梯间进深的限制。有时为了人们上下楼梯时更加舒适,在不改变楼梯坡度的情况下,可采用下列措施来增加踏面宽度,如采取加做踏步檐或使踢面倾斜(图 7.76)。踏步檐的挑出尺寸一般不大于 20 mm,挑出尺寸过大则踏步檐容易损坏,而且会给行走带来不便。

楼梯的尺度——
楼梯踏步尺寸

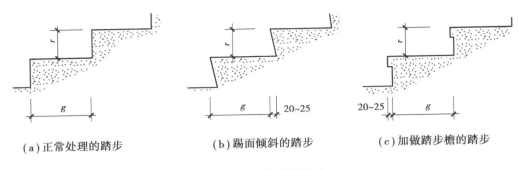

(a)正常处理的踏步　　　(b)踢面倾斜的踏步　　　(c)加做踏步檐的踏步

图7.76　踏步细部尺寸

3)楼梯段的尺度

梯段的尺度分为梯段的宽度和梯段的长度。楼梯段的宽度是指楼梯段临空侧扶手中心线到另一侧墙面(或靠墙扶手中心线)之间的水平距离,梯段的宽度必须满足上下人流及搬运物品的需要。从确保安全角度出发,楼梯段宽度应根据楼梯的设计人流股数、防火要求及建筑物的使用性质等因素确定。为了保证建筑的使用安全,《建筑设计防火规范》(GB 50016—2014)规定了学校、商店、办公楼、候车室等民用建筑楼梯的总宽度。这些建筑楼梯的总宽度应通过计算确定,以每100人拥有的楼梯宽度作为计算标准,俗称百人指标。通常情况下,作为主要通行用的楼梯,其梯段宽度应满足至少两人相对通行(即大于或等于两股人流)。

我国规定单股人流通行的宽度按 0.55 m $+ (0 \sim 0.15)$ m 计算,其中 0.55 m 为正常人体的宽度,$(0 \sim 0.15)$ m 为人行走时的摆幅。人流较多的公共建筑应取上限。单人通行时为900 mm,双人通行时为 $1\ 000 \sim 1\ 200$ mm,三人通行时为 $1\ 500 \sim 1\ 800$ mm,并应满足各类建筑设计规范中对梯段宽度的限定,如住宅不小于 $1\ 100$ mm、公共建筑梯段宽度不小于 $1\ 300$ mm 等。非主要通行的楼梯,应满足单人携带物品通过的需要,梯段净宽一般不应小于900 mm。一般建筑中作为主要通行用的楼梯,其供人通行的有效宽度(即楼梯段净宽)不应小于 2×0.55 m $= 1.1$ m。

住宅建筑的建造量大,考虑到住宅楼梯的经济性与实用性,我国《住宅设计规范》(GB 50096—2011)规定:6层及以下的单元式住宅,其楼梯段的最小净宽不小于 $1\ 000$ mm。住宅套内楼梯段的净宽,当楼梯段一侧临空时,不应小于750 mm;当两侧都是墙时,不应小于900 mm。

高层建筑中作为主要通行的楼梯,其梯段宽度指标高于一般建筑。《高层民用建筑设计防火规范》(GB 50045—95)规定:高层建筑每层疏散楼梯总宽度应按照其通过人数每100人不小于 1.00 m 计算。各层人数不相等时,楼梯的总宽度可分段计算,下层疏散楼梯总宽度按其上层人数最多的一层计算。疏散楼梯的最小净宽不应小于表7.8的规定。

表7.8　高层建筑疏散楼梯的最小净宽度

高层建筑	疏散楼梯的最小净宽/m
医院病房楼	1.30
居住建筑	1.10
其他建筑	1.20

4)平台的宽度

为了保证通行顺畅和搬运家具设备方便,楼梯平台的宽度应不小于楼梯段的宽度(图7.77)。对于双跑平行式楼梯,平台宽度方向与楼梯段的宽度方向垂直,规定平台宽度应不小于楼梯段的宽度,且不小于 1 100 mm。

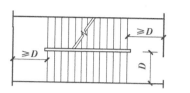

楼梯的尺
度——平
台尺寸

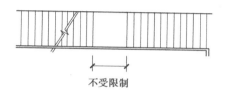
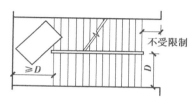

图 7.77　楼梯段和平台的尺寸关系(D 为楼梯段的宽度)

对于开敞式楼梯间,由于楼层平台已经同走廊连成一体,这时楼层平台的净宽为最后一个踏步前缘到靠走廊墙面的距离,此时平台净宽度可以小于上述规定,一般不小于 500 mm(图7.78)。

有些建筑为了满足特定的需要,在上述要求的基础上,对楼梯及平台的尺寸另行作了具体的规定。如《综合医院建筑设计规范》(JGJ 49—88)规定:医院建筑主楼梯的梯段宽度不应小于 1.65 m,主楼梯和疏散楼梯的平台深度不应小于 2.0 m。

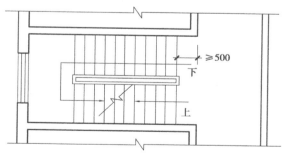

图 7.78　开敞式楼梯间楼层平台的宽度

5)楼梯井宽度

楼梯井宽度是指梯段之间形成的空隙的宽度,此空隙从顶层贯通到底层。考虑到消防安全和施工的要求,住宅、中小学校等楼梯井的宽度一般为 60 ~ 200 mm。儿童用楼梯应小于120 mm。公共建筑中的楼梯井宽度不应小于 150 mm(水平净距)。梯井宽度超过 200 mm 时,必须采取安全措施。

6)楼梯的净空高度

楼梯的净空高度包括楼梯段上的净空高度和平台上的净空高度。

楼梯段上的净空高度是指梯段空间的最小高度,即下层梯段踏步前缘到上部结构底面之间的垂直距离。楼梯段上的净空高度与人体尺度、楼梯的坡度有关;平台上的净空高度指平台面到上部结构最低处之间的垂直距离,平台上的净空高度与人体尺度有关。在确定这两个净高时,还应充分考虑人们肩扛物品对空间的实际需要,避免由于碰头而产生压抑感。我国规范规定:楼梯段上的净空高度应不小于2 200 mm,平台上的净空高度应不小于2 000 mm;另外,确定楼梯段上的净空高度时,楼梯段的计算范围应从楼梯段最前和最后踏步前缘分别往外300 mm算起,如图7.79所示。

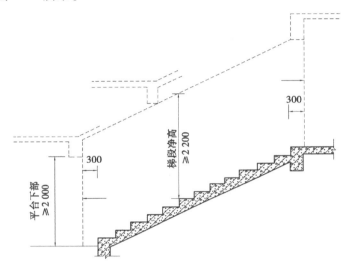

图7.79 梯段及平台部位净高的要求

由于一般民用建筑的层高均在3.0 m以上,而楼梯段间的净高与房间净高相差不大,所以,一般可以满足不小于2 200 mm的要求。

一般情况下,楼梯的中间平台设计在楼层的1/2处,因此平台过道处净高不小于2 000 mm的要求往往不容易自然实现,必须经过仔细设计和调整才行。例如,单元式住宅通常把单元门设在楼梯间首层,其入口处平台净高应不小于2 000 mm,假设住宅的首层层高为3.0 m,则第一个休息平台的标高为1.5 m,此时平台的净高约为1.2 m,距2 000 mm的要求相差较远。为了使平台下净高满足不小于2 000 mm的要求,可采取下列处理方法来解决:

①增加底层第一梯段的踏步数量,达到提高底层中间平台标高的目的[图7.80(a)]。此时,应注意两个问题:其一,第一段楼梯是整部楼梯中最长的一段,仍然要保证梯段宽度和平台进深之间的相互关系;其次,当层高较小时,应检验第一、三段楼梯之间的净高是否满足梯段处净高不小于2 200 mm的要求。这种方法适用于楼梯间进深较大的情况。

②降低底层中间平台下地坪的标高,即将部分室外台阶移至室内[图7.80(b)]。但降低后的中间平台下地坪标高仍应比室内地面低出一级台阶的高度,即100～150 mm,以免雨水内溢。这种处理方式可保持等跑梯段,使构件统一。但中间平台下地坪标高的降低,常依靠底层室内地坪±0.000标高绝对值的提高来实现,可能增加填土方量或将底层地面架空。这种方

法构造简单,但增加了整个建筑物的高度,会使建筑造价升高。其次,移至室内的台阶前檐线与顶部平台梁内边缘之间的水平距离不应小于 300 mm。

③将上述两种方法进行综合,既增加底层第一楼梯段的踏步数量,又降低底层中间平台下地坪的标高[图 7.80(c)]。这种方法可避免前两种方法的缺点。

④建筑物的底层楼梯采用直行单跑或直行双跑楼梯直接从室外上二层[图 7.80(d)]。这种方法适用于南方地区的建筑。设计时需注意入口处雨篷底面标高的位置,保证净空高度要求。

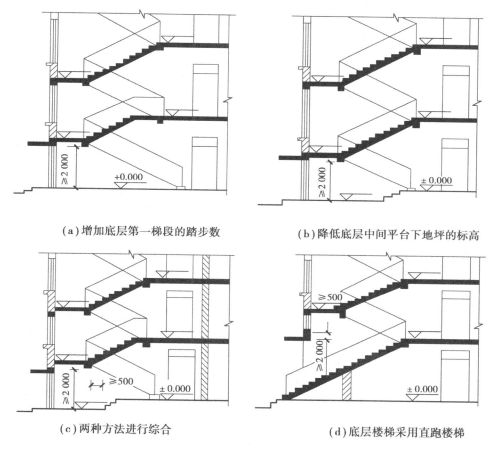

(a)增加底层第一梯段的踏步数　　　　　(b)降低底层中间平台下地坪的标高

(c)两种方法进行综合　　　　　　　　　(d)底层楼梯采用直跑楼梯

图 7.80　底层楼梯平台做出入口时的处理方式

除此之外也可以取消平台梁,即平台板和梯段组合成一块折形板。

7)栏杆扶手的高度

楼梯的栏杆和扶手是与人体尺度关系密切的建筑构件,应合理确定栏杆高度。栏杆高度是指踏步前缘至上方扶手中心线的垂直距离。一般室内楼梯栏杆高度不应小于 0.9 m,室外楼梯栏杆高度不应小于 1.05 m,高层建筑室外楼梯栏杆高度不应小于 1.1 m。如果当顶层平台上水平扶手长度超过 500 mm 时,其高度不应小于 1 m。幼托建筑的扶手高度不能降低,可增加一道 600~700 mm 高的儿童扶手,如图 7.81 所示。有一些建筑根据使用要求对楼梯栏杆的高度做出了具体的规定,应参照单项建筑设计规范的规定执行。

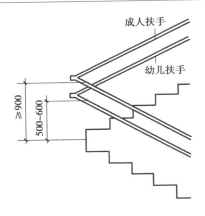

图 7.81　栏杆扶手高度

7.5.3　台阶与坡道的构造

房屋底层为了防潮和防水,一般建筑物室内外地坪均设有高差,所以通常需要在建筑入口处设置台阶和坡道作为建筑室外的过渡。台阶是供人们进出建筑之用,坡道是为车辆及残疾人设置的,有时会把台阶和坡道合并在一起共同工作。从规划要求来看,台阶和坡道被视为建筑主体的一部分,不允许进入道路红线,因此在一般情况下台阶的踏步数不多,坡道长度也不大。有些建筑由于使用功能或精神功能的需要,有时设有较大的室内外高差或者把建筑入口设在二层,此时就需要大型的台阶和坡道与其配合。台阶和坡道在建筑入口处对建筑立面具有一定的装饰作用,因此设计时既要考虑实用性,又要考虑其美观性能。

1) 室外台阶与坡道的形式

台阶由踏步和平台组成。它的平面形式种类较多,应当与建筑级别、功能及基地周围的环境相适应。比较常见的台阶形式有单面踏步式、两面踏步式、三面踏步式等。由于台阶位于房屋的出入口处有美观的要求,因此台阶的两边常与花池、垂带石、方形石等组合在一起。

坡道多为单面坡形式,极少有三面坡的。按照其用途的不同,可以分为行车坡道和轮椅坡道两类。行车坡道又可分为普通行车坡道和回车坡道两种。普通行车坡道布置在有车辆进出的建筑入口处,如车库、厂房等。回车坡道与台阶踏步组合在一起布置在某些大型公共建筑的入口处,如办公楼、旅馆、医院等。轮椅坡道是专供残疾人使用的。随着我国社会文明程度提高,为使残疾人能平等地参与社会活动,体现社会对特殊人群的关爱,应在为公众服务的建筑及市政工程中设置方便残疾人使用的设施,轮椅坡道就是其中之一。我国专门制定了《方便残疾人使用的城市道路和建筑物设计规范》(JGJ 50—88),对有关问题做出了明确的规定。

台阶与坡道的形式如图 7.82 所示。

2) 室外台阶与坡道的平面尺寸

台阶与坡道的平面尺寸一般取决于房屋室内外高差的大小和门洞口的宽度。为了满足起码的使用要求,台阶和普通行车坡道顶部平台的宽度应大于所连通的门洞的宽度,一般至少每边宽出 500 mm。台阶处于室外,踏步宽度应比楼梯大一些,使坡度平缓,以提高行走舒适度。其踏步高一般为 100 ~ 150 mm,公共建筑主要出入口处的台阶每级一般不超过 150 mm 高,踏

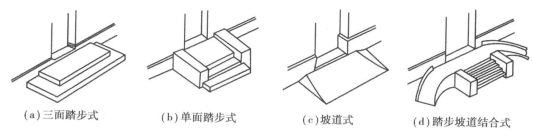

(a)三面踏步式　　　(b)单面踏步式　　　(c)坡道式　　　(d)踏步坡道结合式

图7.82　台阶与坡道的形式

面宽度最好选择在350～400 mm,也可以根据需要设置得更宽;一些医院及运输港的台阶常选择100 mm左右的步高和400 mm左右的步宽,以方便病人及负重的旅客行走。台阶步数根据室内外高差确定。在台阶与建筑出入口大门之间,常设一缓冲平台,作为室内外空间的过渡。室外台阶顶部平台深度一般不应小于1 000 mm,平台需设3%左右的排水坡度,以利于雨水排除。

坡道的坡度应以有利于推车通行为佳,一般为1/10～1/8,也有1/30的。在某些大型公共建筑中,为考虑汽车能在大门入口处通行,可采用单面台阶与两侧坡道相结合的形式。普通坡道的坡度还与室内外高差及坡道的面层处理方法有关。光滑材料坡道不应大于1:12;粗糙材料坡道(包括设置防滑条的坡道)可以适当加大坡度,但是也不宜大于1:16;带防滑齿的坡道可加大至1:4。回车坡道的宽度与坡道半径及车辆规格有关,坡道的坡度应不大于1:10。由于轮椅坡道是供残疾人使用的,因此有一些特殊的规定,如坡道的宽度不应小于0.9 m,每段坡道的坡度、允许最大高度和水平长度应符合表7.9的规定;当坡道的高度和长度超过表7.9的规定时,应该在坡道中部设置休息平台,其宽度不应小于1.2 m,坡道在转弯处应设置休息平台,休息平台的宽度不应小于1.5 m;在坡道的起点及终点,应留有深度不小于1.5 m的轮椅缓冲地带;坡道两侧应在0.9 m高度处设置扶手,两段坡道之间的扶手应保持连贯;坡道起点及终点处的扶手应水平延伸0.3 m以上;坡道两侧凌空时,在栏杆下端宜设置高度不小于50 mm的安全挡台。

表7.9　每段坡道坡度、最大高度和水平长度

坡道坡度(高/长)	1/8*	1/10*	1/12
每段坡道允许高度/m	0.35	0.60	0.75
每段坡道允许水平长度/m	2.80	6.00	9.00

注:加 * 者只适用于受场地限制的改造扩建的建筑物。

3) 室外台阶的构造

室外台阶是建筑出入口处室内外高差之间的交通联系部件。由于其位置明显,人流量大,特别是当室内外高差较大或基层土质较差时,须慎重处理。为使台阶能满足交通和疏散的需要,台阶的设置应满足如下要求:

①人流密集的场所台阶的高度超过1.0 m时,宜有护栏设施,影剧院、体育馆观众厅疏散出入口门内外1.40 m范围内不能设置台阶踏步。

②室内台阶踏步数不应小于两步;由于台阶位于易受雨水腐蚀的环境之中,应慎重考虑防

滑和抗风化问题。其面层材料应选择防滑和耐久的材料,如水泥石屑、斩假石(剁斧石)、天然石材、防滑地面砖等。对于人流量大的建筑台阶,还宜在台阶平台处设刮泥槽。应该注意刮泥槽的刮齿应垂直于人流方向。

台阶构造分为实铺和架空两种形式,大多数台阶采用实铺的形式。实铺台阶的构造与室内地坪构造差不多,由垫层、结构层和面层构成。步数较少的台阶的垫层做法与地面垫层做法类似。一般采用素土夯实后按台阶形状尺寸做 C15 混凝土垫层或砖、石垫层。标准较高的或地基土质较差的还可在垫层下加一层碎砖或碎石层。严寒地区的台阶还得考虑地基土冻胀因素,可用含水率低的砂石垫层换土至冰冻线以下。

墙身节点详图

对于步数较多或地基土质太差的台阶,可根据情况架空成钢筋混凝土台阶,以避免过多填土或产生不均匀沉降。架空台阶的平台板和踏步板均为预制钢筋混凝土板,分别搁置在梁或者砖砌地垄墙上。

结构层材料应采用抗冻、抗水性能好且质地坚实的材料,常见的台阶基础有就地砌造、勒脚挑出、桥式 3 种。面层有整体和铺贴两大类,如水泥砂浆、水磨石、剁斧石、缸砖、天然石材等。台阶的构造如图 7.83 所示。

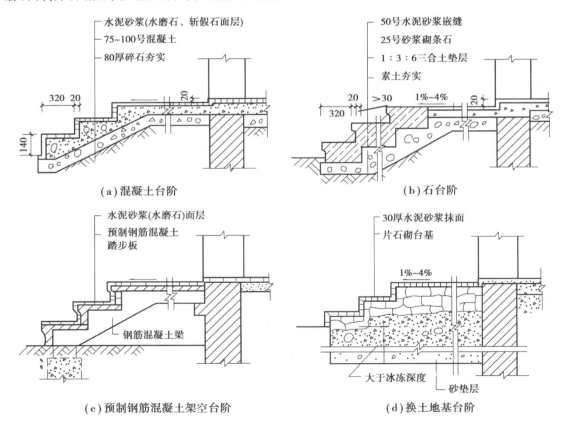

图 7.83 台阶构造示意

由于台阶与建筑主体在承受荷载和沉降方面差异较大,因此大多数台阶在结构上和建筑主体是分开的。一般是在建筑主体工程完工之后再进行台阶施工。台阶与建筑主体之间要注意解决好以下的问题:首先要处理好建筑主体与台阶之间的沉降缝,常见的做法是在接缝处挤入一根 10 mm 厚的防腐木条;其次为了防止台阶上积水向室内流淌,台阶应向外侧做 0.5% ~1% 找坡,台阶面层标高应比室内地面标高低 10 mm 左右。

4)坡道的构造

坡道一般采用实铺的形式,构造要求基本与台阶相同。垫层的厚度和强度应根据坡道长度和上部荷载的大小进行选择,严寒地区的坡道同样需要在垫层下部设置砂垫层。常见材料有混凝土或石块等,面层亦以水泥砂浆居多,对经常处于潮湿、坡度较陡或采用水磨石作面层的,在其表面必须作防滑处理,坡道构造如图 7.84 所示。

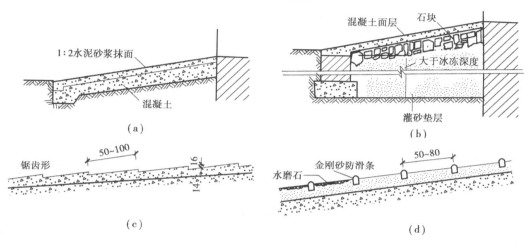

图 7.84 坡道构造

7.5.4 电梯及自动扶梯的构造

电梯是多层及高层建筑中常用的设备,主要是为了解决人们在上下楼梯时的体力及时间的消耗问题。有的建筑虽然层数不多,但由于建筑级别较高或使用的特殊需要,往往也设置电梯,如高级宾馆、多层仓库等。部分高层及超高层建筑为了满足疏散和救火的需要,还要设置消防电梯。

自动扶梯是人流集中的大型公共建筑中常用的建筑设备。在大型商场、超市、展览馆、火车站、航空港等建筑设置自动扶梯,对方便使用者、疏导人流起到很大作用。有些占地面积大、交通量大的建筑还要设置自动人行道,以解决建筑内部长距离水平交通,如大型航空港。

电梯及自动扶梯的安装及调试一般由生产厂家或专业公司负责。不同厂家提供的设备尺寸、规格和安装要求均有所不同,土建专业应按照厂家的要求在建筑的指定部位预留出足够的空间和设备安装的基础设施。

1)电梯的类型

(1)按使用性质分

①客梯:为运送乘客设计的电梯,要求有完善的安全设施以及一定的轿内装饰,主要用于人们在建筑物中的垂直联系。

②载货电梯:主要为运送货物而设计,通常有人伴随的电梯。

③消防电梯:用于发生火灾、爆炸等紧急情况下作安全疏散人员和消防人员紧急救援使用。

④观光电梯:井道和轿厢壁至少有同一侧透明,乘客可观看轿厢外景物的电梯。

⑤医用电梯:为运送病床、担架、医用车而设计的电梯,轿厢具有长而窄的特点。

⑥杂物电梯:供图书馆、办公楼、饭店运送图书、文件、食品等设计的电梯。

其他类型的电梯,除上述常用电梯外,还有些特殊用途的电梯,如冷库电梯、防爆电梯、矿井电梯、电站电梯、消防员用电梯等。

(2)按电梯行驶速度分

电梯无严格的速度分类,我国习惯上按下述方法分类:

①高速电梯:运行速度大于 2 m/s,梯速随层数增加而提高,是消防电梯常用的形式。

②中速电梯:运行速度在 2 m/s 之内,一般载货电梯均按中速考虑。

③低速电梯:运行速度在 1.5 m/s 以内,运送食物电梯常用低速。

④超高速电梯:运行速度超过 5.00 m/s 的电梯。

随着电梯技术的不断发展,电梯速度越来越高,区别高、中、低速电梯的速度限值也在相应地提高。

(3)按驱动方式分类

①交流电梯:用交流感应电动机作为驱动力的电梯。根据拖动方式又可分为交流单速、交流双速、交流调压调速、交流变压变频调速等。

②直流电梯:用直流电动机作为驱动力的电梯。这类电梯的额定速度一般在 2.00 m/s 以上。

③液压电梯:一般利用电动泵驱动液体流动,由柱塞使轿厢升降的电梯。

④齿轮齿条电梯:将导轨加工成齿条,轿厢装上与齿条啮合的齿轮,电动机带动齿轮旋转使轿厢升降的电梯。

⑤螺杆式电梯:将直顶式电梯的柱塞加工成矩形螺纹,再将带有推力轴承的大螺母安装于油缸顶,然后通过电机经减速机(或皮带)带动螺母旋转,从而使螺杆顶升轿厢上升或下降的电梯。

⑥直线电机驱动的电梯:其动力源是直线电机。

(4)其他分类方式

按控制电梯运行方式分为手动电梯、半自动电梯和自动电梯;按动力拖动方式的不同分为交流拖动(包括单速、双速、调速)电梯、直流拖动电梯、液压电梯;按消防要求分为普通乘客电梯和消防电梯。

2)电梯的组成及规格

电梯由电梯井道、电梯机房、井道地坑和轿厢等部分组成。

(1)电梯井道

电梯井道是电梯运行的通道,井道内包括出入口、电梯轿厢、导轨、导轨撑架、平衡锤及缓冲器等。不同用途的电梯,井道的平面形式不同,如图 7.85 所示。电梯井道可以用砖砌筑,也可以采用现浇钢筋混凝土墙。在每层楼面应留出门洞,并设置专用门,在升降过程中,轿厢门和每层专用门全部封闭,以保证安全。门的开启方式一般为中分推拉式或旁开

电梯和自动扶梯——电梯

的双折推拉式。砖砌井道一般每隔一段应设置钢筋混凝土圈梁,供固定导轨等设备用。井道的净宽、净深尺寸应当满足生产厂家提出的安装要求。

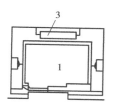 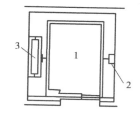 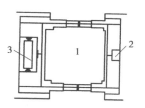

(a)客梯(双扇推拉门) (b)病床梯(双扇推拉门) (c)货梯(中分双扇推拉门) (d)小型杂物货梯

图7.85 电梯分类及井道平面
1—电梯厢;2—导轨及撑架;3—平衡重

(2)电梯机房

电梯机房一般设在井道的顶部,也有少数电梯把机房设置在井道底层的侧面。机房的平面及剖面尺寸均应满足布置电梯机械和电控设备的需要,并应留有足够的管理、维护空间,同时要把室内温度控制在设备运行的允许范围之内。由于机房的面积要大于井道的面积,因此允许机房任意向一个或两个相邻方向伸出,并满足机房有关设备安装的要求。通往机房的通道、楼梯和门的宽度不应小于1.2 m。机房楼板应按机器设备要求的部位预留孔洞。电梯机房的平面、剖面尺寸及内部设备的布置均由电梯生产厂家给出。

(3)井道地坑

井道地坑在最底层平面标高下不小于1.4 m,考虑电梯停靠时的冲力,作为轿厢下降时所需缓冲器的安装空间。

(4)组成电梯的有关部件

①轿厢:直接载人、运货的厢体。电梯轿厢应造型美观、经久耐用,目前轿厢采用金属框架结构,内部用光洁有色钢板壁面或有色有孔钢板壁面、花格钢板地面、荧光灯局部照明以及不锈钢操纵板等。入口处则采用钢材或坚硬铝材制成的电梯门槛。

②井壁导轨和导轨支架:支承、固定轿厢上下升降的轨道。

③牵引轮及其钢支架、钢丝绳、平衡锤、轿厢开关门、检修起重吊钩等。

④有关电器部件:交流电动机、直流电动机、控制柜、继电器、选层器、动力、照明、电源开关、厅外层数指示灯和厅外上下召唤盒开关等。

(5)电梯的规格

目前,多采用载重量作为划分电梯规格的标准(如400 kg、1 000 kg、2 000 kg),比较少用载客人数来划分电梯的规格。电梯的载重量和运行速度等技术指标,在生产厂家的产品说明书中均有详细的指标。

3)电梯与建筑物相关部位的构造

(1)井道、机房建筑的一般要求

①通向机房的通道和楼梯宽度不小于1.2 m,楼梯坡度不大于45°。

②机房楼板应平坦、整洁,能承受6 kPa的均布荷载。

③井道壁多为钢筋混凝土井壁或框架填充墙井壁。

④框架(圈梁)上应预埋铁板,铁板后面的焊件与梁中钢筋焊牢。每层中间加圈梁一道,并需设置预埋铁板。

⑤电梯为两台并列时,中间可不用隔墙而按一定的间隔放置钢筋混凝土梁或型钢过梁,以便于安装支架。

（2）电梯导轨支架安装

安装导轨支架分预留孔拖入式和预埋铁件焊接式。电梯构造如图 7.86 所示。

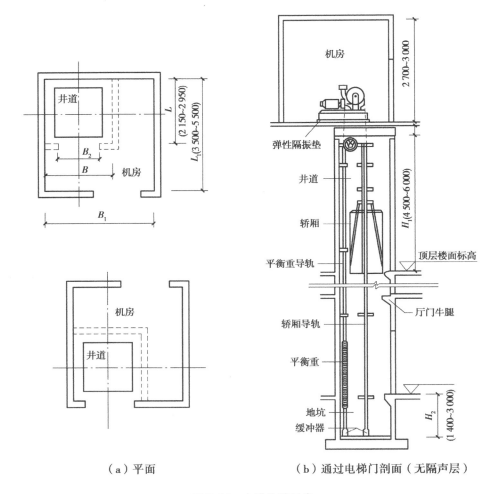

（a）平面　　　　　　（b）通过电梯门剖面（无隔声层）

图 7.86　电梯构造示意

4）电梯井道构造

（1）电梯井道的设计要求

①井道的防火。井道是建筑中的垂直通道,极易引起火灾的蔓延,因此井道四周应为防火结构。井道壁一般采用现浇钢筋混凝土或框架填充墙井壁。同时当井道内超过两部电梯时,需用防火围护结构予以隔开。

②井道的隔振与隔声。电梯运行时产生振动和噪声,一般在机房机座下设弹性垫层隔振;在机房与井道间设高 1.5 m 左右的隔声层。

③井道的通风。为使井道内空气流通,火灾时能迅速排除烟和热气,应在井道肩部和中部适当位置(高层时)及地坑等处设置不小于 300 mm × 600 mm 的通风口,上部可以和排烟口结合,排烟口面积不少于井道面积的 3.5% 。通风口总面积的 1/3 应经常开启。通风管道可在井道顶板上或井道壁上直接通往室外。

④其他。地坑应注意防水、防潮处理,坑壁应设爬梯和检修灯槽。

(2)电梯井道细部构造

电梯井道细部构造包括厅门的门套装修及厅门的牛腿处理、导轨撑架与井壁的固结处理等。

电梯井道可用砖砌加钢筋混凝土圈梁,但大多为钢筋混凝土结构。井道各层的出入口即为电梯间的厅门,在出入口处的地面应向井道内挑出一牛腿。

由于厅门是人流或货流频繁经过的部位,故不仅要求做到坚固适用,而且还要满足一定的美观要求。具体的措施是在厅门洞口上部和两侧装上门套。门套装修可采用多种做法,如水泥砂浆抹面、贴水磨石板、大理石板以及硬木板或金属板贴面。除金属板为电梯厂定型产品外,其余材料均为现场制作或预制。厅门门套装修构造如图 7.87 所示。厅门牛腿部位构造如图 7.88 所示。

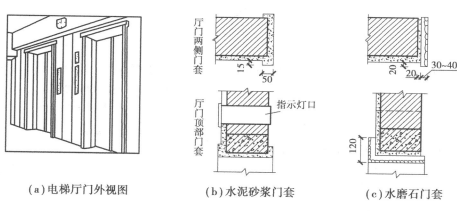

(a)电梯厅门外视图 (b)水泥砂浆门套 (c)水磨石门套

图 7.87 厅门门套装修构造

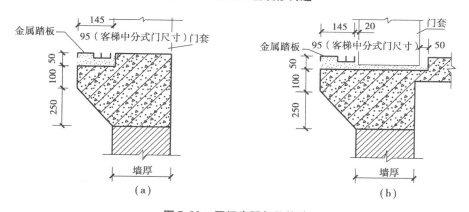

图 7.88 厅门牛腿部位构造

5）自动扶梯

自动扶梯也称为自动行人电梯、扶手电梯、电扶梯,是一种以运输带方式运送行人的运输工具。自动扶梯一般是斜置的。行人在扶梯的一端站上自动行走的梯级,便会自动被带到扶梯的另一端,途中梯级会一直保持水平。扶梯在两旁设有跟梯级同步移动的扶手,供使用者扶握。自动扶梯可以是永远向一个方向行走,但多数都可以根据时间、人流等需要,由管理人员控制行走方向。另一种和自动扶梯十分类似的行人运输工具,是自动人行道。两者的区别主要是自动人行道是没有梯级的,多数只会在平地上行走,或是稍微倾斜。

（1）自动扶梯的分类

自动扶梯无严格分类方法,一般是分为轻型和重型两类,也有按自动扶梯的装饰分为透明无支撑、全透明有支撑、半透明或不透明有支撑以及室外用自动扶梯等种类。

按输送能力分为不同的梯级宽度、抬升高度和倾斜角度。输送能力以每小时运送乘客的数量划分。

按驱动办法分为端部驱动的自动扶梯(或称链条式自动扶梯)和中间驱动的自动扶梯(或称齿条式自动扶梯)。

按形态分为有载人的梯阶式和大超市内适用于手推车的斜坡式。

按运行频率分为等速运转和变频式(无人时几乎停顿)。

（2）自动扶梯的构造

自动扶梯适用于有大量人流上下的公共场所,如车站、超市、商场、地铁车站等。自动扶梯可正、逆两个方向运行,可作提升及下降使用,机器停转时可作普通楼梯使用。自动扶梯的驱动方式可以分为链条式和齿条式两种。它的载客能力很高,可达到每小时 4 000 ~ 10 000 人。

自动扶梯一般设置在室内,也可以设在室外。根据自动扶梯在建筑中的位置及建筑平面布局,自动扶梯的布置方式主要有以下 4 种。

①并联排列式:楼层交通乘客流动可以连续,升降两方向交通均分离清楚,外观豪华,但是安装面积大。

②平行排列式:安装面积小,单楼层交通不连续。

③串联排列式:楼层交通乘客流动可以连续。

④交叉排列式:乘客流动升降两方向均为连续,且搭乘场相距较远,升降客流不发生混乱,安装面积小。

自动扶梯的电动机械装置设置在楼板下面,需要占用较大的空间。底层应设置地坑,供安装机械装置用,并应做好防水处理。自动扶梯应在楼板上预留足够的安装洞。此处楼板已经不能起到防火分区的作用。如果上下两层建筑面积总和超过防火分区面积要求时,应按照防火要求设置防火卷帘,在火灾发生时封闭自动扶梯井。

（3）自动扶梯的基本尺寸

自动扶梯是电动机械牵动梯段踏步连同栏杆扶手带一起运转。机房悬挂在楼板下面。自动扶梯基本尺寸如图 7.89 所示。

自动扶梯的坡道比较平缓,坡度有 27.3°、30°、35°,一般采用 30°,运行速度为 0.5 ~ 0.7 m/s,宽度按输送能力有单人(600 mm)、单人携物(800 mm)和双人(1 000 mm、1 200 mm)等。其型号规格见表 7.10。

电梯和自动
扶梯——自
动扶梯

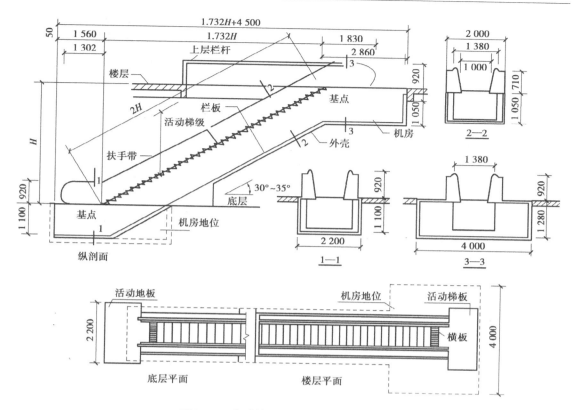

图 7.89　自动扶梯基本尺寸(单位:mm)

表 7.10　自动扶梯型号规格

梯型	输送能力/(人·h⁻¹)	提升高度 H/m	速度/(m·s⁻¹)	扶梯宽度	
				净宽 B/mm	外宽 B1/mm
单人梯	5 000	3 ~10	0.5	600	1 350
双人梯	8 000	3 ~8 .5	0.5	1 000	1 750

　　自动扶梯对建筑室内具有较强的装饰作用。扶手多为特制的耐磨胶带,有多种颜色。栏板分为玻璃、不锈钢板、装饰面板等。有时还辅助以灯具照明,以增强其美观性。

7.6　屋顶

7.6.1　概述

1)屋顶的作用

　　屋顶也称为屋盖,位于建筑物的最顶部,是建筑物最上面起覆盖作用的构件。其主要功能有 3 种:一是承重作用,屋顶需要承受自身的重量,同时还要承受作用于屋顶的风、雨、雪荷载,以及检修、设备荷载等各种荷载;二是围护作用,防御自然界风、雨、雪、太阳辐射、气温变化等不利因素的影响,保证建筑内部有一个良好的环境;三是装饰美化作用,屋顶的形式对建筑立面和整体造型有很大的影响,是体现建筑风格的重要部分。因此,屋顶的各种构造形式应满足以上 3 种功能的基本要求。

2)屋顶的设计要求

屋顶设计应考虑其功能、结构、建筑艺术 3 个方面的要求。

(1)功能要求

屋顶是能抵御风、霜、雨、雪的侵袭,能防止雨水渗漏是屋顶的基本功能要求,我国现行的《屋面工程技术规程》(GB 50207—94)根据建筑物的性质、重要程度、使用功能及防水耐久年限等,将屋面划为 4 个等级,各等级均有不同的防水要求,如表 7.11 所示。其次,屋顶应具有良好的保温隔热性能。

表 7.11　屋面防水等级和设防要求

项目	屋面防水等级			
	I	II	III	IV
建筑物类别	特别重要的民用建筑和对防水有特殊要求的工业建筑	重要的工业及民用建筑、高层建筑	一般的工业及民用建筑	非永久性的建筑
防水层耐用年限/年	25	15	10	5
防水层选用材料	宜选用合成高分子防水卷材、高聚物改性沥青防水卷材、合成高分子防水涂料、细石混凝土等材料	宜选用高聚物改性沥青防水卷材、合成高分子防水卷材、合成高分子防水涂料、高聚物改性沥青防水涂料、细石混凝土、平瓦等材料	应选用三毡四油沥青防水卷材、高聚物改性沥青防水卷材、高聚物改性沥青防水涂料、合成高分子防水涂料、沥青基防水涂料、刚性防水涂料、平瓦、油毡等材料	可选用二毡三油沥青防水卷材、高聚物改性沥青防水涂料、沥青基防水涂料、波形瓦等材料
设防要求	三道或三道以上防水设防,其中应有一道合成高分子防水卷材,且只能有一道厚度不小于 2 mm 的合成高分子防水涂膜	两道防水设防,其中应有一道卷材,也可采用压型钢板进行一道设防	一道防水设防,或两种防水材料复合使用	一道防水设防

（2）结构要求

屋顶是房屋的承重结构,应有足够的强度和刚度,以保证房屋的结构安全,并防止因过大的结构变形引起防水层开裂、漏水。

（3）建筑艺术要求

屋顶是建筑外部形体的重要组成部分,屋顶的形式对建筑的造型极具影响,应注重屋顶形式及其细部的设计,以满足人们对建筑艺术方面的需求。

屋顶的组成
与形式——
屋顶的形式

3）屋顶的组成

屋顶通常由屋面、屋顶承重结构、保温隔热层、顶棚4部分组成（图7.90）。

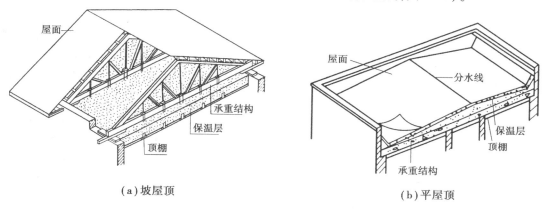

（a）坡屋顶　　　　　　　（b）平屋顶

图7.90　屋顶的组成

（1）屋面

屋面是屋顶的面层。它直接承受大自然的长期侵袭,并承受施工和检修过程中加在上面的荷载。因此,屋面材料应具有一定的强度和很好的防水性能。

（2）屋顶承重结构

屋面材料一般为油毡、瓦、铁皮、塑料等,它们的下面必须有构件支托以承受荷载。承重结构有木结构、钢筋混凝土结构、钢结构等多种类型。承重结构应能承受屋面上的所有荷载、自重及其他所有加于屋面的荷载,并将这些荷载传递给支承它的承重墙或柱。

（3）保温层、隔热层

一般屋面材料和承重结构的保温和隔热效能是较差的。因此,在寒冷的北方必须加保温层,在炎热的南方有时则需加设隔热层。保温层和隔热层是由一些轻质多孔隙的材料做成的,它们通常设置在屋顶承重结构层与面层之间。常用材料有膨胀珍珠岩、沥青珍珠岩、加气混凝土块、PS板等。

（4）顶棚

顶棚（又称天棚或天花板）就是房间的顶面。对于平房或楼房的顶层房间来说,顶棚也就是屋顶的底面。顶棚的主要作用是增加房屋的保温隔热性能,同时还能使房间的顶部平整美观、室内明亮、清洁卫生。公共建筑还将顶棚做成各种装饰和设置各种灯具,达到装饰和丰富室内空间的效果。顶棚结构一般是吊挂在屋顶承重结构上,又称吊顶。顶棚结构也可以单独设置在墙上、柱上,和屋顶不发生关系。

坡屋顶顶棚上的空间称为闷顶。如利用这个空间作为使用房间时,则称为阁楼。在气温炎热的南方,可利用阁楼起通风降温的作用。

4)屋顶的类型

屋顶可按其外形和屋面防水材料分类,分类方法如下所述。

(1)按屋顶外形分类

屋顶按外形一般分为平屋顶、坡屋顶、曲面屋顶和多波式折板屋顶(图7.91)。

①平屋顶:指屋顶坡度较小的屋顶,一般在5%以下。其承重结构为现浇或预制的钢筋混凝土板,屋面上做防水、保温、隔热处理。平屋顶的主要优点是节约材料,屋顶上面可供利用,如作为露台、屋顶花园、屋顶游泳池等。

②坡屋顶:指屋面坡度较陡的屋顶,其坡度一般在10%以上。用屋架作承重结构,上放檩条及屋面基层。坡屋顶按其屋面的数目可分为单坡顶、双坡顶和四坡顶。当房屋宽度不大时可选用单坡顶,当房屋宽度较大时,宜选用双坡顶或四坡顶。坡屋顶屋面材料多采用黏土瓦和水泥瓦等。坡屋顶构造简单,也较经济,但自重大,瓦片小,不便于机械化施工。

③曲面屋顶:通常由各种薄壳结构或悬索结构构成,如双曲拱屋顶、球形网壳屋顶等在拱形屋架上铺设屋面板也可形成单曲面的屋顶。这类屋顶结构内力分布合理,能充分发挥材料的力学性能,但施工复杂,一般用于大跨度的大型建筑。曲面屋顶的防水构造一般和平屋顶相同。

④多波式折板屋顶:由钢筋混凝土薄板形成的折板构成,结构合理、经济,但施工比较复杂,目前较少采用,其形式有V形折板、U形折板等。

(2)按屋面防水材料分类

按屋面使用的防水材料可分为柔性防水屋面、刚性防水屋面。柔性防水屋面以沥青油毡、油膏等柔性材料铺设屋面防水层,具有一定的柔韧性,故称为柔性防水屋面。刚性防水屋面用细石混凝土、防水砂浆等刚性材料做防水层,无韧性,故称为刚性防水屋面。构件自防水屋面是屋面板缝用嵌缝材料防水,屋面采用涂料防水的屋面。瓦屋面是瓦材做防水层的屋面。

5)屋顶的坡度

为了保证雨水能尽快排离屋面,屋面通常都会设置一定的排水坡度。屋面排水坡度应该根据屋顶结构形式、屋面基层类别、防水构造形式、材料性能及当地的气候条件来确定。

(1)屋顶坡度的表示方法

屋顶的坡度表示方法如图7.92所示。斜率法以屋顶倾斜面的垂直投影长度与其水平投影长度之比来表示,如1∶2或1∶5等。百分比法是以屋顶倾斜面的垂直投影长度与其水平投影长度的百分比值来表示。角度法是以倾斜面与水平面的夹角的大小来表示。坡度的表示方法通常有斜率法、百分比法和角度法。坡屋顶多采用斜率法,而平屋顶多用百分比法来表示,如2%或3%。角度法很少采用。

屋面排水——
排水坡度的
选择与形成

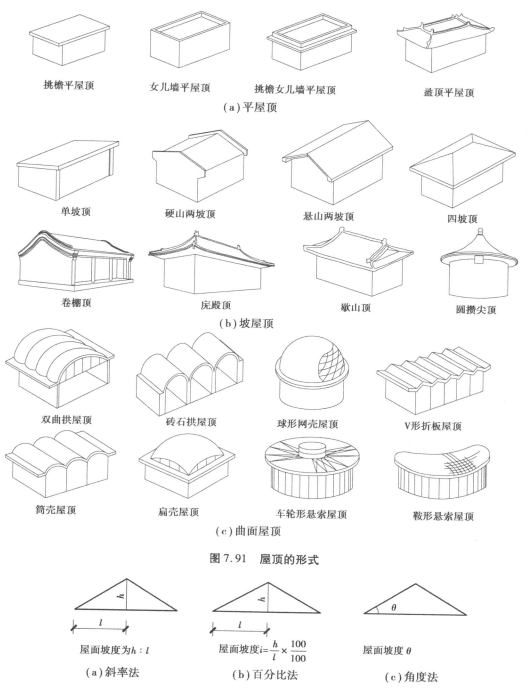

（a）平屋顶

挑檐平屋顶　　女儿墙平屋顶　　挑檐女儿墙平屋顶　　盝顶平屋顶

单坡顶　　硬山两坡顶　　悬山两坡顶　　四坡顶

卷棚顶　　庑殿顶　　歇山顶　　圆攒尖顶

（b）坡屋顶

双曲拱屋顶　　砖石拱屋顶　　球形网壳屋顶　　V形折板屋顶

筒壳屋顶　　扁壳屋顶　　车轮形悬索屋顶　　鞍形悬索屋顶

（c）曲面屋顶

图 7.91　屋顶的形式

屋面坡度为 $h:l$

（a）斜率法

屋面坡度 $i=\dfrac{h}{l}\times\dfrac{100}{100}$

（b）百分比法

屋面坡度 θ

（c）角度法

图 7.92　屋顶坡度表示方法

（2）屋顶坡度的形成

屋顶坡度的形成有结构找坡和材料找坡两种方法。

①材料找坡：指屋面坡度由找坡材料形成。为了减轻屋面荷载，找坡材料应选用轻质材

料,如水泥炉渣或石灰炉渣。保温屋顶经常用保温层兼找坡层,结构底面平整,容易保证室内空间的完整性,但垫置坡度不宜太大,否则会使找坡材料用量过大,增加屋顶荷载,且多费人工和材料,材料找坡适合于坡度较小的屋顶。

②结构找坡:又称搁置坡度,是指屋顶结构层本身就带有排水坡度,结构层成倾斜坡面,结构找坡不需在屋面上设找坡层,屋面其他层次的厚度也不变化,可以节约材料,并减轻屋面荷载,施工简单,造价低,但室内天棚是倾斜的,空间不够理想,不符合人们的使用习惯。一般民用建筑较少采用,多用于生产性建筑和有吊顶的公共建筑。图7.93所示为屋顶坡度的形成方式。

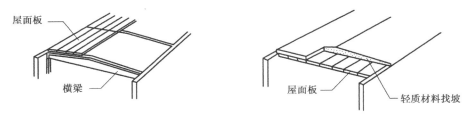

图7.93　屋顶坡度的形成方式

（3）影响坡度大小的因素

各种屋顶的坡度与屋面材料、当地降雨量大小、屋顶结构形式、建筑造型要求等各方面因素有关。屋顶坡度大小应适当,坡度太小易渗漏,坡度太大会多用材料,浪费空间。

①屋面防水材料与坡度关系。常用的屋面防水材料有沥青卷材、细石混凝土、黏土瓦、筒瓦、波形瓦等。瓦屋面接缝比较多,漏水的可能性大,应增大屋面坡度,加快雨水排除速度,减少漏水机会,故瓦屋面常采用较陡的坡度。卷材屋面和混凝土防水屋面基本上是整体的防水层,拼缝少,故坡度可以小一些。恰当的防水坡度应该是既能满足防水要求,又做到经济节约。

②降雨量大小与坡度的关系。降雨量大的地区,屋顶坡度应陡些,使雨水能迅速排除;降雨量小的地区,屋面坡度可小些。降雨量有年降雨量和小时最大降雨量,就年降雨量而言,我国南方地区较大,北方地区较小。

7.6.2　平屋顶

屋顶排水组织设计

1）屋顶的排水方式

屋顶排水方式可分为有组织排水和无组织排水两大类。

（1）无组织排水

无组织排水是指屋面伸出外墙,形成挑檐,使屋面的雨水经挑檐自由下落,由于不用天沟、雨水管导流雨水,故又称自由落水。无组织排水具有构造简单、造价低廉的优点。但落水时,雨水会溅湿勒脚,有风时还可能冲刷墙面,削弱外墙的坚固性和耐久性。一般适用于低层及次要建筑,雨水较少地区也常用。图7.94所示为无组织外排水。

（2）有组织排水

为了防止雨水自由泻落引起对墙面和地面的冲刷而影响建筑物寿命和美观,一般多层及较重要房屋多采用有组织排水。有组织排水是在屋顶设置与屋面排水方向相垂直的纵向天沟,汇集雨水后,将雨水由雨水口、雨水管有组织地排到室外地面或室内地下排水系统的一种排水方式。按照雨水管的位置,有组织排水可分为外排水和内排水两种。

①外排水。屋顶雨水由室外雨水管排到室外的排水方式。按照檐沟在屋顶的位置,外排水的檐口形式有沿屋面四周设檐沟、沿纵墙设檐沟、女儿墙外设檐沟、女儿墙内设檐沟等。其优点是雨水管不妨碍室内空间使用和美观,构造简单,因而被广泛应用。外排水尤其适宜于湿陷性黄土地区,避免下水管漏水造成地基沉陷(图7.95)。

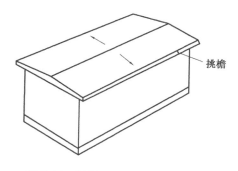

图7.94 平屋顶四周挑檐自由落水

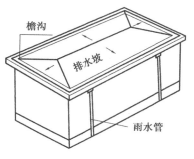

(a)沿屋面四周设檐沟

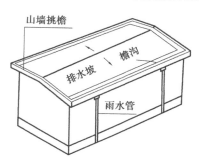

(b)沿纵墙设檐沟

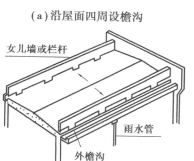

(c)女儿墙外设檐沟

(d)女儿墙内设檐沟

图7.95 平屋顶有组织外排水

②内排水。屋顶雨水由设在室内的雨水管排到地下排水系统的排水方式。在大面积多跨屋面、高层建筑以及有特种需要时,常采用内排水方式(图7.96)。

在民用建筑中,应根据建筑物的高度、地区年降雨量及气候等情况,恰当地选用排水方式。采用无组织排水,必须做挑檐;采用有组织排水,必须设置天沟。

2)屋顶的排水构造

屋顶的排水构造有天沟、雨水口、雨水管等。

(1)天沟

集屋顶雨水的沟槽,有钢筋混凝土槽形天沟和在屋面板上用找坡材料形成的三角形天沟两种(图7.97)。

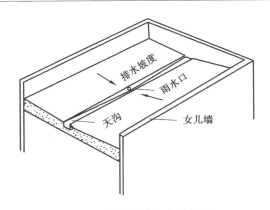

图 7.96　平屋顶有组织内排水

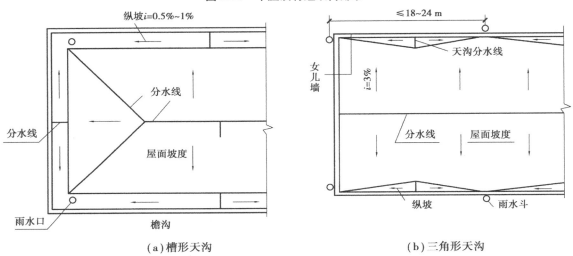

（a）槽形天沟　　　　　　　　　　　　（b）三角形天沟

图 7.97　天沟构造

（2）雨水口

雨水口是将天沟的雨水汇集至雨水管的连通构件,雨水口有设在檐沟底部的水平雨水口和设在女儿墙根部的垂直雨水口两种。

（3）雨水管

雨水管根据材料分为铸铁、塑料、镀锌铁皮、石棉水泥、PVC 和陶土等多种,应根据建筑物的耐久等级加以选择。最常用的是塑料雨水管,其管径有 50 mm、75 mm、100 mm、125 mm、150 mm 和 200 mm 等规格,一般民用建筑常用 75 ~ 100 mm 的雨水管,面积小于 25 m^2 的露台和阳台可选用直径 50 mm 的雨水管。

3）屋顶的防水构造

屋面防水是屋顶使用功能的重要组成部分,它直接影响整个建筑的使用功能。屋面防水方式根据所用材料及施工方法的不同分为刚性防水屋面和柔性防水屋面。

（1）刚性防水屋面

刚性防水屋面是指用刚性材料作为防水层的屋顶,如防水砂浆、细石混凝土、配筋细石混凝土防水屋面等。因混凝土抗拉强度低,属于脆性材料,故称为刚性防水屋面。它的优点是构造简单,施工方便,造价低廉;但对温度变化和结构变形较为敏感,容易产生裂缝,施工要求较高。由于保温层多为轻质多孔材料,上面不能进行湿作业,而且混凝土铺设在这种比较松软的基层上,也很容易产生裂缝。因此,刚性防水屋面一般只用于无保温的屋面,多用于南方地区的建筑。

①刚性防水屋面的构造和做法:混凝土刚性防水屋面一般由结构层、找平层、隔离层和防水层组成,如图 7.98 所示。

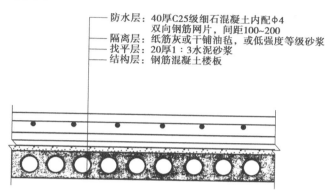

防水层:40厚C25级细石混凝土内配φ4 双向钢筋网片,间距100~200
隔离层:纸筋灰或干铺油毡,或低强度等级砂浆
找平层:20厚1:3水泥砂浆
结构层:钢筋混凝土楼板

平屋顶刚性防水构造——基本构造

图 7.98 刚性防水屋面

a. 结构层。刚性防水屋面的结构层要求具有足够的强度和刚度,因此,一般采用刚度大、变形小的现浇钢筋混凝土或预制钢筋混凝土屋面板,并在结构层现浇或铺板时形成屋面排水坡度。

b. 找平层。为保证防水层厚度均匀,通常在结构层上用 20 mm 厚 1:3 水泥砂浆做找平层。细石混凝土防水层不像油毡防水层对基层的平整度要求那么严格,如果采用现浇钢筋混凝土屋面时基层比较平整,也可不设找平层。

c. 隔离层。为了减少结构层变形及温度变化对防水层的不利影响,应在防水层与结构层之间设隔离层。结构层在荷载作用下产生挠曲变形,在温度变化时产生胀缩变形,这些变形会将防水层拉裂。所以,在防水层与结构层之间做一隔离层,以减小这种影响。隔离层可采用纸筋灰、低强度等级水泥砂浆或薄砂层上干铺一层油毡等做法。当防水层中有膨胀剂时,其抗裂性能将有所改善,也可不做隔离层。

d. 防水层。由于防水砂浆和细石混凝土防水层很容易开裂,故目前应用较少。常用的做法为采用细石混凝土整体现浇,强度等级不低于 C25,厚度不宜小于 40 mm;并在其中双向配置 φ4 钢筋,钢筋间距 100~200 mm,钢筋保护层厚度不小于 10 mm。细石混凝土中可掺入适量外加剂,如膨胀剂、减水剂、防水剂等,主要目的是提高混凝土的抗裂和抗渗性能。

②刚性防水屋面细部构造:

a. 屋面分格缝。所谓分格缝,实质上就是刚性防水屋面的变形缝,亦称分仓缝。设置分格缝的目的在于:

● 当外界温度发生变化时,大面积的整体现浇混凝土防水层会产生热胀冷缩,从而出现裂缝。如设置一定数量的分格缝,能有效地防止裂缝产生。

● 在载荷作用下,屋面板有可能产生挠曲变形,引起混凝土防水层破裂,

平屋顶刚性防水构造——分格缝构造

如果在这些部位预留好分格缝,便可避免防水层的开裂。

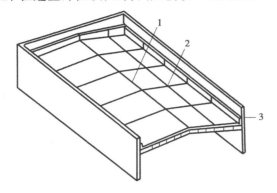

图 7.99 分格缝的位置
1—纵向分格缝;2—横向分格缝;
3—泛水分格缝

因此,分格缝设置在屋面结构变形敏感部位,以及温度变形许可的范围内。一般屋面板结构变形敏感部位为预制板的支承端、预制板搁置方向变化处、现浇和预制板相接处、两边支承与三边支承相接处以及预制板下有隔墙支持和没有隔墙支持等相接处。分格缝与板缝上下对齐。分格缝服务面积一般为 $15 \sim 25 \ m^2$,间距不宜大于 6 m。结构层为预制屋面板时,分格缝应设置在板的支座处。

当建筑进深在 10 m 以内时,在坡面某一板缝上再设一道纵向分格缝。在横墙承重的民用建筑中,分格缝的位置如图 7.99 所示。由于屋脊是屋面的转折处,所以设一条纵向分格缝,横向每一开间设一道缝,并与预制屋面板缝对齐。分格缝具体构造如图 7.100 所示。

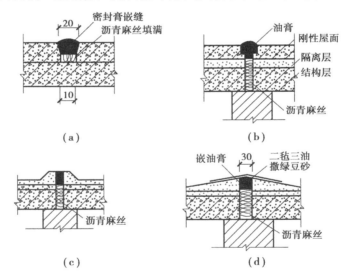

(a) (b)

(c) (d)

图 7.100 刚性防水屋面分格缝做法

在设置分格缝时应注意:防水层内的钢筋网片在分格缝处应断开;屋面板缝由浸过酒精的木丝板填塞,缝口用油膏嵌填;缝口外表用二毡三油盖缝条贴缝,油毡条宽 200 ~ 300 mm,屋脊和流水方向的分格缝可将防水层做成翻边泛水,用盖瓦覆盖。

b. 泛水构造。屋面防水层与垂直于屋面的凸出物交接处的防水处理称为泛水,如女儿墙、变形缝、管道孔等部位均需做泛水处理。刚性防水屋面的泛水构造与油毡屋面基本相同。泛水应具有足够的高度,一般不小于 250 mm,非迎风面为 180 mm。泛水与屋面防水层应一次浇成,不留施工缝,转角处做成圆弧形,泛水上也应有挡雨措施。刚性屋面泛水与凸出屋面的结构物(如女儿墙、烟囱等)之间必须设分格缝,以免因两者变形不一致而使泛水开裂,分格缝内填塞沥青麻丝。常见的泛水构造做法如图 7.101 所示。

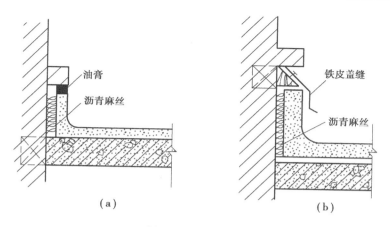

图 7.101　泛水构造

c. 檐口构造。刚性防水屋面常用的檐口形式有自由落水檐口、挑檐沟外排水檐口、女儿墙外排水檐口。

● 自由落水檐口。这种做法应根据挑檐挑出的长度采用不同的构造。当挑檐较短时,可将混凝土防水层直接向外悬挑形成挑檐口[图 7.102(a)]。当挑檐较长时,为了保证结构强度,可采用悬臂板构成挑檐,悬臂板与屋顶圈梁连成一体[图 7.102(b)],在悬臂板与屋面板上设找平层,做隔离层后浇筑混凝土防水层。挑檐收口处做滴水。

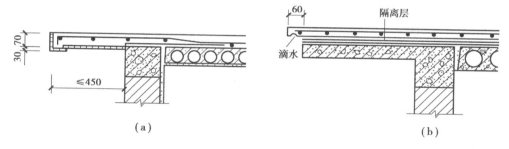

图 7.102　自由落水挑檐口

● 挑檐沟外排水檐口。当挑檐口采用有组织排水方式时,常采用现浇或预制的钢筋混凝土槽形檐沟板排水,檐沟板与圈梁连接构成整体,檐沟底用低强度等级的混凝土或水泥炉渣等材料做成纵向排水坡,铺好隔离层后再浇筑防水层。防水层应挑出屋面做好滴水。常见构造做法如图 7.103 所示。

● 女儿墙外排水檐口。在跨度不大的平屋顶中,当采用女儿墙外排水方案时,檐口外常做成三角形断面天沟(图 7.104)。天沟常需设纵向排水坡。

d. 雨水口构造。一般刚性防水屋面雨水口的规格和类型与柔性防水屋面所用雨水口相同:一种是用于檐沟排水的直管式雨水口,另一种是女儿墙外排水的弯管式雨水口。

● 直管式雨水口。为了防止雨水从雨水口套管与沟底接缝处渗漏,应在雨水口四周加铺二毡三油,油毡应铺入套管内壁,沟内浇筑的混凝土防水层应盖在附加油毡上,防水层与雨水口相接处用油膏嵌缝[图 7.105(a)]。

● 弯管式雨水口。弯管式雨水口用于女儿墙外排水,在安装弯管式雨水口时,做刚性防水

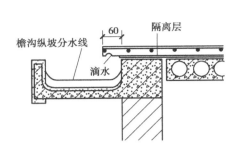

图 7.103　挑檐沟外排水檐口

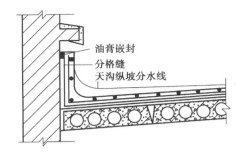

图 7.104　女儿墙外排水檐口

层之前,在雨水口处加铺一层油毡,然后再浇筑屋面防水层,防水层与弯头交接处用油膏嵌缝[图 7.105(b)]。

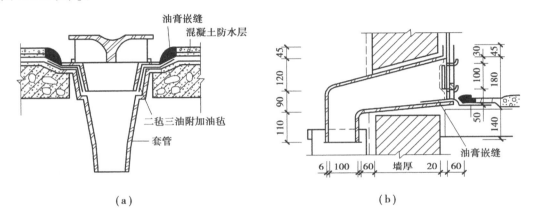

图 7.105　刚性防水屋面雨水口的构造做法

（2）柔性防水屋面

柔性防水屋面是以防水卷材和胶结材料分层粘贴而构成的屋面。目前,我国所使用的柔性防水屋面材料主要有沥青油毡、合成高分子卷材、合成橡胶及树脂涂膜。下面主要介绍油毡卷材屋面的构造和做法。

①柔性防水屋面的基本做法:油毡防水屋面是由油毡层和沥青层交替黏合而成的。其中,油毡层是屋面的主要防水和排水层。而且,油毡有一定的韧性,可以适应一定程度的胀缩和变形。沥青黏附在油毡上下,形成一个满浇的薄层,它既是粘贴层又是防水层。油毡和沥青两者结合成一整体不透水的屋面防水覆盖层。油毡防水层根据需要可做成二毡三油（即三层沥青、两层油毡）、三毡四油等形式。

平屋顶柔性防水构造——基本构造

a.不上人的非保温的油毡屋面做法。不上人屋面的非保温油毡防水屋面做法如图 7.106所示。

● 保护层。设置保护层的目的是保护防水层,因为油毡防水层在阳光和大气的作用下会失去弹性而变脆开裂。夏季油毡防水层表面温度为 60~80 ℃,沥青因高温而流淌。这种老化和流淌现象导致屋面的防水质量事故,所以防水层上必须设保护层。

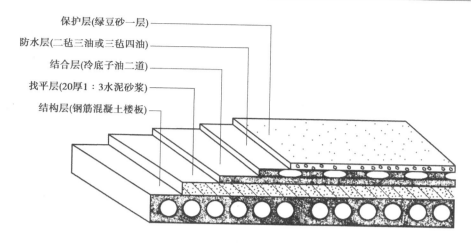

图7.106 不上人屋面的非保温油毡防水屋面做法

保护层的做法应根据防水层所用材料和屋面的利用情况而定。不上人屋面保护层的做法为:当防水层采用油毡时,保护层为粒径3~6 mm的小石子,俗称绿豆砂,绿豆砂要求耐风化、颗粒均匀、色浅,能够反射太阳光线,降低屋顶表面温度,同时也能防止对油毡碰撞引起的破坏;当防水层采用三元乙丙橡胶卷材时,保护层采用银色着色剂直接涂刷在防水层上表面。如果采用彩色三元乙丙复合卷材防水层时,则直接用CX-404胶黏结,不需另外再加保护层(图7.107)。常见改性柔性油毡卷材防水层屋面做法如图7.108所示。

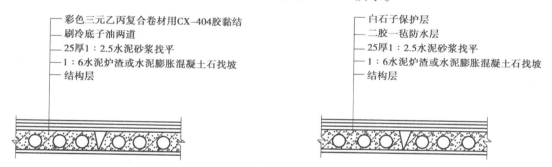

图7.107 彩色三元乙丙复合卷材屋面做法　　图7.108 改性柔性油毡卷材屋面做法

● 防水层。防水层是由胶结材料和卷材黏合而成,卷材连续搭接形成屋面防水的主要部分。

一般防水层是将油毡和沥青胶(又称玛琋脂)交替铺设而成。玛琋脂以石油沥青为基料,加入填充料熬制而成。玛琋脂应具有适当的耐热度、一定的柔韧性和足够的黏结力,以保证油毡与基层相互黏结牢固。油毡层数应根据当地气候特点选择,一般平屋顶最少铺两层油毡,即二毡三油。二毡是指两层油毡,三油是指铺两层油毡需间隔涂抹三层玛琋脂。一般工程采用二毡三油的做法,重要的屋面宜采用三毡四油的做法。铺贴油毡时,上下左右应有一定搭接长度,形成一层整体不透水的屋面防水层。对于各层油毡的搭接,长边不应小于70 mm,短边不应小于100 mm。在屋面易漏水的部位,如檐口、泛水、雨水口四周应加铺一层附加油毡,以利于防水。天沟宜加1~2层附加油毡。内排水的雨水口四周还宜再加一层沥青玻璃布油毡或再生胶油毡。

油毡的铺设可采用平行于屋脊或垂直于屋脊两种铺设方法。屋面坡度小于 3% 时,宜平行于屋脊铺贴;屋面坡度大于 15% 或屋面是受到振动的,应垂直屋脊铺贴;屋面坡度为 3% ~ 15% 时,可平行或垂直于屋脊铺贴。铺贴油毡宜采用搭接方式,上、下两层油毡接缝应错开 1/3 或 1/2 幅油毡宽。沥青胶的厚度控制在 1 mm 左右,涂刷过厚容易产生龟裂。

另外,在做防水层之前,必须保证找平层干透。如果找平层含有一定的水分,铺上防水层以后,在阳光照射下,水就会变成水蒸气向上蒸发。由于上面有防水层阻挡,无法排出,水蒸气聚集在一起,很容易使基层黏结薄弱处的防水层鼓泡、破裂,造成屋面漏水(图 7.109)。有时,室内蒸汽透过结构层渗透到油毡防水层下面,也会使油毡鼓泡、开裂。为了避免这一情况发生,应该在防水层和找平层之间设置一个能使水蒸气扩散的渠道。简单的做法是:在浇涂防水层第一道热沥青胶时,采用点状或条状涂刷,俗称花油法。这样,在防水层和找平层之间留有水蒸气流动的间隙,形成蒸汽扩散层。

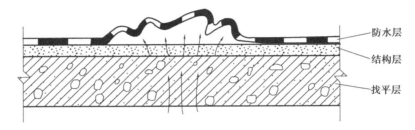

图 7.109　油毡防水层鼓泡的形成

油毡屋面虽具有较好的防水性能,价格也便宜,但这种屋面施工麻烦,劳动强度大,低温脆裂,高温流淌,易老化,维修频繁,且容易出现鼓泡、油毡老化等问题,所以,在构造上必须采取相应措施。目前,新型防水卷材主要有三元乙丙橡胶、自黏型彩色三元乙丙复合防水卷材、聚氯乙烯防水卷材、氯化聚乙烯防水卷材及改性油毡防水卷材等。合成高分子卷材具有冷施工、抗拉强度高、延伸率大、寿命长、质量轻、适用温度范围广、耐气候性好、冷作业施工且操作简单等优点,正在慢慢普及推广。

●结合层。结合层的作用是使卷材防水层与基层黏结牢靠,在刷第一遍沥青胶之前,应对水泥砂浆基层表面进行处理。在其表面做一结合层,通常采用刷两遍冷底子油的方法。冷底子油是用沥青加入汽油或煤油等溶剂稀释而成,由于配制时不用加热,在常温下进行,故称冷底子油。冷底子油的黏度小,能渗入基层的毛细孔隙中,便于与基面牢固结合,为黏结同类防水材料创造了有利条件。

●找平层。柔性防水层要求基层要有一定的强度以承受施工荷载,并具有平整的表面以便将油毡黏牢在基层上。因此,油毡防水屋面要设置找平层来保证油毡基层表面的平整度。一般在结构层上做 1:3 水泥砂浆找平层。对于整体混凝土结构表面,可采用较薄的找平层(15 ~ 20 mm)。对于装配式结构,因表面平整度差,可采用较厚的找平层(20 ~ 30 mm)。由于大面积的水平砂浆找平层易变形、开裂,会影响到粘贴在其上的油毡防水层,所以施工时在找平层中宜留设分格缝,缝深同找平层厚度,缝宽一般为 20 mm。分格缝的留设间距随找平层材料的不同而不同。采用水泥砂浆找平层时,分格缝纵横向的最大间距不宜大于 6 m。采用沥青砂浆找平层时,则不宜大于 4 m。分格缝应沿屋架或承重墙设置。分格缝上覆盖一层 200 ~ 300 mm 宽的油毡条,用沥青胶结材料单边点贴(图 7.110),以便使分格缝的油毡防水层有较

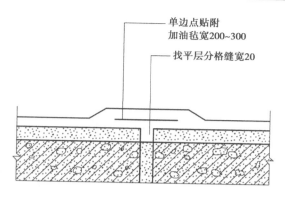

单边点贴附
加油毡宽200~300

找平层分格缝宽20

图7.110 分格缝单边点贴覆盖

大的伸缩余地,避免开裂。

●找坡层。当屋顶采用材料找坡时,应选用轻质材料形成所需的坡度,通常是在结构层上铺1:(6~8)的水泥焦渣或水泥膨胀蛭石等。当屋顶采用结构找坡时,则不设找坡层。

●结构层。柔性防水屋面结构层一般为预制或现浇钢筋混凝土屋面板,它具有足够的刚度和强度适合用油毡做防水层。

b.上人的非保温屋面做法。上人屋面是指屋顶上作为固定的活动场所,如屋顶花园、屋顶茶园等。上人屋面与不上人屋面的主要区别是保护层的构造做法不同。上人屋面的保护层具有保护防水层和兼作地面面层的双重作用,因此上人屋面保护层应满足耐水、平整、耐磨的要求。其构造做法通常可采用水泥砂浆或沥青砂浆铺贴缸砖、大阶砖、混凝土板等,也可现浇40 mm 厚细石混凝土,细石混凝土保护层的细部构造处理与刚性防水屋面基本相同。常见的做法如图7.111 所示。

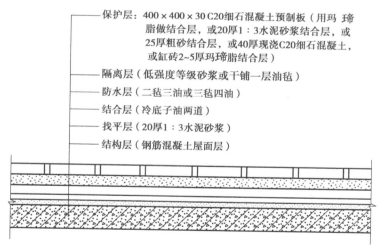

保护层: 400×400×30 C20细石混凝土预制板(用玛瑞脂做结合层,或20厚1:3水泥砂浆结合层,或25厚粗砂结合层,或40厚现浇C20细石混凝土,或缸砖2~5厚玛瑞脂结合层)

隔离层(低强度等级砂浆或干铺一层油毡)

防水层(二毡三油或三毡四油)

结合层(冷底子油两道)

找平层(20厚1:3水泥砂浆)

结构层(钢筋混凝土屋面层)

图7.111 上人的非保温油毡屋面做法

为防止温度变形造成保护层的损坏,大面积的保护层应分格。每格面积不宜大于 9 m²。分格缝应用油膏嵌封。分格缝的位置一般留在屋面的坡面转折处,以及屋面与泛水的交界处。

为了防止保护层由于温度变形将油毡拉裂,宜在保护层与防水层之间设隔离层。隔离层可采用低强度砂浆或干铺一层油毡。上人屋面的防水层宜采用再生胶油毡或玻璃布油毡等防腐性强的卷材。若采用纸胎油毡,雨水通过保护层会渗透到油毡防水层,长期的浸泡会造成油毡的腐烂。

　　c.保温油毡防水屋面做法。保温油毡防水屋面与非保温油毡屋面所不同的是增加了保温层和保温层上下的找平层和隔汽层(图7.112)。保温层下面设隔汽层是因为冬季室外温度较低,室内水蒸气很容易从屋面板的孔隙渗透进保温层,会大大降低保温效果。同时,保温材料中的水分遇热变为蒸汽,体积膨胀,会造成油毡防水层的起鼓甚至开裂。因此,应设置隔汽层,一般为一毡二油。另外,在保温层之上还应设置找平层。

　　由于保温层强度低,表面不够平整,在其上必须找平后才能铺设防水层。设置隔汽层后,如施工时保温材料或找平层未干透就铺贴油毡防水层,残存其中的水汽将无法散发出去。解决这个问题的方法通常是在保温层中设置排气道,排气道内用大粒径炉渣填塞。

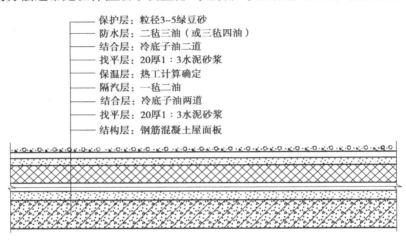

保护层:粒径3~5绿豆砂
防水层:二毡三油（或三毡四油）
结合层:冷底子油二道
找平层:20厚1∶3水泥砂浆
保温层:热工计算确定
隔汽层:一毡二油
结合层:冷底子油两道
找平层:20厚1∶3水泥砂浆
结构层:钢筋混凝土屋面板

图7.112　上人的保温油毡屋面做法

　　同时,在找平层内相应位置留槽,并在其上干铺一层油毡条,用玛琋脂单边点贴覆盖。排气道在整个屋面应纵横贯通,并应与大气连通的排气孔相通。排气孔数量根据具体情况而定,一般每36 m² 设置一个。

　　②细部构造。油毡屋面细部是指屋面上的泛水、天沟、雨水口、檐口、变形缝等部位。这些部位如构造处理不当极易漏水,所以在这些部位应加铺一层附加油毡,并进行特殊处理。天沟易漏水,宜加铺1~2层附加油毡。内部排水的雨水口四周更应注意防漏,一旦漏水,危害性更大,所以还应再加铺一层沥青玻璃布油毡或再生胶油毡。

　　a.屋面变形缝构造。屋面变形缝分为横向变形缝和高低跨变形缝。横向变形缝为两边屋面在同一标高,构造做法如图7.113(a)、(b)所示。先用伸缩片(如油毡片)盖住屋面板缝处,然后在变形缝两旁砌筑附加墙,其高度不得低于泛水的高度(250 mm)。附加墙缝内填沥青麻丝,附加墙上预埋木条用来固定油毡顶端。附加墙顶部应做好盖缝处理,先盖一层附加油毡,然后用镀锌铁皮或预制混凝土盖板盖住。使用混凝土盖板比较简单,耐久性好,潮湿地区使用较为有利。图7.113(c)所示为高低跨处变形缝构造,与横向变形缝做法大同小异,不过只需在低跨屋面上砌附加墙,镀锌铁皮盖缝片的上端固定在高跨墙上,该处构造做法与泛水相同。

　　b.泛水构造。即将屋面防水层延伸到立墙上形成立铺的防水层,并做收头处理。一般需

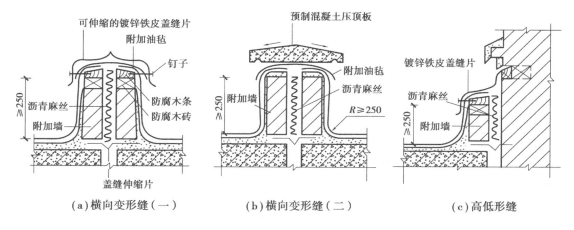

（a）横向变形缝（一）　　　（b）横向变形缝（二）　　　（c）高低形缝

图 7.113　变形缝防水构造做法

用水泥砂浆或轻质混凝土（如炉渣混凝土）在转角处做成弧形或45°斜面,在其上粘铺油毡,泛水卷材立铺高度至少为250 mm;为增强防水效果,泛水处需加铺一层附加油毡。由于泛水油毡直接粘贴在垂直墙面上,时间长了容易脱离墙面,使屋面漏水,因此上口要做收头处理。泛水常见做法如图7.114所示。

图7.114中3种做法均符合构造要求,区别主要是油毡的固定方法不同。其中,图7.114(a)的特点是用钉子固定油毡,为了将油毡钉牢,预先在墙中嵌入通长木条,木条则固定在埋入的木砖上;图7.114(b)在图7.114(a)的基础上再加钉一层镀锌铁皮泛水,对油毡起保护作用,从而提高泛水的耐久性,不过镀锌铁皮泛水一定要做好防锈处理,否则极易锈蚀;图7.114(c)的做法比前两种简单,油毡泛水上端用混凝土压顶盖板压住,而不用钉子固定,但必须注意压顶板盖过油毡泛水,并和前两种做法一样要做盖板的滴水。盖板上表面要有防水坡度。

平屋顶柔性防水构造——泛水构造

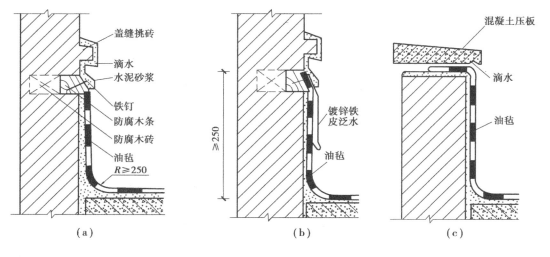

（a）　　　　　　　　　　（b）　　　　　　　　　　（c）

图 7.114　泛水构造做法

c.檐口构造。油毡防水屋面的檐口有自由落水挑檐、挑檐沟、女儿墙。做挑檐檐口时,油毡防水层在檐口的收头构造处理很关键,这个部位极易开裂、渗水。女儿墙檐口做法同泛水的做法。下面将自由落水檐口和挑檐沟檐口分别加以介绍。

● 自由落水檐口。自由落水檐口常见做法如图7.115所示。其中,在图7.115(a)是混凝土檐口上用细石混凝土或水泥砂浆先做一凹槽,然后将油毡贴在槽内,上面用玛琋脂或油膏嵌缝;图7.115(b)是混凝土檐内预埋木砖,再在木砖上钉通长木条,将油毡头钉在木条上,最后嵌填玛琋脂或油膏;图7.115(c)是在图7.115(b)基础上再包一层镀锌铁皮,以保护檐口。铁皮上方做成保护棱,避免油毡收口处被大风吹翻,并在铁皮下面钉上铁撑托增加抗风能力,铁撑托用钉固定在木条上。

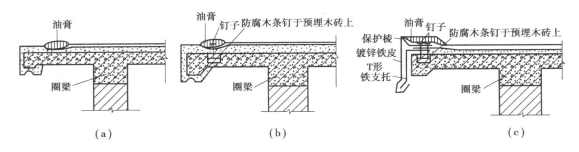

图7.115　自由落水檐口构造做法

● 挑檐沟檐口。挑檐沟檐口常见做法如图7.116所示。其中,图7.116(a)为砂浆压毡收头,其耐久性差;图7.116(b)为油膏压毡收头;图7.116(c)为插铁油膏压毡收头;图7.116(d)为插铁砂浆压毡收头;图7.116(e)为现浇细石混凝土压毡收头;图7.116(f)为铁皮扁铁压毡收头。几种方法中最为常见的是图7.116(a),即采用砂浆做压毡条压住油毡的顶端,在檐沟板壁顶部需预先埋设木砖或铁钉用以固定压毡条。

d.雨水口的构造。要求排水通畅,防止渗漏和堵塞。雨水口通常是定型产品,分为直管式和弯管式两类。直管式适用于中间天沟、挑檐沟和女儿墙内排水天沟;弯管式只适用于女儿墙外排水天沟。

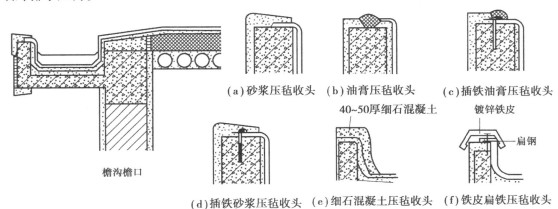

图7.116　挑檐沟檐口构造做法

（3）涂膜防水屋面

涂膜防水屋面是用防水材料刷在屋面基层上,利用涂料干燥或固化以后的不透水性来达到防水的目的。涂膜防水屋面具有防水、抗渗、黏结力强、耐腐蚀、耐老化、延伸率大、弹性好、不延燃、无毒、施工方便等优点。涂膜防水主要适用于防水等级为Ⅲ、Ⅳ级的屋面防水,也可用作Ⅰ、Ⅱ级屋面多道防水设防中的一道防水。

①涂膜防水屋顶的材料:应用于涂膜防水屋面的材料主要有涂料和胎体增强材料。

a.涂料。防水涂料按其溶剂或稀释剂的类型可分为溶剂型、水溶性、乳液型等种类;按施工时涂料液化方法的不同则可分为热熔型、常温型等种类。

b.胎体增强材料。目前,使用较多的胎体增强材料为中性玻璃纤维网格布或中碱玻璃布、聚酯无纺布等。

②涂膜防水屋面的构造及做法:

a.氯丁胶乳沥青防水涂料屋面。氯丁胶沥青防水涂料以氯丁胶乳和石油沥青为主要原料,选用阳离子乳化剂和其他助剂,经软化和乳化而成,是一种水乳型涂料。其构造做法如图7.117所示。涂膜防水屋面的细部构造要求及做法如图7.118所示。

b.油聚氨酯防水涂料屋面。焦油聚氨酯防水涂料又名851涂膜防水胶,施工做法是将找平以后的基层面吹扫干净,待其干燥后,用配制好的涂液(甲、乙二液的质量比为1:2)均匀涂刷在基层上。不上人屋面可待涂层干后在其表面刷银灰色

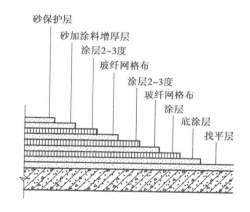

图7.117 涂膜防水屋面涂层做法

保护涂料;上人屋面在最后一遍涂料未干时撒上绿豆砂,3天后在其上做水泥砂浆或浇筑混凝土贴地砖的保护层。

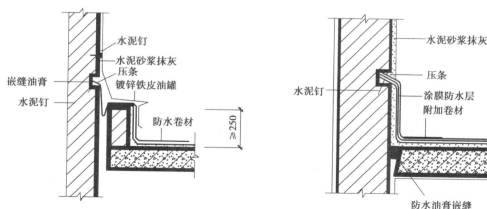

（a）涂膜防水屋面高低屋面的泛水   （b）涂膜防水屋面的女儿墙泛水

图7.118 涂膜防水屋面的细部构造要求及做法

3）平屋顶的保温及隔热构造

（1）平屋顶的保温

平屋顶的保温是在屋顶上加设保温材料来满足保温要求的。保温材料应选堆积密度小、保温效果好、便于施工的轻质多孔材料。保温材料通常分为 3 种类型，即松散保温材料（如膨胀珍珠岩、矿棉等）、整体保温材料（如沥青膨胀珍珠岩、水泥膨胀蛭石等制品）、板状保温材料（如加气混凝土板、泡沫塑料板等）。

保温层的厚度需经热工计算确定。保温层铺设方式有 3 种做法：正铺法，即保温层在防水层的下层（图 7.119）；倒铺法，即保温层铺设在防水层上面（图 7.120）；保温层与结构层结合，可以将保温层设在槽形板的下面[图 7.121（a）]；或者保温层放在槽形板朝上的槽口内[图 7.121（b）]；还可以将保温层与结构层融为一体[图 7.121（c）]。倒铺法要求保温层具有憎水性，且其上需设置具有一定质量的保护层，造价较高，一般工程不宜使用。

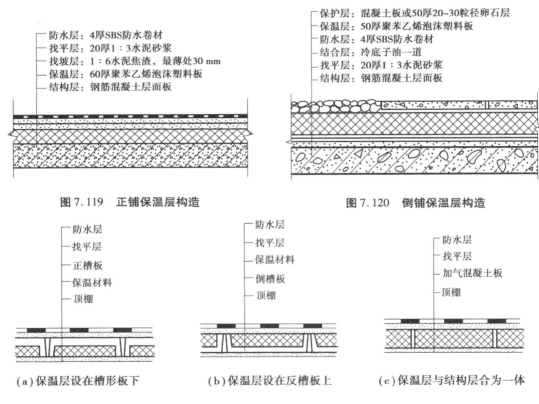

图 7.119　正铺保温层构造

图 7.120　倒铺保温层构造

（a）保温层设在槽形板下　（b）保温层设在反槽板上　（c）保温层与结构层合为一体

图 7.121　保温层与结构层结合

（2）平屋顶的隔热

南方炎热地区，为减少室外热量向室内传递，避免夏季室内温度过高，保证室内的正常使用，根据条件可采取以下隔热措施。

①通风隔热。通风隔热是设置通风的空气间层，利用空气的流动带走大部分热量，达到隔热降温的目的。具体做法有两种：一种是在屋面板下设置吊

平屋顶保温与
隔热——隔热

顶,在吊顶内设置通风间层,在外墙上开设通风口,如图7.122(a)所示;另一种是设置架空屋顶,这种通风间层不仅能够达到通风降温、隔热防晒的目的,还可起到保护屋顶防水层的作用,如图7.122(b)所示。

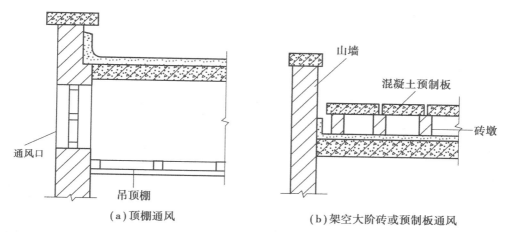

（a）顶棚通风　　　　　　　　　（b）架空大阶砖或预制板通风

图7.122　通风降温屋顶

②蓄水隔热。蓄水隔热是在平屋顶上设置蓄水池,蓄水隔热屋面的构造与刚性防水屋面基本相同,只是增设了分仓壁、泄水孔、过水孔和溢水孔,利用水的蒸发带走大量的热量,从而达到隔热降温的目的。这种屋面有一定的隔热效果,可以提高混凝土的耐久性,但是却增大了屋面荷载,使用中的维修费用较高。蓄水屋面构造如图7.123所示。

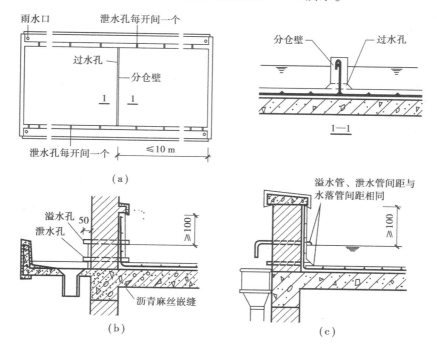

图7.123　蓄水屋面

③植被隔热。植被隔热是在屋顶上种植植物,利用植被的蒸腾和光合作用吸收太阳辐射

热,从而达到隔热降温的目的。这种做法既提高了屋顶的保温隔热性能,又有利于屋面的防水防渗,保护防水层,同时还能提高绿化面积,净化空气和美化环境,改善和丰富城市的空间景观,所以在现代建筑中应用也越来越多。

④反射降温。在屋面铺浅色的砾石或刷浅色涂料等,利用浅色材料的颜色和光滑度对热辐射的反射作用,将屋面的太阳辐射热反射出去,从而达到降温隔热的作用。

7.6.2 坡屋顶

坡屋顶具有坡度大、排水快、防水功能好的特点,是我国传统建筑中广泛采用的屋面形式。坡屋顶的组成与平屋顶基本相同,一般由承重结构、屋面和顶棚等基本部分组成,必要时可设置保温隔热层等,但坡屋顶的构造与平屋顶有明显不同。

1)坡屋顶的承重结构形式

坡屋顶的承重结构用来承受屋面传来的荷载,并把荷载传给墙或柱。其结构类型有横墙承重、屋架(屋面梁)承重、木构架承重和钢筋混凝土屋面板承重等。

（1）横墙承重

将横墙顶部按屋面坡度大小砌成三角形,在墙上直接搁置檩条或钢筋混凝土屋面板支承屋面传来的荷载,又称为硬山搁檩(图7.124)。其特点是构造简单、施工方便、节约木材,有利于防火和隔音,但房间开间尺寸受限制,适用于住宅、旅馆等开间较小的建筑。

坡屋顶构造——坡屋顶的承重结构

（2）屋架(屋面梁)承重

屋架是由多个杆件组合而成的承重桁架,可用木材、钢材、钢筋混凝土制作,形状有三角形、梯形、拱形、折线形等。屋架支承在外纵墙或柱上,上面搁置檩条或钢筋混凝土屋面板,承受屋面传来的荷载。屋架承重与横墙承重相比,可以省去横墙,使房屋内部有较大的空间,增加了内部空间划分的灵活性(图7.125)。

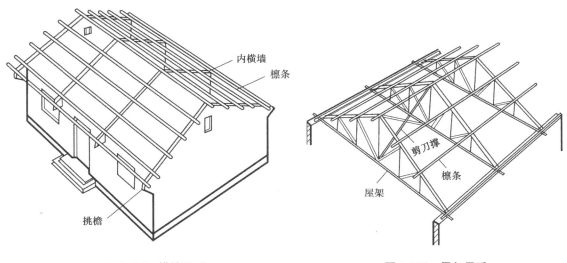

图 7.124　横墙承重　　　　　　　　　图 7.125　屋架承重

（3）木构架承重

木构架结构是我国古代建筑的主要结构形式，它一般由立柱和横梁组成屋顶和墙身部分的承重骨架，檩条把一排排梁架联系起来形成整体骨架（图7.126）。这种结构形式的内外墙填充在木构架之间，不承受荷载，仅起分隔和围护作用。构架交接点为榫齿结合，整体性及抗震性较好；但消耗木材量较多，耐火性和耐久性均较差，维修费用高。

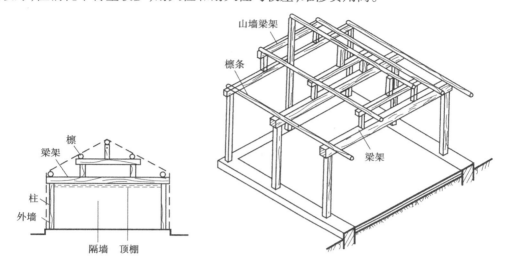

图7.126　木构架承重

（4）钢筋混凝土屋面板承重

钢筋混凝土屋面板承重是在墙上倾斜搁置现浇或预制钢筋混凝土屋面板（类似于平屋顶的结构找坡屋面板的搁置方式）来作为坡屋顶的承重结构。其特点是：节省木材，提高了建筑物的防火性能，构造简单，近年来常用于住宅建筑和风景园林建筑中。

2）坡屋顶的屋面构造

（1）平瓦屋面

①木望板平瓦屋面：在檩条或椽木上钉木望板，木望板上干铺一层油毡，用顺水条固定后，再钉挂瓦条挂瓦所形成的屋面（图7.127）。

②钢筋混凝土板平瓦屋面：以钢筋混凝土板为屋面基层的平瓦屋面，其构造可分为以下两种：

a.将断面形状呈倒T形或F形的预制钢筋混凝土挂瓦板固定在横墙或屋架上，然后在挂瓦板的板肋上直接挂瓦（图7.128）。

b.采用钢筋混凝土屋面板作为屋顶的结构层，上面固定挂瓦条挂瓦，或用水泥砂浆、麦秸泥等固定平瓦（图7.129）。

（2）油毡瓦屋面

油毡瓦是以玻璃纤维为胎基，经浸涂石油沥青后，面层热压各色彩砂，背面撒以隔离材料而制成的瓦状材料，形状有方形和半圆形（图7.130）。

油毡瓦适用于排水坡度大于20%的坡屋面，可铺设在木板基层和混凝土基层的水泥砂浆

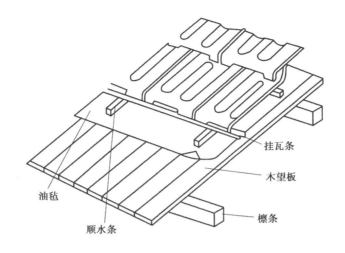

图 7.127　木望板平瓦屋面

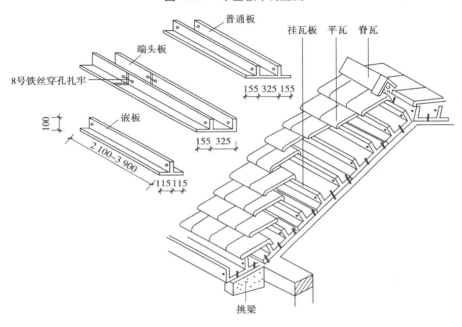

图 7.128　钢筋混凝土板平瓦屋面

找平层上(图 7.131)。

(3)压型钢板屋面

压型钢板是将镀锌钢板轧制成型,表面涂刷防腐涂层或彩色烤漆而成的屋面材料,具有多种规格,有的中间填充了保温材料,成为夹芯板,可提高屋顶的保温效果。其特点是自重轻、施工方便、装饰性与耐久性强,一般用于对屋顶的装饰性要求较高的建筑中。压型钢板屋面一般与钢屋架相配合(图 7.132)。

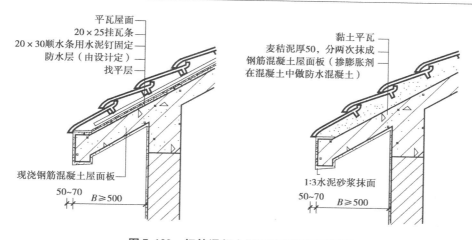

图 7.129　钢筋混凝土屋面板基层平瓦屋面

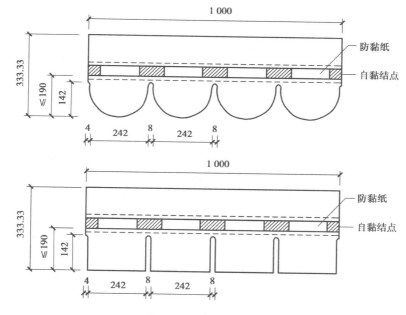

图 7.130　油毡瓦规格

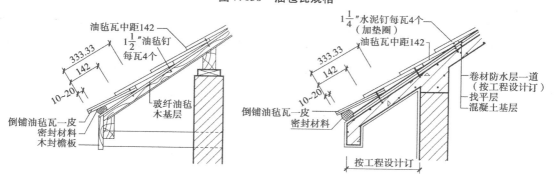

图 7.131　油毡瓦屋面

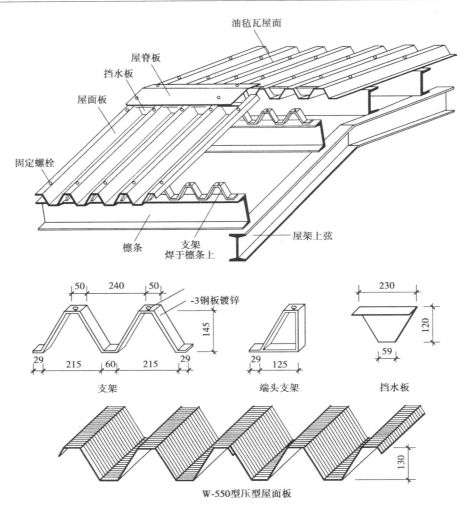

图 7.132　梯形压型钢板屋面

3)坡屋顶的细部构造

(1)平瓦屋面的细部构造

①纵墙檐口:分为无组织排水檐口和有组织排水檐口。当坡屋顶采用无组织排水时,应将屋面伸出纵墙形成挑檐,挑檐的构造做法有砖挑檐、椽条挑檐、挑檐木挑檐和钢筋混凝土挑板挑檐等(图 7.133)。当坡屋顶采用有组织排水时,一般多采用外排水,需在檐口处设置檐沟,檐沟的构造形式一般有钢筋混凝土挑檐沟和女儿墙内檐沟两种(图 7.134)。

②山墙檐口:双坡屋顶山墙檐口的构造有硬山和悬山两种。硬山是将山墙升起包住檐口,女儿墙与屋面交接处做泛水,一般用砂浆黏结小青瓦或抹水泥石灰麻刀砂浆泛水(图 7.135)。悬山是将檩条伸出山墙挑出,上部的瓦片用水泥石灰麻刀砂浆抹出披水线,进行封固(图 7.136)。

③屋脊、天沟和斜沟构造:互为相反的坡面在高处相交形成屋脊,屋脊处应用 V 形脊瓦盖缝[图 7.137(a)]。在等高跨和高低跨屋面相交处会形成天沟,两个互相垂直的屋面相交处会

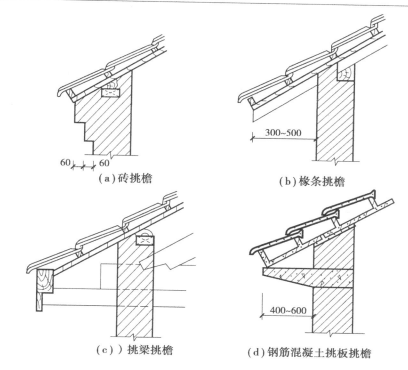

（a）砖挑檐
60 ← 60

（b）椽条挑檐
300~500

（c）） 挑梁挑檐

（d）钢筋混凝土挑板挑檐
400~600

图 7.133　无组织排水纵墙挑檐

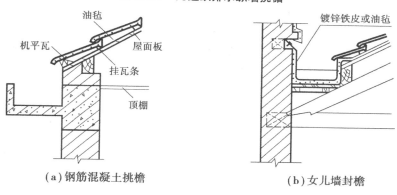

油毡
机平瓦
屋面板
挂瓦条
顶棚

（a）钢筋混凝土挑檐

镀锌铁皮或油毡

（b）女儿墙封檐

图 7.134　有组织排水纵墙挑檐

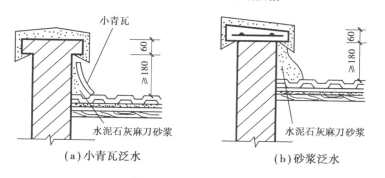

小青瓦
≥180　60
水泥石灰麻刀砂浆

（a）小青瓦泛水

≥180　60
水泥石灰麻刀砂浆

（b）砂浆泛水

图 7.135　硬山檐口构造

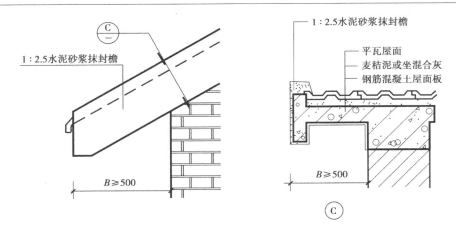

图 7.136　悬山檐口构造

形成斜沟。天沟和斜沟应保证有一定的断面尺寸,上口宽度应为 300~500 mm,沟底一般用镀锌铁皮铺于木基层上,镀锌铁皮两边向上压入瓦片下至少 150 mm[图 7.137(b)]。

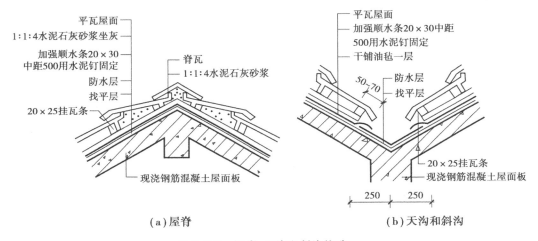

（a）屋脊　　　　　　　　　　（b）天沟和斜沟

图 7.137　屋脊、天沟和斜沟构造

（2）压型钢板屋面的细部构造

①压型钢板屋面无组织排水檐口。当压型钢板屋面采用无组织排水时,挑檐板与墙板之间应用封檐板密封,以提高屋面的围护效果（图 7.138）。

②压型钢板屋面有组织排水檐口。当压型钢板屋面采用有组织排水时,应在檐口处设置檐沟。檐沟可采用彩板檐沟或钢板檐沟,当用彩板檐沟时,压型钢板应伸入檐沟内,其长度一般为 150 mm（图 7.139）。

③压型钢板屋面屋脊按构造分为双坡屋脊和单坡屋脊（图 7.140）。

④压型钢板屋面山墙构造。压型钢板屋面与山墙之间一般用山墙包角板整体包裹,包角板与压型钢板屋面之间用通长密封胶带密封（图 7.141）。

⑤压型钢板屋面高低跨构造。压型钢板屋面高低跨交接处,加铺泛水板进行处理,泛水板上部与高侧外墙连接,高度不小于 250 mm,下部与压型钢板屋面连接,宽度不小于 200 mm（图 7.142）。

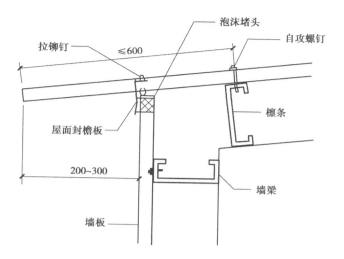

图7.138 无组织排水檐口

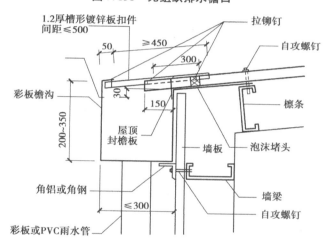

图7.139 有组织排水檐口

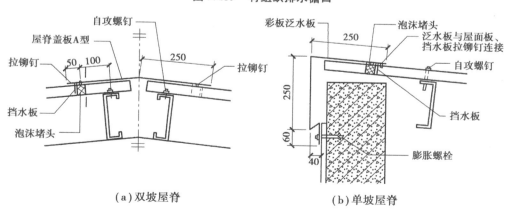

（a）双坡屋脊　　　　　　　（b）单坡屋脊

图7.140 屋脊构造

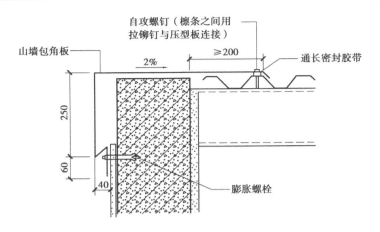

图 7.141　屋面山墙构造

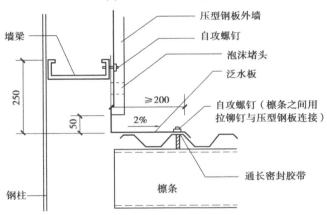

图 7.142　屋面高低跨构造

4) 坡屋顶的保温与隔热

(1) 坡屋顶的保温

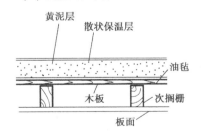

图 7.143　顶棚层保温构造

坡屋顶的保温有顶棚保温和屋面保温两种。顶棚保温是在坡屋顶的悬吊顶棚上加铺木板,上面干铺一层油毡做隔汽层,然后在油毡上面铺设轻质保温材料(图 7.143)。传统的屋面保温是在屋面铺草秸,将屋面做成麦秸泥青灰顶,或将保温材料设在檩条之间(图 7.144)。

(2) 坡屋顶的隔热

坡屋顶一般利用屋顶通风来隔热,有屋面通风和吊顶棚通风两种方式:屋面通风是把屋面做成双层,在檐口设进风口,屋脊设出风口,利用空气流动带走间层的热量,以降低屋顶的温度(图 7.145)。吊顶棚通风是利用吊顶棚与坡屋面之间的空间作为通风层,在坡屋顶的歇山、山墙或屋面等位置设进风口(图 7.146)。

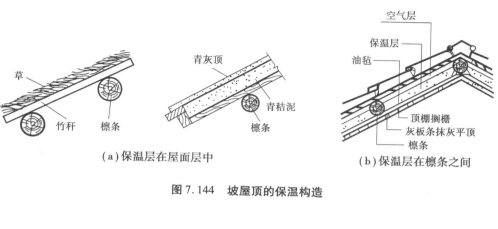

图 7.144　坡屋顶的保温构造

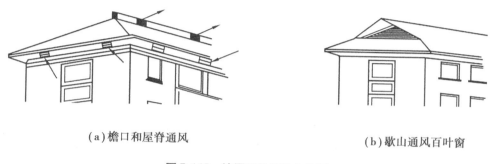

图 7.145　坡屋顶的隔热与通风

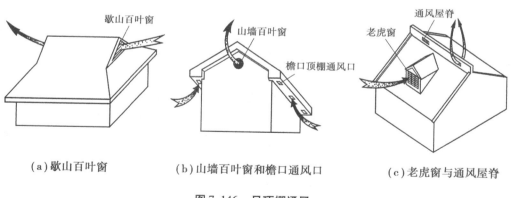

图 7.146　吊顶棚通风

7.6.3　变形缝

因建筑物长度过长而受到气温变化的影响,或因部分荷载不同及地基承载力不均,或在地震区,地震对建筑物的影响等因素,致使建筑物构件内部发生裂缝或破坏,故在设计时应将建筑物事先就分成几个独立的部分,使各部分能自由变形或沉降,这种将建筑物垂直分开的缝称为变形缝。

1)变形缝的类型及要求

变形缝根据建筑物使用特点、结构形式、建筑材料及外界条件等分为伸缩缝、沉降缝和防震缝三大类。

变形缝的类型——变形缝的形式

（1）伸缩缝

为防止建筑材料因温度变化引起热胀冷缩,产生内应力使建筑物出现不规则的破坏,需根据不同材料和结构,沿房屋的长度分别在一定的间距内设置一条竖缝,使房屋有伸缩的余地。这种缝即为伸缩缝,也称为温度缝。伸缩缝将建筑物的墙体、楼板、屋顶（木屋顶除外）断开。基础部分由于受气温变化影响较小,所以不必断开。

变形缝的设置原则——伸缩缝

伸缩缝的宽度一般为 20～30 mm,对于外墙伸缩缝,为了防止风雨对室内的侵袭,一般采用浸沥青的麻丝填嵌缝隙。考虑外墙缝对立面的影响,在可能的条件下,可以用雨水管将缝遮住。对内墙上的伸缩缝,则着重做表面的处理。

（2）沉降缝

当建筑物建造在土层性质差别较大的地基上,或因建筑物荷载差异很大、相邻部分高度和结构形式都有较大的差异时,建筑物将会产生不均匀沉降,从而导致建筑物的某些薄弱部位发生错动开裂。为保证建筑物的某一部分相对于其他部分可发生一定的竖向位移,且又不影响其他部分的稳定,需在适当位置设置垂直缝隙,把建筑物沿垂直方向划分为若干个刚度较好的单元,使相邻单元可以自由沉降,而又不影响建筑的整体,这种缝称为沉降缝。沉降缝与伸缩缝的不同之处在于,沉降缝是从建筑物基础到屋顶在结构处全部断开,沉降缝可作为伸缩缝使用。

一般情况下,沉降缝与伸缩缝合并使用,其缝宽除应满足伸缩缝的宽度要求外,尚应考虑筑物沉降时倾斜的可能性,故需有足够的宽度,一般不小于 50 mm。

（3）防震缝

我国现行抗震设计规范规定,地震烈度 6 度以下地区的房屋可不予设防;在 9 度以上地区,一般应避免进行工程建设。所以地震烈度在 7～9 度的地区,当建筑物立面高差在 6 m 以上,或当建筑物有错层且楼板高差又较大,或建筑物各部分结构刚度截然不同时,应设置防震缝,将建筑物分成规则的结构单元。防震缝应根据地震烈度、场地类别、房屋类型等留有足够的宽度,一般不小于 50 mm,其两侧的上部结构应完全分开,基础可不设防震缝。但在地震区,如需设伸缩缝、沉降缝时,应注意满足防震缝要求。

2)变形缝的构造

（1）外墙伸缩缝、沉降缝构造
外墙伸缩缝、沉降缝的构造详见图 7.147,其中图 7.147（b）不适用于缝宽大于 50 mm 的情况。

变形缝的构造——墙体变形缝——伸缩缝

（2）内墙伸缩缝、沉降缝构造
内墙伸缩缝、沉降缝构造详见图 7.148。

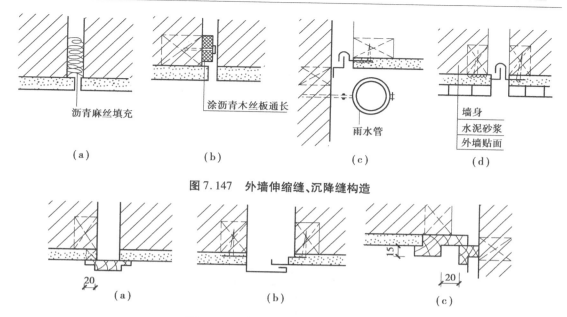

图 7.147 外墙伸缩缝、沉降缝构造

图 7.148 内墙伸缩缝、沉降缝构造

（3）地面、楼面变形缝

变形缝应贯通地面或楼面各层,宽度不宜小于 20 mm。整体面层的变形缝在施工时应先在变形缝位置安放与缝宽相同的木条,木条应刨光后涂焦油,待面层施工完毕并达到规定强度后,取出木条。一般在缝内填以沥青麻丝或其他富有弹性的材料,也有的在缝嵌入 V 形镀锌铁皮,缝表面可用沥青胶泥嵌缝,或用钢板、硬聚氯乙烯塑料板覆盖。

变形缝的构造——楼地层变形缝

①地面变形缝构造详见图 7.149,其中图 7.149(c)为防水地面变形缝构造图。

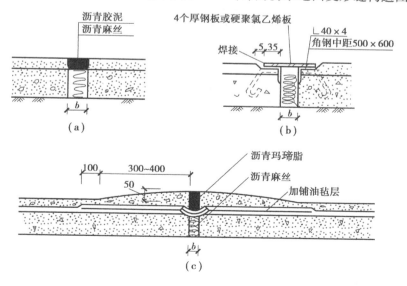

图 7.149 地面变形缝构造

②楼面变形缝构造详见图 7.150,其中图 7.150(a)、(b)为一般构造做法,图 7.150(c)为防水层楼面变形缝的构造图。

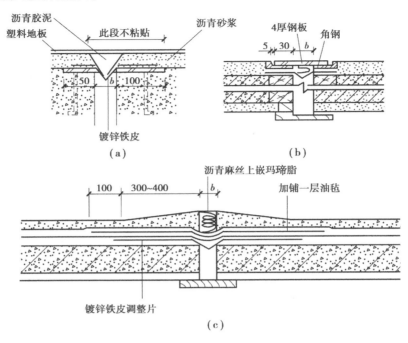

（a）

（b）

（c）

图 7.150　楼面变形缝构造

(4)屋面变形缝

①平面变形缝。施工时,油毡防水层应铺至小墙上口,再空铺(或单连粘住)一层油毡,中间呈凹状,上盖预制混凝土板并抹水泥砂浆(或用 24#镀锌铁皮),构造如图 7.151 所示。

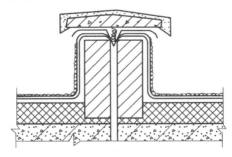

图 7.151　平面变形缝

②高低跨变形缝。用镀锌铁皮做泛水,钉于砖墙凹槽内的预埋通长防腐木条上,水泥砂浆封槽。变形缝内填沥青麻丝。构造如图 7.152 所示。

③钢筋混凝土挑檐变形缝构造如图 7.153(a)所示。

④女儿墙变形缝构造如图 7.153(b)所示。

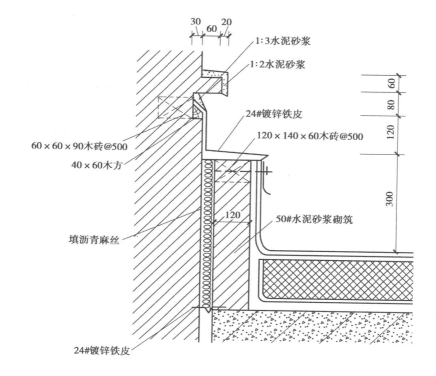

图 7.152　高低跨变形缝

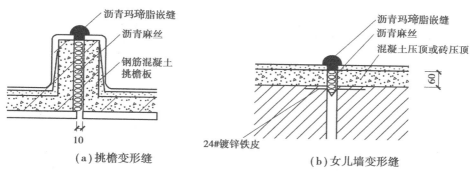

（a）挑檐变形缝　　　　　　　　　（b）女儿墙变形缝

图 7.153　挑檐变形缝和女儿墙变形缝

（5）基础沉降缝

由于沉降缝沿基础断开,故基础沉降缝需另行处理。常见的几种沉降缝构造如图 7.154 所示。

（6）防震缝的构造

防震缝可分为外墙防震缝（图 7.155）和内墙防震缝（图 7.156）。

基础变形缝

变形缝的构造——墙体变形缝——防震缝

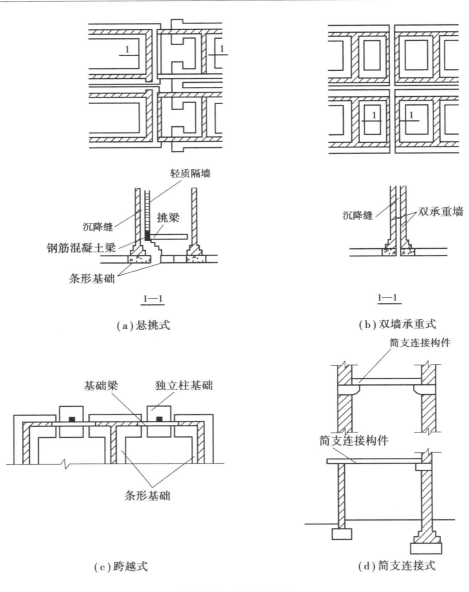

1—1
（a）悬挑式

1—1
（b）双墙承重式

（c）跨越式

（d）简支连接式

图 7.154　基础沉降缝

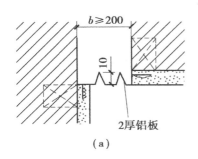

（a）

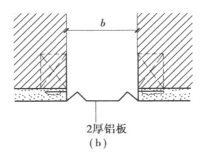

（b）

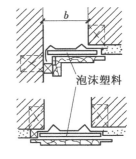

图 7.155　外墙防震缝　　　　　　图 7.156　内墙防震缝

7.7 门窗

7.7.1 概述

门和窗是建筑物的重要组成部分,也是主要围护构件之一。

1)门窗的作用

(1)门的作用

①通行和疏散:这是门的主要作用。门是人们进出室内外和各房间的通行口,它的大小、数量、位置、开启方向均应满足设计规范的要求。当有火灾、地震等紧急情况发生时,人们也必须经门尽快离开危险地带,门起到安全疏散的作用。

②采光通风:玻璃门或门上设置的亮子(小玻璃窗),可以作为房间的辅助采光,也是窗与门组织房间通风的主要配件。

③围护作用:门是房间保温、隔声、防火防盗及防各种自然灾害的重要配件。

④美观:门是建筑物入口的重要组成部分,因此,门设计的好坏直接影响建筑立面效果。

(2)窗的作用

①采光通风:这是窗的主要作用。各类房间都需要一定的照度,也需要有自然的通风,因此窗的位置及数量应满足设计规范的要求。

②围护作用:窗不仅可以通风、调节室温,还可以起到避免自然界风、雨、雪的侵袭及防盗等围护作用。

③观察和传递:通过窗可以观察室外情况和传递信息,有时还可以传递小物品,如售票、取药等。

④装饰:窗和门一样是建筑立面的重要组成部分,占整个建筑立面比例较大,对建筑风格起到至关重要的作用,如窗的大小、位置、疏密、色彩、材质等直接体现了建筑的风格。

在现代建筑中,随着新材料、新技术的不断运用,门窗的功能也在不断扩展,门窗不再局限于传统功能,还有标识、防爆、抗冲击波等功能。

门的分类及
特点

2)门窗的分类

(1)门的分类

门按开启方式、所用材料及使用要求等可进行如下分类:

①按开启方式分为平开门、弹簧门、推拉门、折叠门、转门、卷帘门等,图7.157所示。

a.平开门是水平开启的门,其合页装于门扇的一侧与门框相连,使门扇围绕铰链轴转动。其门扇有单扇、双扇及内开和外开之分。平开门构造简单,开启灵活,制作安装简便维修容易,是建筑中最常见、使用最广泛的门。但其受力状态较差,门扇较易产生下垂或扭曲变形。

b.弹簧门(又称摇门)是将平开门改用弹簧合页与门樘结合,开启后自动关闭的门。弹簧

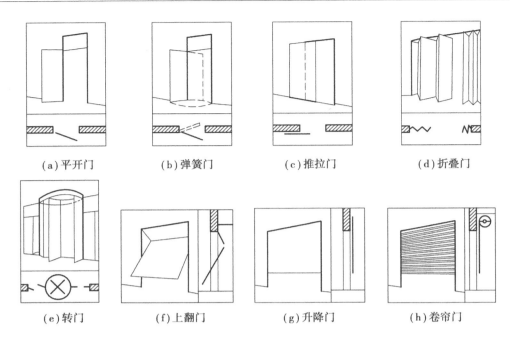

(a) 平开门　　(b) 弹簧门　　(c) 推拉门　　(d) 折叠门

(e) 转门　　(f) 上翻门　　(g) 升降门　　(h) 卷帘门

图 7.157　门的开启方式

门可以单向或双向开启,使用方便,美观大方,构造比平开门稍复杂,如图 7.158 所示。弹簧门有单面弹簧、双面弹簧和地弹簧之分,单、双面弹簧门的合页安装在门侧边。地弹簧的轴安装在地下,顶面与地面相平,只剩下铰轴与铰辊部分,开启时较隐蔽。单面弹簧门常用于需有温度调节及要遮挡气味的房间,如厨房、卫生间等。双面弹簧和地弹簧门常用于公共建筑的门厅,以及出入人流较多、使用较频繁的房间。弹簧门不适用于幼儿园、中小学出入口处。门上一般安装玻璃,以方便其两边的出入者能够互相观察到对方的行为,以免相互碰撞。同时注意防火门不可以采用弹簧门。

c.推拉门在门顶或门底装导向装置,开启时门扇沿轨道向左右滑行,通常为单扇和双扇。开启时门扇可以藏在夹墙内或贴在墙面外,不占地或少占地。推拉门制作简便,受力合理,不易变形,适应各种大小洞口,但在关闭时难以密封,构造较复杂,安装要求较高,较多用作工业建筑中的仓库和车间大门。在民用建筑中,常用轻便推拉门分隔内部空间。

d.折叠门由多扇门构成,将几扇门连接在一起,构造较复杂。各门扇的宽度较小,每扇门宽度 500 ~ 1 000 mm,一般以 600 mm 为宜。折叠门关闭时,可封闭较大的面积,开启时,几个门扇相互折叠在一起,少占空间。折叠门可分为侧挂折叠门和推拉式折叠门。侧挂折叠门与普通平开门相似,使用普通铰链相连而成。当用普通铰链时,一般只能挂两扇,不适用于宽大的门洞;若侧挂门扇超过两扇时,则须用特制铰链。推拉式折叠门与推拉门构造相似,在门顶或门底装滑轮及导向装置,每扇门之间连以铰链;开启时门扇通过滑轮沿着导向装置移动带动门扇折叠,可适用于较大洞口。折叠门开启时占用空间少,但构造复杂,一般用作商业建筑的门,或公共建筑中作灵活分隔空间用。由于门开关时节约空间,也用于空间窄小的情况,如卫生间的门、公共汽车的门。

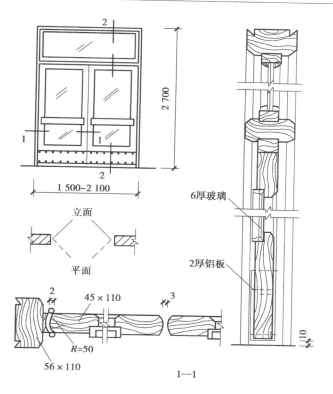

6厚玻璃

2厚铝板

45×110

56×110

R=50

1—1

图7.158 弹簧门的构造

e.转门是在外力或自动控制装置作用下可以进行旋转的门。转门由两个固定的弧形门套和垂直旋转的门扇构成,门扇可分为三扇或四扇连成风车形,开启时绕竖轴旋转。转门可以使门一直处于关闭状态,隔绝气流的性能较好,可以减少汽、热量的损失,对防止内外空气的对流有一定的作用,适用于寒冷地区、空调建筑且人流不是很集中的情况,如银行、写字楼等,但不能作为疏散门。当设置在疏散口时,一般在转门的两旁另设平开或弹簧门,以作为不需要空气调节的季节或大量人流疏散之用。

转门分为普通转门和旋转自动门。普通转门为手动旋转结构,旋转方向通常为逆时针,门扇的惯性转速可通过阻尼调节装置按需要进行调整。旋转自动门亦称圆弧自动门,采用声波、微波或红外传感装置和电脑控制系统,传动机构做弧线旋转往复运动。旋转自动门有铝合金和钢质两种,活动扇部分为全玻璃结构。其隔声、保温和密闭性能优良,具有两层推拉门的封闭功效,属高级豪华用门。

f.卷帘门是用很多冲压成型的金属叶片连接而成,叶片之间用铆钉连接,另外还有导轨、卷筒、驱动机构和电气设备等组成部件,叶片上部与卷筒连接。开启时,叶片沿着门洞两侧的导轨上升,卷在卷筒上。传动装置有手动和电动两种,有的启闭可用遥控装置。卷帘门开启时能充分利用上部空间,适用于各种大小洞口,特别是高度大、不需要经常开关的门洞,如商店的大门及某些公共建筑中用作防火分区的构件等洞口。卷帘门加工制作复杂,造价较高,如图7.159所示。

②按门所使用的材料分为木门、钢门、铝合金门、塑钢门、玻璃钢门等。木门应用较广泛,

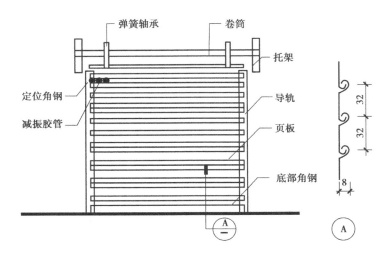

图 7.159 卷帘门的构造

其特点是密封性好、保温性能好、自重轻、造价较低,但耗费木材;钢门多为防盗门,铝合金门目前应用较多,一般适用于较大洞口处;玻璃钢门则多用于大型建筑和商业建筑的出入口,造型美观大方但是成本较高。

　　③按门的使用要求分为普通门、百叶门、保温门、防火门、隔声门、防盗门、防爆门等。这些门应根据建筑使用要求选用,通常是将防盗、防火、保温、隔声等要求综合,形成多功能门。

　　(2)窗的分类

　　窗一般按照开启方式分为平开窗、固定窗、推拉窗、旋转窗、百叶窗等形式(图 7.160)。

窗的分类及特点

　　①推拉窗是双层窗扇沿导轨或滑槽进行推拉启闭的一种窗。推拉窗分水平推拉和垂直推拉两种,水平推拉窗一般在窗扇上下设滑轨槽,构造简单,是常用的形式。垂直推拉窗需要升降及制约措施,构造复杂,采用较少。推拉窗开关时不占室内空间,水平推拉窗扇受力均匀,窗扇尺寸可以较大,有利于采光。但推拉窗可开面积最大不超过半窗面积,通风面积受限制,五金件较贵。

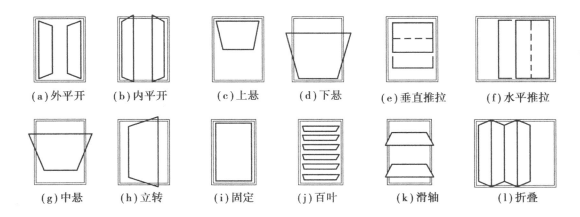

(a)外平开　(b)内平开　(c)上悬　(d)下悬　(e)垂直推拉　(f)水平推拉

(g)中悬　(h)立转　(i)固定　(j)百叶　(k)滑轴　(l)折叠

图 7.160 窗的开启方式

②平开窗同平开门,它的铰链安装在窗扇一侧与窗框相连,向外或向内水平开启。有单扇、双扇、多扇之分,构造简单,五金件便宜,开启灵活,制作维修方便,使用较为普遍。平开窗可以内开或外开。外开窗不占室内空间,但安装、修理和擦洗都不方便,且易受风的袭击而损坏,不宜在高层建筑中使用。内开窗制作、安装、维修、擦洗方便,受风雨侵袭被损坏的可能性小,但占用室内空间。

③固定窗是窗的玻璃直接嵌固在窗框上、不能开启的窗。固定窗构造简单,密闭性好,多与门亮子和开启窗配合使用,不能通风,可供采光和眺望之用。

④悬窗根据铰链和转轴位置的不同,可分为上悬窗、中悬窗、下悬窗和立悬窗。

a.上悬窗窗轴位于窗扇上方,向外开启,防雨好,受开启角度限制,通风效果较差,多用作外门上的亮子。

b.下悬窗窗轴位于窗扇的下边,向内开启,通风较好,不防雨,开启时占用室内空间,一般用于内墙高窗及内门上亮子。

c.中悬窗是在窗扇两边中部装水平转轴,开启时窗扇绕水平轴旋转,窗扇上部向内,下部向外,对挡雨、通风有利,并且开启易于机械化,故常用作大空间建筑的高侧窗,也可用于外窗或用于靠外廊的窗。

d.立悬窗是窗扇绕上下中部垂直轴旋转的窗。立旋窗开启方便,可根据风向调整窗扇开启的方向,有利于通风,但防雨和密闭性较差且构造复杂,适合于特殊形状如圆形、菱形的窗。

⑤百叶窗由斜放的木片或金属片组成,主要用于遮阳、防雨及通风,但采光差,多用于有特殊要求的部位。百叶窗的百叶板有活动和固定两种。活动百叶板常作遮阳和通风之用,易于调整;固定百叶窗常用于山墙顶部作为通风之用。

除了上述分类之外,窗也可以按照所用材料分类,通常有木窗、钢窗、铝合金窗、塑钢窗等。目前,木窗制作方便、经济、密封性能好、保温性能高,但相对透光面积小、防火性能差、耐久性不好。钢窗密封性能差、保温性能差、耐久性差、易生锈。所以,目前木窗和钢窗应用较少,多用铝合金窗和塑钢窗,因为它们具有质量轻、耐久性好、刚度大、变形小、不生锈、开启方便、美观等优点,但成本较高。

3)门窗的设计要求

建筑门窗的材料、尺寸、功能和质量等要求应符合国家建筑门窗有关标准的规定。

(1)满足使用的要求

门窗的数量、大小、位置、开启方向等首先要满足使用方便舒适、安全的要求。门的设计尺寸必须符合人员通行的正常要求,窗的设计要考虑采光通风良好的室内环境,门窗构造应坚固耐久耐腐蚀,便于维修和清洁。例如,外门构造应开启方便;手动开启的大门扇应有制动装置;推拉门应有防脱轨的措施;开向疏散走道及楼梯间的门扇在开启时,不应影响走道及楼梯平台的疏散宽度;高层建筑应采用推拉窗,如采用外开窗,则须有牢固固定窗扇的措施;开向公共走道的窗扇,距地面高度不低于 2 m,窗台低于 0.8 m 时,应采取防护措施;在公共建筑中,规范规定位于疏散通道上的门应该朝疏散的方向开启,而且通往楼梯间等处的防火门应当有自动关闭的功能等。

(2)采光和通风的要求

按照建筑物的照度标准,建筑门窗应当选择适当的形式和面积。窗的面积应符合照度方面的要求,长方形窗构造简单,采光数值和采光均匀性方面均好,是最常用的形状。同时采光效果还与宽、高的比例有关,一般竖立长方形窗适用在进深大的房间,这样阳光直射入房间的最远距离较大;正方形窗则可用于进深较小的房间;而横置长方形窗可用于进房间或者是需要视线遮挡的高窗,如卫生间等。窗户的组合形式对采光效果也有影响。窗与窗之间由于窗间墙会产生阴影,一樘窗户所通过的自然光量比同样面积由窗间墙隔开的相邻的两樘窗户所通过的光量为大,因此在理论上最好采用一樘宽窗来满足采光要求。例如,同样高度,一樘宽度2 100 mm 的窗户就比并列的 3 樘 700 mm 宽的窗户采光量大 40%。

自然通风是保证室内空气质量最重要的因素。在进行建筑设计时,必须注意选择有利于通风的窗户形式和合理的门窗位置,以获得空气对流。

(3)防风雨、保温、隔声的要求

门窗大多经常开关,构件间缝隙较多,再加上开关时的震动,或者由于主体结构的变形,门窗与建筑主体结构间容易出现裂缝。这些缝隙或裂缝有可能造成雨水风沙及烟尘渗漏,也对建筑的隔热、隔声带来不良影响,因此,门窗比其他围护构件在密闭性能方面的要求更高。同时,门窗不容易用添加保温材料来提高其热工性能,因此选用合适的门窗材料及改进门窗的构造方式,对改善整个建筑物的热工性能、减少能耗起着重要的作用。

(4)建筑视觉效果的要求

门窗的数量、形状、组合、材质、色彩是建筑立面造型中非常重要的部分。造型要与整体建筑风格一致,美观大方,特别是在一些对视觉效果要求较高的建筑中,外墙门窗更是立面设计的重点。其制品规格形式、框料和玻璃的色彩与质感,门窗组合所构成的平面或立体图案以及它们的视觉组合特性与建筑外墙饰面相配合而产生的视觉效果,往往十分强烈地展示着建筑设计所追求的艺术风格。

(5)适应建筑工业化生产的需要

门窗设计中要考虑门的标准化和互换性,规格类型应尽量统一,并符合现行国家标准的有关规定,以降低成本和适应建筑工业化生产需要。

另外,在保证其主要功能和经济条件的前提下,还要求门窗坚固、耐久、灵活、便于清洗、维修等。

4)门窗代号

①门的代号为 M,窗的代号为 C。
②门窗用料代号如表 7.12 所示。

表7.12　门窗用料代号

类别	代号	类别	代号
钢	G	铝	L
钢（实腹料）	G(S)	铝合金	L(H)
钢（空腹料）	G(K)	塑料	S
不锈钢	G(B)	钢筋混凝土	H
钢木	GM	钢筋混凝土木	HM
木	M	钢筋混凝土钢	HG

③门窗代号根据需要可组合使用,代号组合顺序为:用途→形式→开启→构造→材料→共用附件,组合时采用各代号的第一个字母,在组合词最后加 M 或 C 分别表示门或窗。如 SP-PMM 表示防风沙平开拼板木门,即由用途 S(防风沙)、开启 P(平开)、构造 P(拼板门)、材料 M(木)、门的代号(M)组成。如表7.13 所示为铝合金门窗代号。

表7.13　铝合金门窗代号

类别	代号	类别	代号
平开铝合金门	PLM	推拉铝合金门	TLM
地弹簧铝合金门	DHLM	固定铝合金门	GLM
折叠铝合金门	ZLM	平开自动铝合金门	PDLM
推拉自动铝合金门	TDLM	圆弧自动铝合金门	YDLM
卷帘铝合金门	JLM	旋转铝合金门	XLM
固定铝合金窗	GLC	平开铝合金窗	PLC
上悬铝合金窗	SLC	中悬铝合金窗	CLC
下悬铝合金窗	XLC	保温平开铝合金窗	BPLC
立转铝合金窗	LLC	推拉铝合金窗	TLC
固定铝合金天窗	GLTC		

5)门窗的图示方法

按照有关的制图规范规定,建筑平面图中,一般用弧线或直线表示开启过程中门扇转动或平移的轨迹。但窗的开启方式一般只能在建筑立面图上表达。建筑立面图中,实线表示外开、虚线表示内开,开启方向线相交的一侧为安装铰链(合页)的一侧。推拉门窗用箭头表示开启方向。

7.7.2 门的构造

1)门的尺度

门的尺度通常是指门洞的高宽尺寸。门作为交通疏散通道,主要考虑到人体尺度、人流量以及搬运家具、设备所需高度尺寸等要求,有时还有其他一些需要,如有的公共建筑的大门因为要与建筑物的比例协调或造型需要,加大了门的尺度,有的内门则要考虑透光通风的问题。同时门的尺度要符合《建筑门窗洞口尺寸系列》(GB/T 5824—2008)的规定。

门的洞口尺寸也就是门的标志尺寸,一般情况下这个标志尺寸应为门的构造尺寸与缝隙尺寸之和。构造尺寸是门生产制作的设计尺寸,它应小于洞口尺寸。缝隙尺寸是为门安装时的需要及胀缩变化而设置的,而且根据洞口饰面不同而不同,一般为 15~50 mm。

门的高度尺寸一般以 300 mm 为模数,特殊情况下可以以 100 mm 为模数。常见的有 2 000 mm、2 100 mm、2 400 mm、2 700 mm、3 000 mm、3 300 mm,其中 2 000 mm、2 100 mm 一般为无亮门,2 400 mm、2 700 mm、3 000 mm、3 300 mm 一般为有亮子门。一般居住建筑门扇的高度为 2 000~2 200 mm,公共建筑门扇的高度为 2 100~2 300 mm。如门设有亮子时,亮子高度一般为 300~600 mm,则门洞高度为门扇高加亮子高,再加门框及门框与墙间的缝隙尺寸,即门洞高度一般为 2 400~3 000 mm。公共建筑大门的高度可视需要适当提高。

门的宽度根据通行人流量及家具物品的大小确定。门的宽度尺寸一般以 100 mm 为模数,大于 1 200 mm 时以 300 mm 为模数。常见的有 750 mm、900 mm、1 000 mm、1 200 mm、1 500 mm、1 800 mm、2 400 mm、2 700 mm、3 000 mm。其中,750 mm、900 mm、1 000 mm 为单扇门;1 100 mm 为大小扇门;1 200 mm、1 500 mm、1 800 mm 为双扇门;2 400 mm、2 700 mm、3 000 mm 一般为四扇门。

为了使用方便,一般民用建筑门均编制成标准图,在图上注明类型及有关尺寸,设计时可按需要直接选用。

平开木门

2)平开木门的构造

门一般由门框、门扇、亮子、五金配件及附件组成,如图 7.161 所示。

门框是门扇、亮子与墙洞的联系构件,起固定作用,还能控制门窗扇启闭的角度。门扇是门的可自由开关的部分。亮子又称腰头窗,在门上方,为辅助采光和通风之用,有平开、固定及上中下悬几种。门的五金配件在门窗各组成部件之间以及门窗与建筑主体之间起到连接、控制以及固定的作用。附件有贴脸板、筒子板等。

(1)门框

门框又称门樘,一般由两根竖直的边框和上框组成,当门带有亮子时,还有中横框,3 扇门以上则需加设中竖框,各框之间采用榫连接。考虑到使用方便,门大多不设下框,俗称门槛。上框、中横框、下框分别是门框的上框料、中间横料及下框料。边框中竖框分别是门框的边框料、门框的中间竖料。各种类型木门的门扇样式、构造做法不尽相同,但门框却基本一样。

①门框的断面尺寸与形式:要有利于门的安装,具有一定的密闭性。门框的断面尺寸与门的总宽度、门扇类型、厚度、质量及门的开启方式等有关。门框的断面形式与门的类型、门扇数有关。

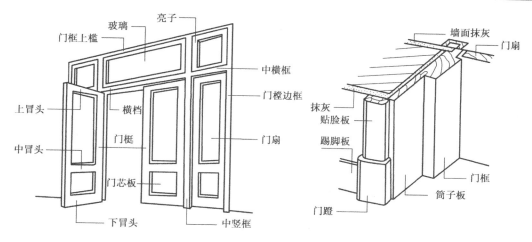

图 7.161　木门的组成

为使门框与门扇之间开启方便,门扇密闭,门框上要有裁口(铲口)。根据门扇数与开启方式的不同,裁口的形式可分为单裁口和双裁口两种。单裁口用于单层门,双裁口用于双层门或弹簧门。宽度要比门扇宽度大 1～2 mm,以便于安装和门扇开启。裁口深度一般为8～10 mm。在简易或临时的建筑工程中,也可用裁口条,以节省用料。

为了减少靠墙一面的门框因受潮或干缩时出现裂缝和变形,应在该面开 1～2 道背槽(灰口)以免产生翘曲变形,同时也便于门框的嵌固。背槽的形状可为矩形或三角形,深度为 8～10 mm,宽为 12～20 mm。

门框的断面尺寸考虑制作时刨光损耗,毛断面尺寸应比净断面尺寸大些,一般单面刨光按3 mm、双面刨光按5 mm 计算,因此,门框的毛料尺寸,大门一般为(60～70) mm × (140～150) mm,内门可为(50～70) mm × (100～120) mm,有纱门时宽度不宜小于150 mm(图 7.162)。

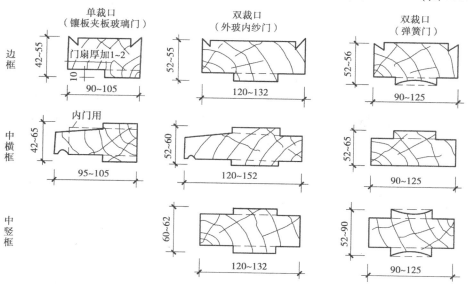

图 7.162　门框的断面形式与尺寸

②门框的安装:根据施工方式分后塞口和先立口两种。

a.塞口(又称塞樘子),是在砌墙时先留出洞口,在抹灰前将门窗框安装好。洞口两侧砖墙上每隔约 500 mm 预埋木砖或预留缺口,以便用圆钉或水泥砂浆将门框固定。框与墙间的缝隙需用沥青麻丝嵌填或其他柔性防腐材料后再进行抹灰处理。塞口的优点是墙体施工与窗框安装分开进行,避免相互干扰,墙体施工时窗框未到现场,也不影响施工进度,但是这种方法对施工要求高。为了安装方便,洞口的宽度应比门窗框大 20~30 mm,高度大 10~20 mm,故门窗框与墙体之间缝隙较大。若洞口较小,则会使门窗框安装困难,所以施工时洞口尺寸要留准确[图 7.163(a)]。

b.立口(又称立樘子),是在砌墙前即用支撑先立门窗框然后砌墙。立樘时,门窗的实际尺寸与洞口尺寸相同,框与墙结合紧密,但是立樘与砌墙工序交叉,施工不便。为了使窗框与墙体连接紧固,应在门窗框的上下框各伸出 120 mm 的端头,俗称"羊角头"。同时在边框外侧约每 600 mm 设一防腐木砖砌入墙身。为了施工方便,也可在樘子上钉铁脚,再用膨胀螺钉在墙上,也还可用膨胀螺钉直接把樘子钉于墙上。这种做法的优点是窗框与墙的连接紧密,缺点是施工不便,窗框及临时支撑易被碰撞,有时会产生移位、破损,现采用较少[图 7.163(b)]。

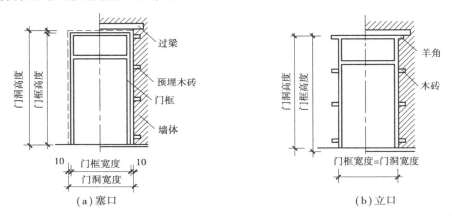

图 7.163　门框的安装方式

③门框在墙洞口中的安装位置,视使用要求和墙的材料与厚度不同而不同,有内平、居中、外平 3 种。门框一般都做在开门方向的一边,与抹灰面齐平,使门扇开启时能贴近墙面。这样门开启的角度较大。一般门由于悬吊重力的影响及启闭时碰撞力较大,门框四周的抹灰极易开裂,甚至振落,因此在门框与墙结合处应做木压条盖缝。木压条的厚度与宽度为 10~15 mm。贴脸板是在门洞四周所钉的木板,其作用是掩盖门框与墙的接缝,也是由墙到门的过渡。对于装修标准较高的建筑,为了保护墙角和提高装饰效果,在门洞周边可做筒子板。窗樘小于墙厚者,窗洞周边亦可做筒子板(图 7.164)。

(2)门扇

门扇的类型主要有镶板门、夹板门、纱门、百叶门、拼板门扇等。

①镶板门。这种门应用最广泛,镶板门由垂直构件边梃,水平构件上冒头、中冒头(可有数根)、下冒头组成骨架,内装门芯板或玻璃构成。边梃是门扇的边料,上冒头、中冒头、下冒头分别是门扇的上横料、中横料、下横料,镶板门构造简单,加工制作方便,适用于一般民用

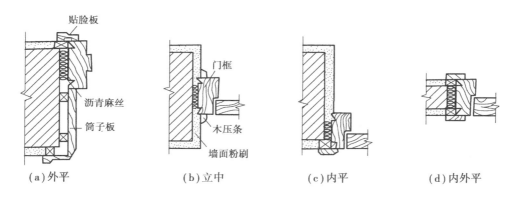

图 7.164　门框位置、门贴脸板及筒子板

建筑作内外门。

　　门扇的边梃与上、中冒头的断面尺寸一般相同,厚度为 40~45 mm,宽度为 100~120 mm。为了减少门扇的变形,下冒头的宽度一般加大至 160~250 mm。

　　门芯板一般采用 10~12 mm 厚的木板拼成,也可采用胶合板、硬质纤维板、塑料板、玻璃、百叶等。当采用玻璃时,即为玻璃门,可以是半玻镶板门或全玻璃门。门芯板改为金属纱或百叶则为纱门或百叶门。玻璃、门芯板及百叶可以根据需要组合,如上部玻璃、下部门芯板,也可采用上部木板、下部百叶等(图 7.165)。镶板门的构造如图 7.166 所示。

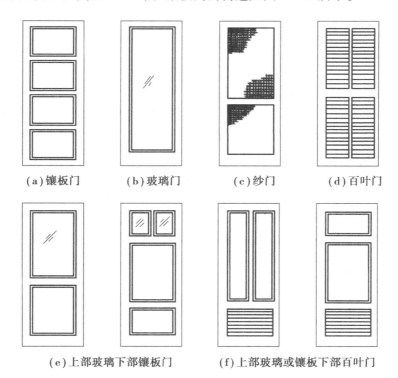

图 7.165　镶板门、玻璃门、纱门和百叶门的立面形式

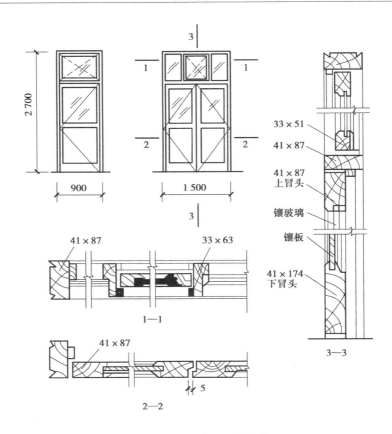

图 7.166 镶板门的构造

②夹板门:由内部骨架和外部面板组成。面板和骨架形成一个整体,共同抵抗变形。夹板门利用小料、短料做骨架,一般采用厚度为 30 mm、宽 30~60 mm 的木料边框,中间的肋条用厚度约 30 mm、宽 10~25 mm 的木条,可一单向排列、双向排列或密肋形式,间距一般为 200~400 mm,安装门锁处需加锁木。为使门扇内通风干燥,避免因内外温湿度差产生变形,在骨架上需做通气孔。为节约木材,也有用蜂窝形浸塑纸来代替肋条的。做面板一般采用胶合板、硬质纤维板或塑料板,可整张或拼花粘贴,也可预先在工厂压制出花纹。这些面板不宜暴露在室外,因而夹板门不宜用于外门。因为开关门、碰撞等容易碰坏面板和门扇外观效果,常采用硬木条嵌边或木线镶边等措施保护面板。根据使用功能上的需要,夹板门亦可加做局部玻璃或百叶。其特点是自重轻,用料省,外形简洁,便于工业化生产,在民用建筑中应用广泛(图7.167)。

③拼板门扇:构造类似于镶板门,只是芯板规格较厚,一般为 15~20 mm,坚固耐久、自重大、中冒头一般只设一个或不设,有时不用门框,直接用门铰链与墙上预埋件连接。

近年来,还流行用钢、木组合材料制成钢木门。用于防盗时,还可用型钢做成门框,门扇采用钢骨架外用 1.5 mm 厚钢板经高频焊接在钢骨架上,内设若干个锁点。

(3)五金配件

五金配件的用途是在门窗各组成部件之间以及门窗与建筑主体之间起到连接、控制以及固定的作用,以适应现代工业化批量生产的要求。其主要有铰链、插销、把手、门锁、闭门器和

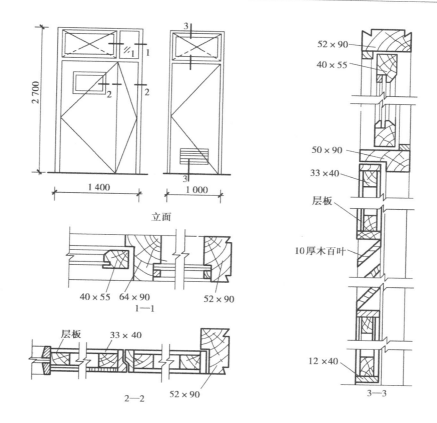

图7.167 夹板门的构造

定门器等。

①铰链。铰链是连接门窗扇与门窗框,供平开门开启时转动的五金件,又称合页(图7.168)。门扇上的铰链一般须装上下两道,较重时则采用三道铰链。

②插销。插销是门扇关闭时的固定用具。有些功能特别的门会采用通天插销。

③执手(拉手)。执手是装置在门扇上供手执握,方便操纵门扇启闭时用(图7.169)。最简单的是固定式执手。

④门锁。门锁多装于门框与门扇的边梃上,也有的直接装在门扇和地面及墙面交接处(图7.170)。弹子门锁是较常用的一种门锁,大量应用于民用建筑中。有些执手与门锁结合,通过其转动来控制门扇的启闭。随着技术的进步,智能化的电子门锁近几年开始在居住和公共建筑中大量出现,有的可以通过数字面板设置密码,还有的用电子卡开锁,而且不同的卡可以设置不同的权限以规定不同的使用方式,除此之外还有指纹锁等。

⑤闭门器。闭门器是安装在门扇与门框上自动关闭开启门的机械构件。闭门器有机械式液压控制的,也有通过电子芯片控制的。由于门的使用情况不同,闭门器的设计性能也是各种各样的。选用时一般要注意闭门力、缓冲、延时、停门功能等技术参数,如需要也可以在使用时调节。

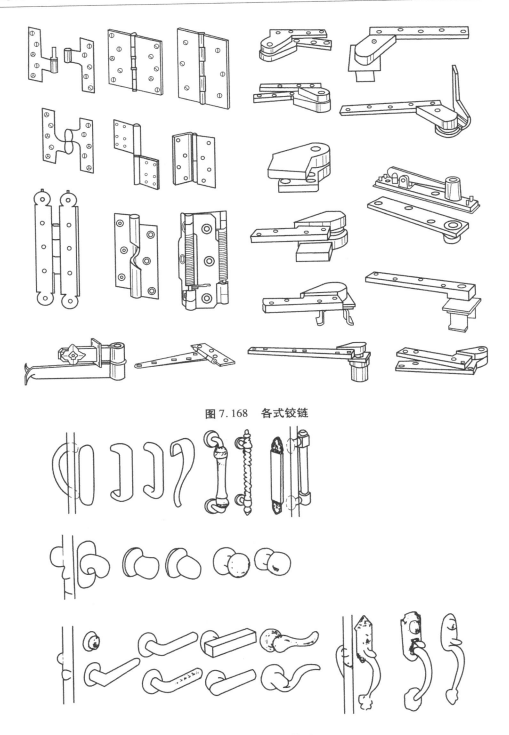

图 7.168　各式铰链

图 7.169　各式执手

⑥定门器。定门器也称门碰头或门吸,装在门扇、踢脚或地板上。门开启时作为固定门扇之用,同时使把手不致损坏墙壁(图 7.171)。

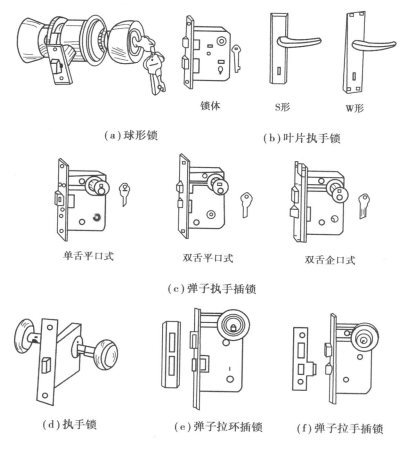

（a）球形锁　　　　　　　　（b）叶片执手锁

锁体　　S形　　W形

单舌平口式　　　　双舌平口式　　　　双舌企口式

（c）弹子执手插锁

（d）执手锁　　　（e）弹子拉环插锁　　　（f）弹子拉手插锁

图7.170　各式门锁

3）钢门构造

钢门是用型钢或薄壁空腹型钢在工厂制作而成。它符合工业化、定型化与标准化的要求。在强度、刚度、防火、密闭等性能方面，均优于木门，但在潮湿环境下易锈蚀，耐久性差。

（1）钢门料

①实腹式。实腹式钢门料是最常用的一种，有各种断面形状和规格。一般门可选用32料、40料，32、40等表示断面高为32 mm、40 mm。

②空腹式。空腹式钢门分沪式和京式两种。断面高度亦有25 mm、32 mm等规格，用1.5～2.5 mm厚低碳钢带，经冷轧而成为各种中空形薄壁型钢。它与实腹式门料比较，具有更大的刚度，外形美观、质量轻，可节约钢材40%左右。但由于壁薄，耐腐蚀性差，不宜用于湿度大、腐蚀性强的环境。

（2）基本钢门

为了使用、运输方便，通常将钢门在工厂制作成标准化的门窗单元。这些标准化的单元，即是组成一樘门的最小基本单元。设计者可根据需要，直接选用基本钢门，或用这些基本钢门组合出所需大小和形式的门。

①实腹式基本钢门。为不使基本钢门产生过大变形而影响使用，基本钢门的高度一般不

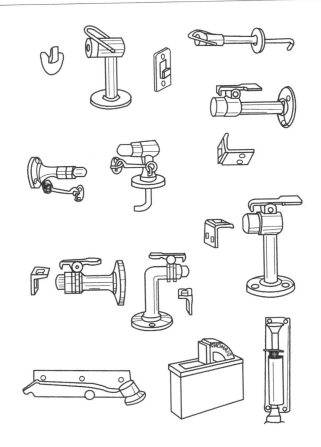

图 7.171　各式定门器

超过 2 400 mm。具体设计时,应根据面积的大小、风荷载情况及允许挠度值等因素来选择门料规格。门主要为平开门。钢门一般分单扇门和双扇门。宽单扇门 900 mm,双扇门宽 1 500 mm 或 1 800 mm,高度一般为 2 100 mm 或 2 400 mm。钢门扇可以按需要做成半截玻璃门,下部为钢板,上部为玻璃,也可以全部为钢板。钢板厚度为 1 ~ 2 mm。钢门安装均采用塞口方式。门的尺寸每边必须比洞口尺寸小 15 ~ 30 mm,视洞口处墙面饰面材料的厚薄定。框与墙的连接是通过框四周固定的燕尾铁脚,伸入墙上的预留孔,用水泥砂浆锚固(砖墙时),或将铁脚与墙上预埋件焊接(混凝土墙时)(图 7.172)。铁脚每隔 500 ~ 700 mm 一个,最外一个距框角 180 mm。

　　②空腹式基本钢门。空腹式钢门的形式及构造原理与实腹式钢门一样,只是空腹式窗料的刚度更大,因此门扇尺寸可以适当加大。

　　③组合式钢门。当钢门的高、宽超过基本钢门尺寸时,就要用拼料将门进行组合。拼料起横梁与立柱的作用,承受门的水平荷载。拼料与基本门之间一般用螺栓或焊接相连。当钢门很大时,特别是水平方向很长时,为避免大的伸缩变形引起门损坏,必须预留伸缩缝,一般是用两根∟56×36×4 角钢用螺栓组成拼件,角钢上穿螺栓的孔为椭圆形,使螺栓有伸缩余地。拼料与墙洞口的连接一定要牢固。当与砖墙连接时,采用预留孔洞,用细石混凝土锚固。与钢筋混凝土柱和梁的连接,采用预埋铁件焊接。普通钢门,特别是空腹式钢门易锈蚀,需经常进行表面油漆维护。

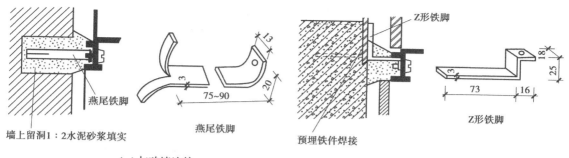

（a）与砖墙连接　　　　　　　　　　　　　（b）与混凝土连接

图 7.172　钢门与墙的连接

④彩板门。彩板门是20世纪80年代初由意大利塞柯公司首先生产出来的,目前已在世界上50余个国家的建筑中采用。它是以彩色镀锌钢板经机械加工而成的门,具有质量轻、强度高、采光面积大、防尘、隔声、保温密封性好、造型美观、色彩绚丽、耐腐蚀等特点。彩板门断面形式复杂种类较多,通常在出厂前就已将玻璃、合页、执手等各种附件全部安装完毕,所以在施工现场只需进行成品安装。彩板门目前有两种类型,即带副框和不带副框两种。当外墙面为花岗石、大理石等贴面材料时,常采用带副框的门。当室外装饰面层为水泥砂浆抹面时,则大多选用无副框彩板门。

铝合金门窗
的构造

4)铝合金门

我国在建筑业中应用铝合金起步较晚,铝合金门窗应用于建筑业始于20世纪70年代末。目前铝合金门仍是常用门之一。

（1）铝合金门的特点

①轻质高强。铝合金门用料省、自重轻,较钢门轻50%左右,而且由于是空腹薄壁型材,故具有良好的力学性能。

②性能好。密封性好,气密性、水密性、隔声性、隔热性都较钢、木门有显著的提高。因此,铝合金门更适用于多台风、多暴雨、多沙尘地区的建筑。

③耐腐蚀、坚固耐用。铝合金门不需要涂涂料,氧化层不褪色、不脱落,表面不需要维修。铝合金门强度高,刚性好,坚固耐用,开闭轻便灵活,无噪声,安装速度快。

④色泽美观。铝合金门框料型材表面经过氧化着色处理后,既可保持铝材的银白色,又可以制成各种柔和的颜色或带色的花纹,如古铜色、暗红色、黑色、银白色等。

（2）铝合金门的设计要求

①应根据使用和安全要求确定铝合金门的风压强度性能、雨水渗漏性能、空气渗透性能综合指标。

②组合门设计宜采用定型产品门作为组合单元。非定型产品的设计应考虑洞口最大尺寸选择和控制。

③外墙门的安装高度应有限制。

（3）铝合金门框料系列

系列名称是以铝合金门框的厚度构造尺寸来区别各种铝合金门的称谓,如平开门门框厚度构造尺寸为50 mm宽,即称为50系列铝合金平开门。实际工程中,通常根据不同地区、不同性质的建筑物的使用要求选用相适应的门框。

(4)铝合金门安装

铝合金门是表面处理过的铝材经下料、打孔、铣槽、攻丝等加工,制作成门框料的构件,然后与连接件、密封件、开闭五金件一起组合装配成门。

铝合金门装入洞口应横平竖直,外框与洞口应弹性连接牢靠,不得将门外框直接埋入墙体,防止碱对门框的腐蚀。

一般铝合金门安装时,将门框在抹灰前立于门洞处,与墙内预埋件对正,然后用木楔将三边固定。经检验确定门框水平、垂直、无翘曲后,用连接件将铝合金框固定在墙(柱、梁)上,连接件固定可采用焊接、膨胀螺栓或射钉等方法。

门框与墙体等的连接固定点,每边不得少于两点,且间距不得大于 0.7 m。在基本风压大于或等于 0.7 kPa 的地区,不得大于 0.5 m;边框端部的第一固定点距端部的距离不得大于 0.2 m。

5)塑料门

塑料门是一种继钢门、铝合金门之后发展起来的一种新型建筑门。塑料门根据所采用的材料不同,常分为钙塑门、玻璃钢门、改性聚氯乙烯塑料门等。

钙塑门(又称硬质 PVC 门)是以改性硬质聚氯乙烯(简称 UPVC)为主要原料,加上一定比例的稳定剂、着色剂、填充剂、紫外线吸收剂等辅助剂,经挤出机挤出成型为各种断面的中空异型材。经切割后,在其内腔衬以型钢加强筋,用热熔焊接机焊接成型为门框扇,配装上橡胶密封条、压条、五金件等附件而制成的门,有较高的刚度,故亦称塑钢门。

塑料门线条清晰、挺拔,造型美观,表面光洁细腻,不但具有良好的装饰性,而且有良好的隔热性和密封性。其气密性为木门的 3 倍,铝合金门的 1.5 倍,热损耗为金属门的 1/1 000,隔声效果比铝合金门高 30 dB 以上。同时塑料本身具有耐腐蚀性能,不用涂涂料,可节约施工时间及费用,因此在国内发展很快,在建筑业得到大量的应用。

6)特种门

特种门是指具有特殊用途、特殊构造的门,如防火门、防火保温门、感应式自动门、防盗门等。

(1)防火门

防火门是典型的特殊功能门,在建筑防火分区之间,需要设置既能保证通行又可分隔不同防火分区的建筑构件即防火门,在多层以上及重要建筑物中均需设置。防火门主要控制的环节是材料的耐火性能及节点的密封性能。防火门按耐火等级分 3 个等级。甲级门的耐火极限为 1.5 h,乙级门为 1.0 h,丙级门为 0.5 h。常见的防火门有木质和钢质两种。

①木质防火门。选用优质杉木制作门框及门扇骨架,材料均经过难燃浸渍处理,门扇内腔填充高级硅酸铝耐火纤维,双面衬硅钙防火板。考虑到木材受高温会炭化而放出大量气体,应在门扇上设泄气孔(图 7.173)。

②钢质防火门。门框及门扇面板可采用优质冷轧薄钢板,按不同的耐火等级填充相应的耐火材料,门扇也可采用无机耐火材料。根据需要装配轴承合页、防火门锁、闭门器、电磁释放开关和夹丝玻璃等,双开门还配有暗插销和关门顺序器等,与防火报警系统配套后,可自动报

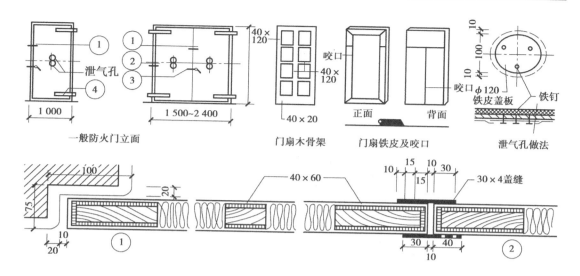

图 7.173　木质防火门

警、自动关门、自动灭火,防止火势蔓延。在大面积的建筑中则经常使用防火卷帘门,这样平时可以不影响交通,而在发生火灾的情况下,可以有效地隔离各防火分区。钢质防火门门框与门扇必须配合严密,门扇关闭后,配合间隙小于 3 mm;防火门表面应平整,无明显凹凸现象,焊点牢固,门体表面无喷花和斑点等。

防火门可分为一般开关和自动关闭两种。一般开关的多用于民用建筑,自动开关多用于工业建筑。自动防火门是将门上导轨做成 5%~8% 的坡度,火灾发生时,易熔合金片熔断后,重锤落地,门扇依靠自重下滑关闭。当洞口尺寸较大时,可做成两个门扇相对下滑。

目前,国内生产的防火门的宽度、高度均采用国家建筑中常用的尺寸。防火门运输、装卸中应轻抬轻放,避免可能产生的变形。

(2)保温门、隔声门

保温门要求门扇具有一定热阻值和门缝密闭处理,故常在门扇两层面板间填以轻质、疏松的材料(如玻璃棉、矿棉等)。隔声门的隔声效果与门扇的材料及门缝的密闭有关,隔声门常采用多层复合结构,即在两层面板之间填吸声材料,如玻璃棉、玻璃纤维板等。一般保温门和隔声门的面板常采用整体板材(如五层胶合板、硬质木纤维板等),不易发生变形。门缝密闭处理对门的隔声、保温以及防尘有很大影响,通常采用的措施是在门缝内粘贴填缝材料,如橡胶管、海绵橡胶条、泡沫塑料条等。还应注意裁口形式,斜面裁口比较容易关闭紧密,可避免由于门扇胀缩而引起的缝隙不密合。

(3)感应式自动门

感应式自动门是一种应用感应技术,通过微型计算机逻辑记忆、控制及机电执行机构使门体能够自动启闭的门系统。当人或其他活动目标进入传感器工作范围,门扇则自动开启;当人或其他活动目标离开感应区,门扇则自动关闭,完全不用人工操作,所以将它称为感应式自动门。感应式自动门发展迅速,应用日趋广泛。目前,主要应用于宾馆、酒店、金融机构、商厦、医院、机场候机厅等场所的厅门等,给人以豪华、方便的感受。

①感应式自动门的特点:

a. 运行平稳,动作协调,通行效率高。感应式自动门采用直流电动机驱动,启闭速度快。门体运行中根据设定值,按快慢两种速度自动变换,使门扇的启动、运动、停止均能做到平稳、协调。特别是当门扇快速关闭临近终点时,能自动变慢实现轻柔合缝,出入顺畅,通行效率高。

b. 运行安全可靠。感应式自动门在关闭过程中遇到人或物等障碍时,自控电源会迅速停机,门体自动后退,呈开启状,可防止门体夹人,确保人与物的安全。

c. 具有自动补偿功能。感应式自动门在运行中如因外界风力加大或其他原因而使门运行阻力增加时,自动门的补偿机构会自动提高驱动力,以补偿外界环境变化需求。

d. 密闭性能好。感应式自动门可快速自动关闭且门体开启宽度可以调节,增加密闭性。

e. 自动启闭,使用方便。感应式自动门用微机控制门体启闭及速度,运行安静,使用方便。断电后尚可手动,轻便灵活。为防止通行者静止在感应区域而使门扇开启失控,配备了静止时控装置,即通行者静止不动在 3~5 s 以上,门扇自动关闭。

②感应式自动门的类型:

a. 按自动门开启方式分类:

● 平面推拉式自动门:门体为平面形,运行时门体平行移动。门体向左平移开启称左开门,向右开启称右开门。

● 圆弧面推拉式自动门:门体为圆弧形,运行时门体做圆弧形平移。这种门豪华气派,出入舒适,但造价昂贵。

● 平开式自动门:门体沿垂直的门轴(门铰链)做旋转运动,实现门的启闭。门体做顺时针旋转开启的称右开门,门体做逆时针旋转开启的称左开门。

b. 按自动门体材料分类:

● 铝合金门体:轻便,耐腐蚀,价廉,早期应用较多。

● 钢制门体:坚固耐用,防护性能好,多用于厂房、仓库。

● 玻璃门体:为无框玻璃如平板玻璃、钢化玻璃、饰面玻璃等,透明、美观,应用广泛。

● 不锈钢门体:豪华美观,防护性能好,可用于住宅及保密室、手术室等。

(4)防盗门

防盗门用金属材料制作,由专门的工厂加工成成品,在现场进行安装。在指定的侵袭、破坏工具作用下,按防盗门最薄弱环节能够抵抗非正常开启的净工作时间的长短可将防盗门产品分成 A、B、C 3 个等级。A 级非正常开启净工作时间为 15 min;B 级非正常开启净工作时间为 25 min;C 级非正常开启净工作时间为 40 min。

①常见的防盗门类型有以下 5 种:

a. 推拉栅栏式防盗门。门框上下用槽钢做导轨,两侧用槽钢做成边框。栅栏立柱用小型钢做成,上下有滑轮卡入导轨内,侧向推拉开启。

b. 平开式栅栏防盗门。门框和门扇的边框用金属压制而成,在门扇中加焊固定的铁栅栏和金属花饰,门扇与门框用铰链连接。

c. 平开封闭式浮雕防盗门。这是一种外表华丽、高雅的新型防盗门,门框用金属压制而成,门扇用金属板材压制出花饰。门框、扇采用多道高温磷化处理,表面用塑粉喷涂,色彩鲜艳,表面不需油漆。

d. 平开多功能豪华防盗门。采用优质冷轧钢板整体冲压成型,门扇内腔填充耐火保温材料,饰面采用静电喷涂工艺处理,具有防撬、防砸、防寒等功能,以及全方位锁闭、门铃传呼、电子密码报警等装置。

e. 平开对讲子母防盗门。平开对讲子母防盗门一般用于楼道或单元的大门,门框和门扇用优质冷轧钢板压制而成,表面采用多道高温磷化或静电喷涂工艺处理。门扇分大小两扇,小扇一边用铰链与门框连接另一边的上下用螺栓与门框连接,大扇一边用铰链与门框连接,另一边安设拉手和门锁,在小门扇上锁闭、开启。小门扇上设置对讲系统,来客可与住户通话。

②防盗门的技术要求如下:

a. 栅栏式、折叠式、推拉式防盗门只能用作为已有门体的外层防盗门。住宅用防盗门一般应采用平开式门。平开式防盗门单独使用时,除具有防盗功能外,还应符合防火保温、隔声规范的要求。

b. 平开式防盗门一般不开窗口,可在门扇上安装观察镜。

c. 在锁具安装部位应以锁孔为中心,在半径不小于 100 mm 范围内应有加强钢板,防止门体被轻易穿透孔洞。

d. 折叠门的铆接应采用高强度铆钉。铆接质量应保证铆钉无中心线偏移现象。

e. 所有金属构件表面均应有防护措施,漆层应有防锈底漆。漆层应无气泡、表面无漆渣,电镀层在使用环境中不产生锈斑。

（5）金属转门

①金属转门主要有铝质、钢质两种型材结构,由转门和转壁框架组成。金属转门的特点是具有良好的密闭、抗震和耐老化性能,转动平稳,紧固耐用,便于清洁和维修,设有可调节的阻尼装置,可控制旋转惯性的大小。

②金属转门安装施工。首先检查各部分尺寸及洞口尺寸是否符合及预埋件位置和数量。转壁框架按洞口左右、前后位置尺寸与预埋件固定,保证水平。装转轴,固定底座,底座下部要垫实,不允许下沉,转轴必须垂直于地平面。装圆转门顶与转壁,转壁暂不固定,便于调整与活扇的间隙;装门扇,保持 90°夹角,旋转转门,调整好上下间隙、门扇与转壁的间隙。

7.7.3　窗的构造

1）窗的尺度

窗的尺度主要取决于房间的采光、通风、构造做法和建筑造型等要求,并要符合现行《建筑模数协调统一标准》的规定。一般采用扩大模数 3M 数列作为洞口的标志尺寸,同时,窗的尺度还受到层高、承重体系、窗过梁高度、建筑物造型等制约和影响。为使窗坚固耐久,一般平开木窗的窗扇高度为 800 ~ 1 200 mm,宽度不宜大于 500 mm;上下悬窗的窗扇高度为 300 ~ 600 mm;中悬窗窗扇高不宜大于 1 200 mm,宽度不宜大于 1 000 mm;推拉窗高宽均不宜大于 1 500 mm。对一般民用建筑用窗,各地均有通用图,需要时只要按所需类型及尺度大小直接选用。

2）平开木窗构造

窗是由窗框、窗扇、五金配件及附件等组成,如图 7.174 所示。窗的构造和门大致相同,如

图 7.175 所示。

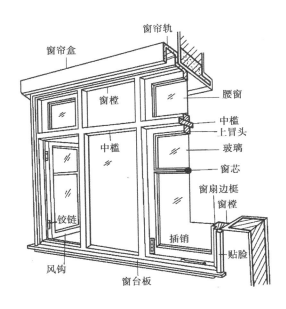

图 7.174　木窗的组成

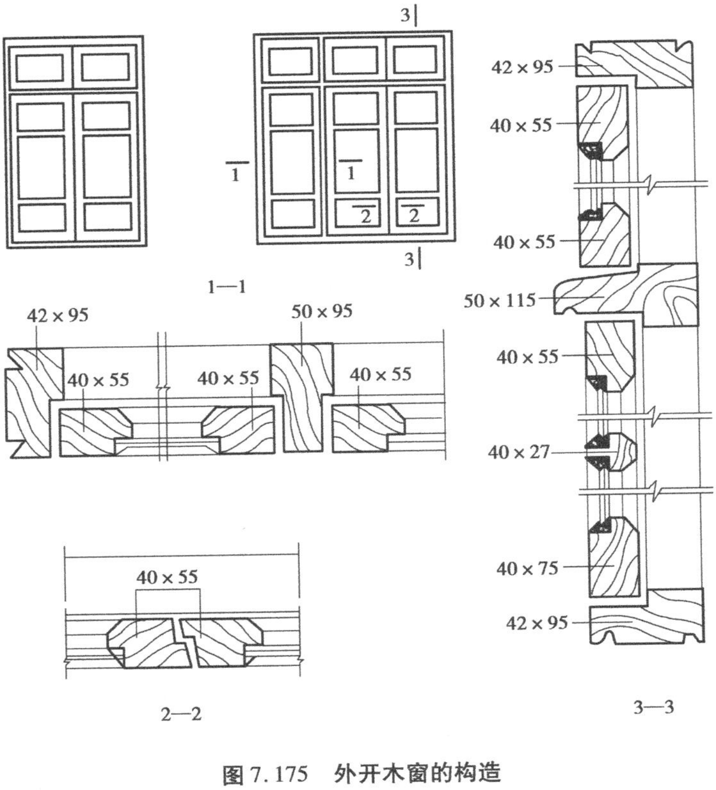

图 7.175　外开木窗的构造

（1）窗框

窗框由边框、上框、下框组成，当窗尺度较大时，应增加中横框或中竖框。通常在垂直方向有两个以上窗扇时应增加中横框,如有亮子时须设中横框,在水平方向有 3 个以上的窗扇时,应增加中竖框。窗框的断面形状和尺寸主要考虑框与墙洞、窗扇结合密闭的需要,横竖框接榫和受力防止变形的需要,最小厚度处的劈裂等。窗框与门框一样,在构造上有裁口及背槽处理。裁口也有单裁口与双裁口之分。一般尺度的单层窗四周窗框的厚度常为 40 ~ 60 mm,宽度为 70 ~ 95 mm,中横和中竖框两面有裁口,断面尺寸应相应增大,可用加钉 10 mm 厚的裁口条子而不用加厚框子木料的方法处理。

(2)窗扇

窗扇由上冒头、下冒头、边梃和窗芯组成,可安装玻璃、窗纱或百叶片,其构造如图 7.176 所示。窗扇的上、下冒头、边梃和窗芯均设有裁口,以便安装玻璃或窗纱。裁口深度约 10 mm,一般应设在外侧。木窗由于用榫接成框,装上玻璃后,质量增加,易产生变形,故不能太宽,单扇以不超过 450 mm 为宜,且中间应加窗芯,以增加整体刚度。一般建筑中窗玻璃均镶于窗扇外侧(中式传统建筑多在内侧),即玻璃铲口面向室外,面向室内一侧应做成斜角或圆弧形,以免遮光和有利于美观。玻璃的安装一般用油灰(桐油灰)嵌固。为使玻璃牢固地安装在窗扇上,应先用小钉子将玻璃卡住,再用油灰嵌固。对于不会受雨水侵蚀的窗扇玻璃嵌固,也可用小木压条嵌固(图 7.177)。

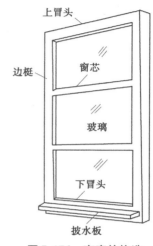

图 7.176　窗扇的构造

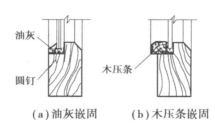

(a)油灰嵌固　　(b)木压条嵌固

图 7.177　窗扇玻璃嵌固

为使窗缝严密且易启闭,提高保温、防雨、防风沙和隔声效果,平开木窗的窗扇对口处需做成斜错口状,如要求较高时,还可在内侧或外侧或双侧加设盖口条。

(3)五金配件

平开木窗常用五金件有铰链(合页)、插销、撑钩、执手(拉手)等,采用品种根据窗的大小和装修要求而定。铰链又称合页或折页,是连接窗扇与窗框的零件。借助合页,窗扇可以固定在窗框上自由开启。合页又有固定合页、抽芯合页和长脚合页之分,抽芯合页使窗扇拆卸方便,便于维修和擦洗窗玻璃。方铰链、长脚铰链或平移式铰链开启后可离开樘子有一段距离,开启后能贴平墙身且便于擦窗(图 7.178)。窗扇在关闭状态时,通过插销把窗扇固定在窗框上。撑钩(风钩)用来固定窗扇开启后的位置。窗扇边挺的中部,可安装执手,以便开关窗扇。

(4)附件

①披水板。披水板的作用是防止雨水流入室内,通常在内开窗下冒头和外开窗中横框处设置。下窗框的断面形式边框设积水槽和排水孔,有时外开窗下冒头也做披水板和滴水槽(图 7.179)。

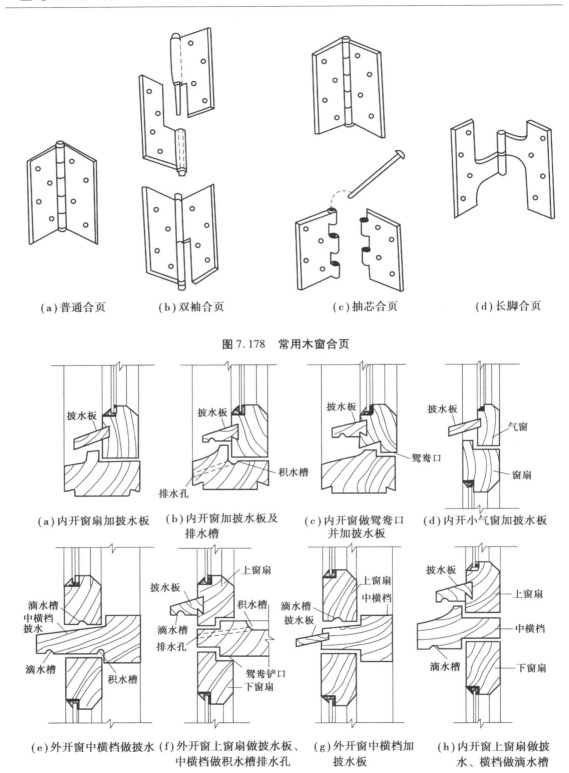

（a）普通合页　　　（b）双袖合页　　　（c）抽芯合页　　　（d）长脚合页

图 7.178　常用木窗合页

（a）内开窗扇加披水板　（b）内开窗加披水板及　（c）内开窗做鸳鸯口　（d）内开小气窗加披水板
　　　　　　　　　　　　　　排水槽　　　　　　　并加披水板

（e）外开窗中横档做披水　（f）外开窗上窗扇做披水板、　（g）外开窗中横档加　（h）内开窗上窗扇做披
　　　　　　　　　　　　　　中横档做积水槽排水孔　　　披水板　　　　　　水、横档做滴水槽

图 7.179　常用披水板的构造

②贴脸板。为防止墙面与窗框接缝处渗入雨水和美观要求,用贴脸板掩盖接缝处产生的缝隙。贴脸板常用厚 20 mm、宽 30 ~ 100 mm 的木板,为节省木材,也常采用胶合板、刨花板或多层板、硬木饰面板等。贴脸板构造如图 7.180 所示。

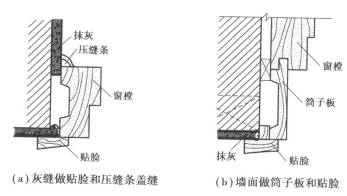

(a)灰缝做贴脸和压缝条盖缝　　　(b)墙面做筒子板和贴脸

图 7.180　贴脸板构造

③压缝条。压缝条一般采用 10 ~ 15 mm 见方的小木条,用于填补密封窗框与墙体之间的缝隙,以利于保持室内温度。

④筒子板。室内装修标准较高时,往往在窗洞口的上边和两侧墙面均用木板镶嵌,与窗台板结合使用。

⑤窗台板。在窗的下框内侧设窗台板,木板的两端挑出墙面约 35 mm,板厚约 30 mm。当窗框位于墙中时,窗台板也可以用预制水磨石板或大理石板等。

(5)平开木窗的密封

常用的密封材料大多为弹性好且不易老化的橡胶、泡沫塑料、毛毡等现制或定型产品。密封条可安装在窗框上,也可分别安装在窗框与窗扇的对应部位。

3)彩板钢窗

彩板钢窗是以彩色镀锌钢板经机械加工而成的窗。它与彩板门的特点相同,目前有两种类型,即带副框和不带副框的两种。当外墙面为花岗石、大理石等贴面材料时,常采用带副框的窗。当外墙装修为普通粉刷时,常用不带副框的做法安装时,先用自攻螺钉将连接件固定在副框上,并用密封胶将洞口与副框及副框与窗樘之间的缝隙进行密封。当外墙装修为普通粉刷时,常用不带副框的做法,即直接用膨胀螺钉将门窗樘子固定在墙上。其安装构造如图7.181 所示。

4)铝合金窗

铝合金窗也是目前建筑中使用的基本窗型,其优缺点、安装方式均与跟铝合金门类似,具体安装工艺如图 7.182 所示。

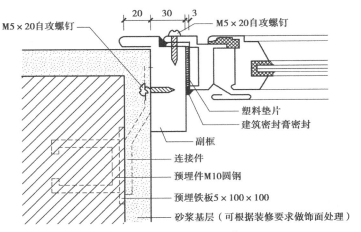

（a）带副框彩板平开窗安装构造

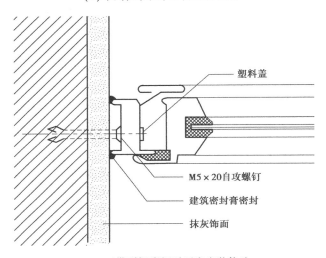

（b）不带副框彩板平开窗安装构造

图 7.181　彩板平开窗安装构造

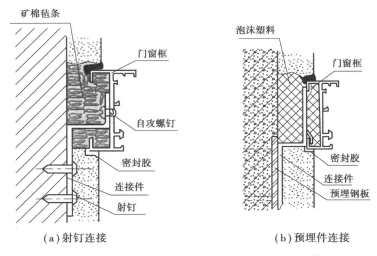

（a）射钉连接　　　　　　　　　（b）预埋件连接

图 7.182　推拉式铝合金窗框与墙体的连接构造

5)塑钢窗

塑钢窗也是以改性硬质聚氯乙烯(简称 UPVC)为主要原料,加上一定比例的稳定剂、着色剂、填充剂、紫外线吸收剂等辅助剂,经挤出机挤出成型为各种断面的中空异型材。其特点与塑钢门一样,是我国目前大力推广使用的窗型。塑钢窗框与墙体的连接方式如图 7.183 所示。

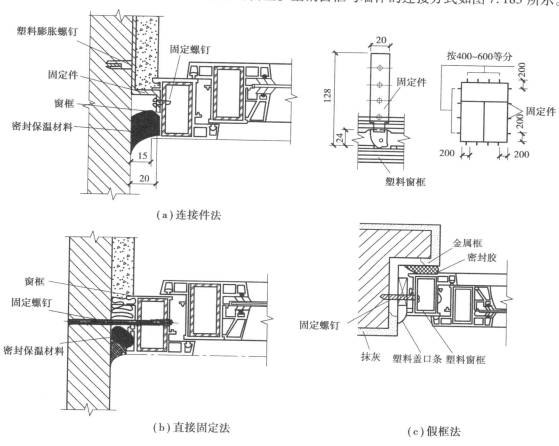

（a）连接件法

（b）直接固定法　　　　（c）假框法

图 7.183　塑钢窗框与墙体的连接节点图

6)特殊要求的窗

(1)固定式通风高侧窗

在我国南方地区,结合气候特点,创造出多种形式的通风高侧窗。它们的特点是:能采光,能防雨,能常年进行通风,不需设开关器,构造较简单,管理和维修方便,多在工业建筑中采用。

(2)防火窗

防火窗必须采用钢窗或塑钢窗,镶嵌铅丝玻璃以免破裂后掉下,防止火焰窜入室内或窗外。

(3)保温窗、隔声窗

保温窗常采用双层窗及双层玻璃的单层窗两种。双层窗可内外开或内开、外开。双层玻璃单层窗又分为以下两种:

①双层中空玻璃窗,双层玻璃之间的距离为 5 ~ 15 mm,窗扇的上下冒头应设透气孔。

②双层密闭玻璃窗,两层玻璃之间为封闭式空气间层,其厚度一般为 4 ~ 12 mm,充以干燥空气或惰性气体,玻璃四周密封。这样可增大热阻、减少空气渗透,避免空气间层内产生凝结水。

若采用双层窗隔声,应采用不同厚度的玻璃,以减少吻合效应的影响。厚玻璃应位于声源一侧,玻璃间的距离一般为 80 ~ 100 mm。

(4)天窗

天窗是指设在屋面上各种形式的窗,主要多见于工业厂房中,功能主要为采光和通风。按照剖面形式可分为:

①平天窗:在建筑物屋顶部位,采光口直接对着天空的天窗。常见的类型有采光板、采光罩、采光带等。

②气楼式天窗:局部取消屋面板,在此部位用天窗架支起高出屋面主体的小屋面,利用其两侧的侧窗采光和通风。

③下沉式天窗:利用分别布置在屋架上下弦上的屋面板间的高差而构成的天窗,按照断面形式,可分为两侧下沉式、横向下沉式、中井式、边井式 4 种类型。

本章小结

本章主要介绍了民用建筑构造方面的基本知识,通过对民用建筑按照不同分类方法进行分类,初步认识了民用建筑,同时介绍了民用建筑的构造组成、建筑的标准化以及建筑模数协调的相关知识。通过本章的学习使学生对民用建筑有了一个概括的认识,它是后续学习的基础。

本章主要阐述的内容:

①建筑的基本构造组成,影响建筑构造的因素,建筑按照不同分类标准进行分类和分级,建筑的模数制和建筑的几种尺寸。

②基础的埋置深度的定义、影响因素,常见基础的类型以及基础的构造。

③墙体的分类、作用设计要求,墙体的组砌方式、细部构造,隔墙的构造,墙面装饰的方式。

④楼板的分类、作用、设计要求,现浇钢筋混凝土楼板的不同类型以及构造要求,地坪层与地面的构造,阳台与雨篷的构造。

⑤楼梯的分类、要求,楼梯的组成、各部分的尺寸要求,现浇钢筋混凝土楼梯的构造要求,楼梯的细部构造,电梯和扶手的组成及细部构造要求,室外台阶和坡道的细部构造要求。

⑥屋顶的分类、屋顶的作用,屋顶的排水组织方式,平屋顶的防水构造、保温、隔热,坡屋顶的防水构造、保温、隔热,变形缝的类型与构造要求。

⑦门窗的分类、作用,门窗的细部构造组成。

思考题

1. 建筑物的类型是根据什么分类的? 为什么要求分类?

2. 建筑物的重要性及使用要求分为几级? 各级适用范围如何?

3. 模数制规定了几种尺寸? 都是什么尺寸?

4. 建筑物耐久性等级分为几级? 适用于何种性质的建筑物?

5. 影响房屋构造的因素有哪些?

6. 基础和地基有何不同? 它们之间的关系如何?

7. 基础按构造形式分为哪几类?

8. 墙体按所处位置、受力特点、所用材料、构造方式及施工方法的不同,可分为哪几种类型?

9. 标准砖自身尺寸、名称及墙厚之间的关系如何?

10. 什么是圈梁? 有何特点?

11. 过梁的作用是什么? 过梁有哪几种? 有何特点?

12. 什么是构造柱? 有何特点?

13. 墙面装修有哪几种类型?

14. 楼板层和地坪层各由哪几部分组成? 各起什么作用?

15. 现浇钢筋混凝土楼板有哪些特点? 有几种结构形式?

16. 什么是井字梁楼板? 有何特点?

17. 常用的阳台有哪几种类型? 阳台通常有几种结构布置方式?

18. 楼梯的作用是什么? 楼梯如何分类的? 楼梯间的种类有几种? 各自的特点是什么?

19. 常见的楼梯有哪几种形式? 各适用于什么建筑?

20. 楼梯主要是由哪些部分组成的? 各组成部分的作用及要求如何? 绘简图表示楼梯的组成。

21. 扶手与墙面连接处怎样进行构造处理? 栏杆与扶手的连接在构造上怎样处理? 栏杆与梯段、平台的连接是怎样在构造上处理的?

22. 栏杆形式可分为哪些类型? 各自有哪些特点?

23. 试简述现浇钢筋混凝土楼梯的优缺点。

24. 现浇梁悬臂式楼梯的踏步板断面形式有哪些? 各自有什么特点?

25. 当在平行双跑楼梯底层中间平台下需设置通道时,为保证平台下净高满足要求,一般可采用哪些解决办法? 请绘图说明。

26. 楼梯踏步的防滑措施有哪些? 楼梯为什么要设栏杆,栏杆扶手的高度一般是多少?

27. 钢筋混凝土楼梯常见的结构形式有哪些? 各有何特点?

28. 屋顶由哪几部分组成? 屋顶的作用是什么?

29. 什么是有组织排水? 什么是无组织排水? 它们的优、缺点及适用范围是什么?

30. 什么是变形缝？各有什么特点？在构造上有何不同？

31. 铝合金门窗的特点是什么？简述铝合金门窗的安装要点。

32. 简述门和窗的作用。平开门有何优点？门按其开启方式分通常有哪几种？

33. 弹簧门有哪些优缺点？

34. 门的尺度由哪些因素决定？

35. 木门窗、金属门窗、塑料门窗哪个最有发展前途？试阐述理由。